JN124229

CORE

Fundamental Mechanics by Example

例題で究める
基礎力学コア

御法川幸雄

Minorikawa Yukio

現代図書

はじめに

2021年度の須磨学園中学校（神戸市）の新入生に入学前に出されたレポート課題の中に，素粒子，ニュートリノ，ヒッグス粒子，ダークマターに混じってコリオリの力がありました．コリオリの力以外は高校の物理の教科書に載っていますが，コリオリの力は大学の基礎物理学で学ぶものです．万物に「質量」を与えるとされるヒッグス粒子の正体に迫ることは現代素粒子物理の大テーマなのです．これからは，学年を超えて，宇宙を形成する基本粒子やそれらが宇宙で織りなす多様な自然現象について，その段階で思考する新しい学びの時代の到来といえるかもしれません．

「質量」の物理といわれるニュートンの運動の3法則は，(1) 慣性の法則，(2) 運動方程式 $m\vec{a} = \vec{F}$，(3) 作用・反作用の法則です．これらから，エネルギー保存の法則，運動量保存の法則，角運動量保存の法則が導かれます．さらに，惑星の観測結果としてのケプラーの法則から導かれた，中心力である万有引力の法則を加えることによりニュートン力学が完成します．

高校の物理では，ケプラーの法則とくに面積速度一定の法則（第2法則）や剛体のつりあいの条件に力のモーメントのつりあいの式が入ってきますが，その「わけ」がわかりにくいです．本書では，高校の数学では学ばなかった微分方程式の基礎やベクトル積（外積）を学ぶことにより，空気抵抗がはたらく場合の物体の落下運動や，単振動の運動方程式の一般解が容易に求められ，上記の「わけ」が角運動量などのベクトル積で定義される物理量に深く関わっていることが理解できます．また，慣性系に対して並進運動する座標系では，見かけの力である慣性力が，慣性系に対して回転運動している回転座標系では，回転しているために新たな慣性力である遠心力やコリオリの力が生じることが自然にわかります．さらに，高校物理で解いた質量を無視できる定滑車ではなく，質量がある定滑車につるされた物体の運動へ拡張するため，物体の慣性モーメントという量を導入し，回転運動の運動方程式を導出していきます．これにより，大学の基礎力学の領域で学ぶ斜面を転がり落ちる円板の，重心の並進運動と重心のまわりの回転運動の運動方程式を立て，解くことにより，剛体の回転の運動エネルギーまで含めた拡張された力学的エネルギー保存の法則にまでたどりつきます．入試物理例題をベースに展開して，理工系の基礎力学のCORE（芯）となるニュートンの運動法則を根底から理解し，他分野へ活用できるようになることを目指します．

最後に，本書の企画段階から本が出来上がるまでいろいろお世話下さった現代図書の飛山恭子氏に深く感謝いたします．

2022年8月

御法川 幸雄

目　次

1　ベクトルとスカラー

2　速度と加速度

3　力の表し方

4　運動の法則

5　いろいろな運動

6　力学的エネルギー

7　運動量と力積

8　角運動量と回転運動

9　非慣性系と見かけの力

10　物体（質点）系から剛体へ

11　例題展開

1　ベクトルとスカラー

多くの物理量はベクトルまたはスカラーで記述される.
大きさと単位だけをもつ質量はスカラーで,
大きさのほかに方向と向きをもつ速度はベクトルである.
ベクトルは多くの物理法則を
きっちりしかも簡潔に表現できる.
物理法則がベクトルの式で表されると,
座標系が変わってもその式の形はそのまま保たれる.
ベクトル解析は 19 世紀に米国のギブズや
英国のヘビサイドによって大きく発展した.

1.1　ベクトルとスカラー

長さ, 時間, 質量, エネルギー, 電荷などのように大きさだけをもつ物理量をスカラー（量）という.

これに対して, 位置, 速度, 加速度, 力, 運動量, 角運動量, 電場, 磁場などのように大きさのほかに向きをもつ物理量をベクトル（量）という.

ベクトルは A や $\vec{A}$ の記号で表される.

1.2　ベクトルの図示

ベクトル $\vec{A}$ は矢印で図示することができる.

矢印の向きがそのベクトルの向き, 長さがその大きさ $\left|\vec{A}\right| = A$ を表す（図 1.1). ベクトルの矢印の始点の位置はどこでもよいものと, 始点の位置（位置ベクトルの原点や力の作用点など）に意味のあるものがある.

c をスカラー（ベクトルの「大きさ」）とすると, ベクトル $c\vec{A}$ は, 大きさは $\vec{A}$ の大きさ A の $|c|$ 倍で, $c > 0$ なら $\vec{A}$ と同じ向き, $c < 0$ なら $\vec{A}$ と反対向きである. とくに $c = -1$ のときは $\vec{A}$ と大きさが等しく向きが反対のベクトル $-\vec{A}$ となり, $\vec{A}$ の逆ベ

クトルとよぶ（図 1.1）.

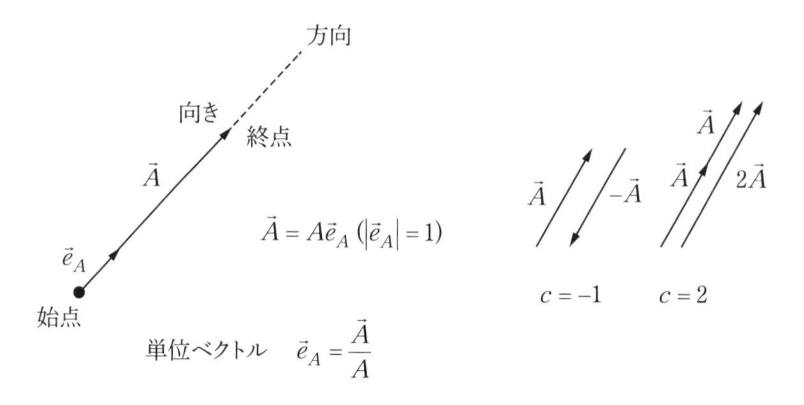

図 1.1

■単位ベクトル

大きさ 1 のベクトルを単位ベクトルという．ベクトル$\vec{A}$ と同じ向きの単位ベクトルを $\vec{e}_A$ と書くと，

$$\vec{e}_A = \frac{\vec{A}}{A}, \quad \vec{A} = A\vec{e}_A$$

の関係が成り立っている．

■位置ベクトル

一点 O を原点ときめて，そこから点 P に向かうベクトル $\overline{\mathrm{OP}}$ を点 P の位置ベクトルといい，$\vec{r}$ で表す（図 1.2（a））．

数値的に扱うには座標系が必要になる．

3 次元直交座標系で $\vec{r}$ は，点 P の座標が P (x, y, z) のとき，

$$\vec{r} = x\vec{i} + y\vec{j} + z\vec{k}, \quad r = |\vec{r}| = \sqrt{x^2 + y^2 + z^2}$$

（三平方の定理を適用）

と書ける．$\vec{i}, \vec{j}, \vec{k}$ は x, y, z 軸の正の向きを向いた単位ベクトルを表す．$\vec{r}$ を単位ベクトルを省略し，座標のみを用いて $\vec{r} = (x, y, z)$ と表すことができる（図 1.2（b））．

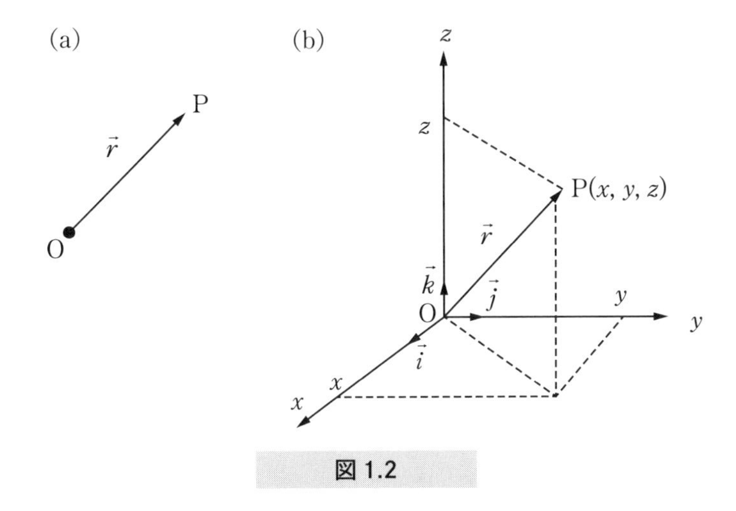

図 1.2

1.3 ベクトルの成分表示

$\vec{r}$ と同様, 他のベクトル $\vec{A}$ も単位ベクトル $\vec{i}, \vec{j}, \vec{k}$ を用いて,

$$\vec{A} = A_x\vec{i} + A_y\vec{j} + A_z\vec{k}$$

と成分表示することができる. $\vec{r}$ の x, y, z は点 P の座標 (x, y, z) を表したのに対し, $\vec{A}$ の A_x, A_y, A_z は $\vec{A}$ を x, y, z 軸方向に分解した成分を表す.

$\vec{A}$ も $\vec{r} = (x, y, z)$ に対応した形で,

$$\vec{A} = (A_x, A_y, A_z)$$

と成分表示することができる. $\vec{A}$ の大きさは $A = \left|\vec{A}\right| = \sqrt{A_x{}^2 + A_y{}^2 + A_z{}^2}$ である.

すべての成分が 0 のベクトル（すなわち大きさが 0 のベクトル）はゼロベクトルといい, $\vec{0}$ と書く（単に 0 と書くことも多い).

とくに, 2 次元のベクトル $\vec{A} = (A_x, A_y)$ のとき, $\vec{A}$ と x 軸とのなす角を θ とすると,

$$A = \left|\vec{A}\right| = \sqrt{A_x{}^2 + A_y{}^2}, \quad A_x = A\cos\theta, A_y = A\sin\theta$$

$$\tan\theta = \frac{A_y}{A_x}$$

の関係が成り立っている（図 1.3).

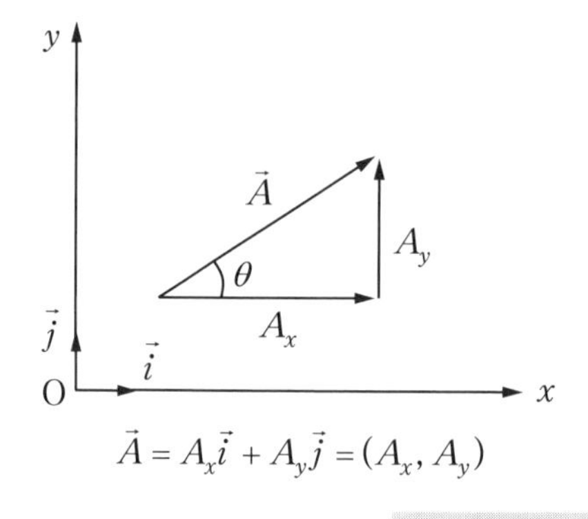

* 注意　位置ベクトル $\vec{r}$ の始点は原点 O にとらねばならないが，ベクトル $\vec{A}$ の始点はどこに置いてもよい．

図 1.3

1.4　ベクトルの和

2 つのベクトル $\vec{A}$ と $\vec{B}$ の和 $\vec{A}+\vec{B}$ を図的に求めるには，(1) 平行四辺形の方法と (2) 三角形の方法がある．

(1) は $\vec{A}$ と $\vec{B}$ をとなりあう 2 辺とする平行四辺形の対角線として求める（図 1.4 (a)）．

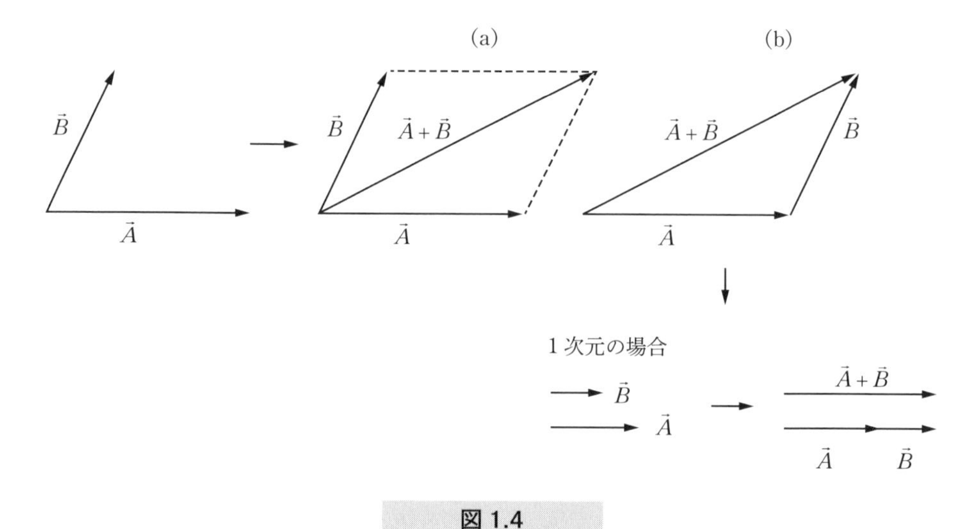

図 1.4

(2) は，$\vec{B}$ を平行移動させて $\vec{B}$ の始点を $\vec{A}$ の終点に合わせ，$\vec{A}$ の始点から $\vec{B}$ の終点を結ぶ矢印として求める（図 1.4 (b)）．$\vec{C} = \vec{A}+\vec{B}$ を求める三角形の方法は，

「tail（尾）-to-tip（先端）法」といい，多角形の方法へ拡張できる．各々のベクトルの尾（始点）を前のベクトルの先端（終点）に合わせていって，始めのベクトルの尾から最後のベクトルの先端へ矢印を引いて求める．ベクトルの和 $\vec{D}=\vec{A}+\vec{B}+\vec{C}$ の場合，$\vec{B}$ の tail を $\vec{A}$ の tip に，$\vec{C}$ の tail を $\vec{B}$ の tip につなぎ，最後に $\vec{A}$ の tail から $\vec{C}$ の tip に矢印を引く (図 1.5)．

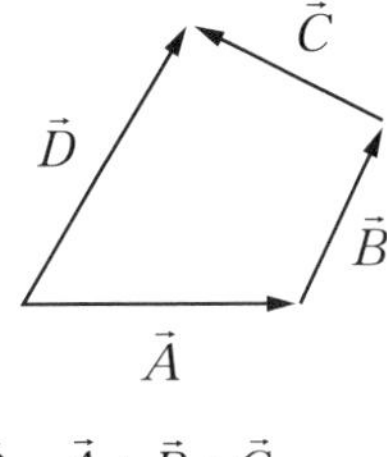

図 1.5

図的に $\vec{C}$ や $\vec{D}$ を求める方法は見やすいが 3 次元になると難しい．成分表示の方法は正確な上にどんなベクトルに対しても応用がきく．

■成分により $\vec{C}$ を求める方法

$\vec{A}=(A_x, A_y, A_z)$，$\vec{B}=(B_x, B_y, B_z)$ が与えられたとき，ベクトルの和 $\vec{C}=\vec{A}+\vec{B}$ をそれぞれ成分表示する．

$$\vec{C}=\vec{A}+\vec{B} \rightarrow (C_x, C_y, C_z)=(A_x, A_y, A_z)+(B_x, B_y, B_z)$$

これから，

$$C_x = A_x + B_x, \quad C_y = A_y + B_y, \quad C_z = A_z + B_z$$

が導かれる．2 次元の場合を図 1.6 に示す．$\vec{D}$ やそれ以上の多角形の場合も同様の方法を適用するとよい．

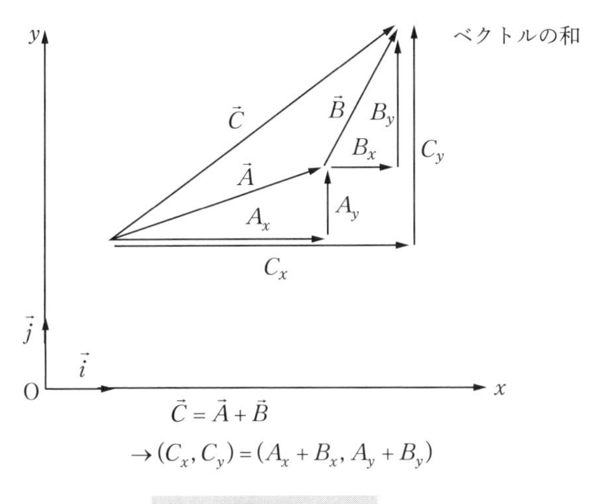

図 1.6

1.5　ベクトルの差

$\vec{A}$ と $\vec{B}$ との差は $\vec{B}$ と逆のベクトル $-\vec{B}$ との和と考え，

$$\vec{A}-\vec{B}=\vec{A}+(-\vec{B})$$

とし，$\vec{A}$ と（$-\vec{B}$）の和の合成法（1）と（2）で求める（図 1.7（a)，(b))．差の場合 $\vec{B}$ の終点から $\vec{A}$ の終点を結ぶ矢印として求めてもよい（図 1.7（c))．

成分による方法は，$\vec{B}=(B_x, B_y, B_z)$ とすると，

$-\vec{B}=(-B_x, -B_y, -B_z)$ として和の式を適用すればよい．

$$\vec{A}-\vec{B}=(A_x-B_x, A_y-B_y, A_z-B_z)$$

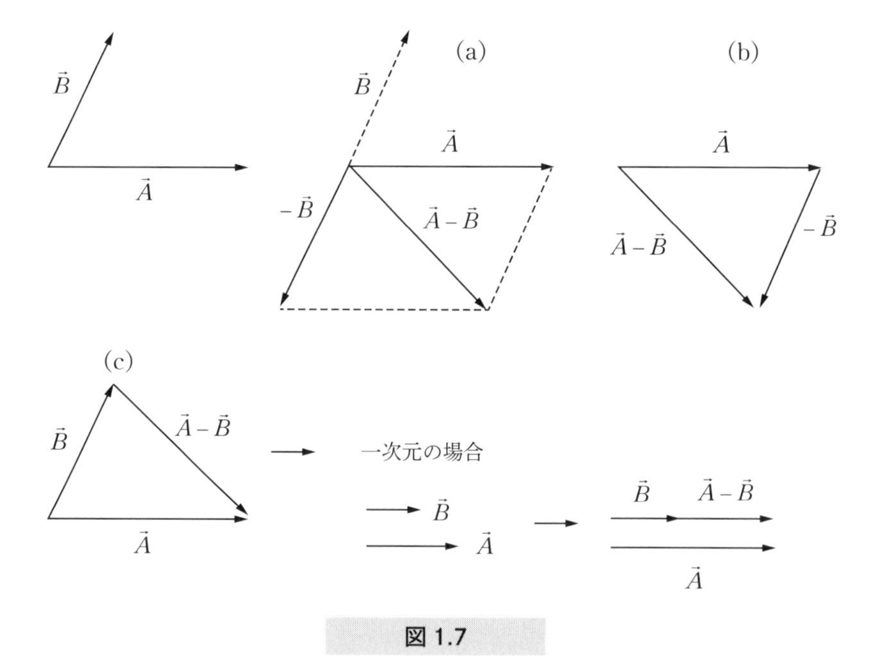

図 1.7

■変位

時刻 t における位置ベクトル $\vec{r}_1$ の点 P_1 が，時刻 $t+\Delta t$ のとき位置ベクトル $\vec{r}_2$ の点 P_2 に移動したとき，位置の変化 $\Delta\vec{r}=\vec{r}_2-\vec{r}_1$ を変位という（図 1.8)，成分表示で，$\vec{r}_2=(x_2, y_2, z_2)$，$\vec{r}_1=(x_1, y_1, z_1)$ と表されるとき

$$\Delta\vec{r}=(\Delta x, \Delta y, \Delta z)$$

$$(\Delta x=x_2-x_1, \Delta y=y_2-y_1, \Delta z=z_2-z_1)$$

と書ける．微小変位 $d\vec{r}$ は，

$$d\vec{r} = (dx, dy, dz)$$

と表される．

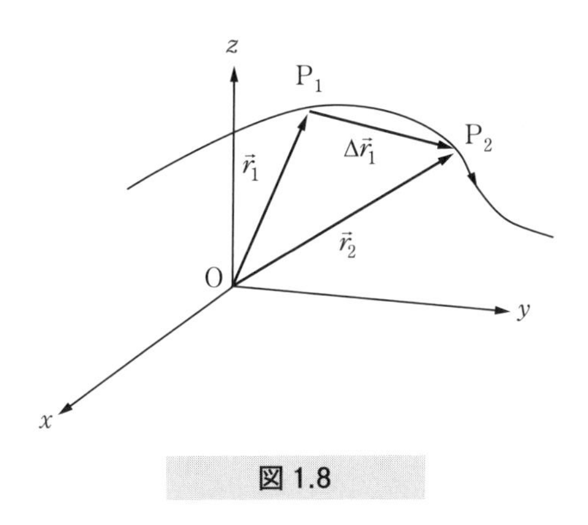

図 1.8

1.6　スカラー積（内積）

■スカラー積（内積）

ベクトル $\vec{A}$ と $\vec{B}$ のなす角が θ のとき，スカラー積 $\vec{A}\cdot\vec{B}$ を

$$\vec{A}\cdot\vec{B} = AB\cos\theta \quad (\text{図 } 1.9)$$

で定義する．

スカラー積は $\vec{A}$ の $\vec{B}$ 方向の成分 $A\cos\theta$ と B との積と見ることも，$\vec{B}$ の $\vec{A}$ 方向の成分 $B\cos\theta$ と A との積と見ることもできる．

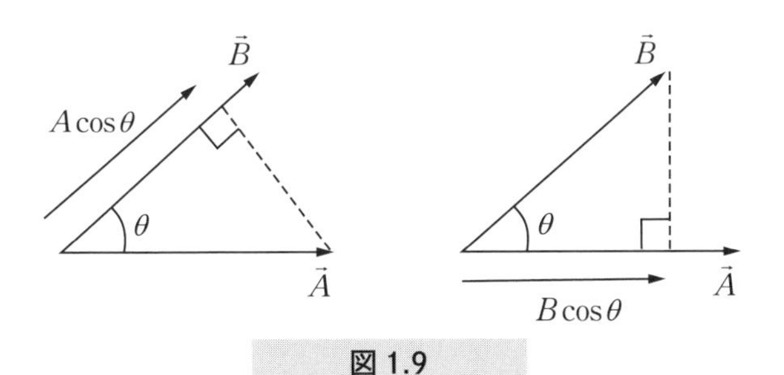

図 1.9

■スカラー積の性質

$$\vec{A}\cdot\vec{B}=\vec{B}\cdot\vec{A},\ \ \vec{A}\cdot\vec{B}=0\,(\theta=\pi/2),\ \ \vec{A}\cdot\vec{B}=ab(\theta=0)$$

ベクトルの自分自身とのスカラー積は,

$$\vec{A}\cdot\vec{A}=A^2\cos 0=A^2$$

となる．分配法則

$$\vec{A}\cdot(\vec{B}+\vec{C})=\vec{A}\cdot\vec{B}+\vec{A}\cdot\vec{C}$$

が成り立つ．単位ベクトルの間の関係

$$\vec{i}\cdot\vec{i}=\vec{j}\cdot\vec{j}=\vec{k}\cdot\vec{k}=1,\quad \vec{i}\cdot\vec{j}=\vec{j}\cdot\vec{k}=\vec{k}\cdot\vec{i}=0$$

がえられる．

■スカラー積の成分表示

$\vec{A}=(A_x, A_y, A_z)$，$\vec{B}=(B_x, B_y, B_z)$ のスカラー積は単位ベクトルの性質を用いると,

$$\begin{aligned}\vec{A}\cdot\vec{B}&=(A_x\vec{i}+A_y\vec{j}+A_z\vec{k})\cdot(B_x\vec{i}+B_y\vec{j}+B_z\vec{k})\\&=A_xB_x\vec{i}\cdot\vec{i}+A_yB_y\vec{j}\cdot\vec{j}+A_zB_z\vec{k}\cdot\vec{k}\\&=A_xB_x+A_yB_y+A_zB_z\end{aligned}$$

と表される．

1.7　ベクトル積（外積）

ベクトル$\vec{A}$と$\vec{B}$のベクトル積を $\vec{A}\times\vec{B}$ で定義する．

これを$\vec{C}$と書くと,

$$\vec{C}=\vec{A}\times\vec{B}$$

と表される．$\vec{A}$と$\vec{B}$とのなす角をθとするとその大きさは,

$$C=\left|\vec{C}\right|=\left|\vec{A}\right|\left|\vec{B}\right|\sin\theta=AB\sin\theta$$

で，向きは$\vec{A}$，$\vec{B}$ を含む平面に垂直で，$\vec{A}$ の向きから$\vec{B}$ の向きに右ねじをまわすとき，ねじの進む向きである．Cは$\vec{A}$，$\vec{B}$ がつくる平行 四辺形の面積に等しい（図1.10）.

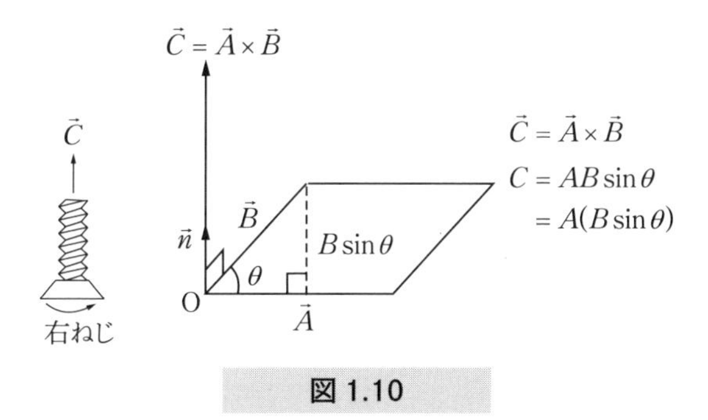

図 1.10

$\vec{C}$ の向きを向いた単位ベクトルを $\vec{n}$ とすると

$$\vec{C}=AB\sin\theta\cdot\vec{n}$$

と表される.

■ベクトル積の性質

$$\vec{A}\times\vec{B}=-\vec{B}\times\vec{A}$$

$\vec{A}\parallel\vec{B}$ のとき $(\theta=0,\pi)$, $\vec{A}\times\vec{B}=0$, とくに $\vec{A}\times\vec{A}=\vec{0}$

$\vec{A}\perp\vec{B}$ のとき $(\theta=\pi/2)$, $\left|\vec{A}\times\vec{B}\right|=AB$

分配法則　　　　　　$\vec{A}\times(\vec{B}+\vec{C})=\vec{A}\times\vec{B}+\vec{A}\times\vec{C}$

■単位ベクトル間の関係

$$\vec{i}\times\vec{j}=\vec{k},\ \vec{j}\times\vec{k}=\vec{i},\ \vec{k}\times\vec{i}=\vec{j}$$
$$\vec{i}\times\vec{i}=\vec{j}\times\vec{j}=\vec{k}\times\vec{k}=\vec{0}$$

■ベクトル積の成分表示

$\vec{A}=(A_x,A_y,A_z)$, $\vec{B}=(B_x,B_y,B_z)$ のベクトル積は,

(1)
$$\begin{aligned}\vec{A}\times\vec{B}&=(A_x\vec{i}+A_y\vec{j}+A_z\vec{k})\times(B_x\vec{i}+B_y\vec{j}+B_z\vec{k})\\&=(A_yB_z-A_zB_y)\vec{i}+(A_zB_x-A_xB_z)\vec{j}+(A_xB_y-A_yB_x)\vec{k}\\&=\begin{vmatrix}\vec{i}&\vec{j}&\vec{k}\\A_x&A_y&A_z\\B_x&B_y&B_z\end{vmatrix}\end{aligned}$$

これから，$\vec{A}\times\vec{B}$ の成分表示は，

$$\vec{A}\times\vec{B}=(A_yB_z-A_zB_y,\ A_zB_x-A_xB_z,\ A_xB_y-A_yB_x)$$

と表される．$|\cdots|$ は行列式を表す．

■行列（matrix）と行列式（determinant）

m 行 n 列の行列または $m\times n$ 行列は，

$$A=\begin{pmatrix} a_{11} & a_{12} & \cdots & a_{1n} \\ a_{21} & a_{22} & \cdots & a_{2n} \\ \vdots & \vdots & \ddots & \vdots \\ a_{m1} & a_{m2} & \cdots & a_{mn} \end{pmatrix} \begin{matrix} \leftarrow 1\text{行} \\ \leftarrow 2\text{行} \\ \vdots \\ \leftarrow m\text{行} \end{matrix}$$

$$\begin{matrix} \uparrow & \uparrow & \uparrow & \uparrow \\ 1\text{列} & 2\text{列} & \cdots & n\text{列} \end{matrix}$$

のように，m 個の行（row）と n 個の列（column）に mn 個の実数または複素数を長方形に並べてカッコをつけたものである．行列を構成する第 i 行と第 j 列の交わりにある a_{ij} を行列 A の ij 成分（要素）という．行と列の数が等しい行列を $n\times n$ 行列または，n 次の正方行列という．n 次の正方行列に対応する，n 次の行列式を A の行列式といい，

$$D=\det A=|A|=\begin{vmatrix} a_{11} & a_{12} & \cdots & a_{1n} \\ a_{21} & a_{22} & \cdots & a_{2n} \\ \vdots & \vdots & \ddots & \vdots \\ a_{n1} & a_{n2} & \cdots & a_{nn} \end{vmatrix}$$

のように表す．

2 次と 3 次の行列式に限って，図 1.11，1.12 のようにたすきがけで行う計算法がよく用いられる．これはサラス（Sarrus）の規則として知られている，

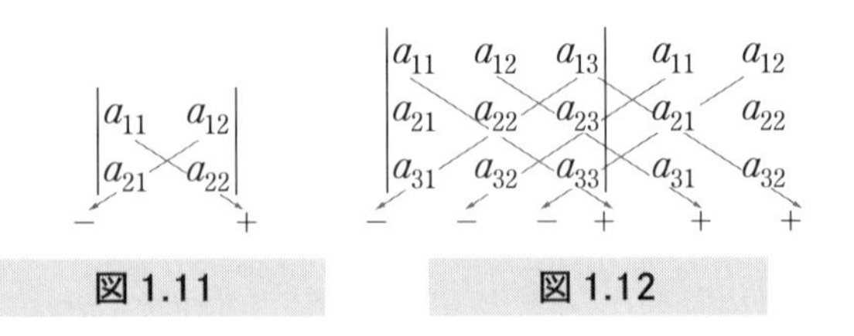

図 1.11　　図 1.12

この方法を用いると．2 次の行列式の値は，

$$D = \begin{vmatrix} a_{11} & a_{12} \\ a_{21} & a_{22} \end{vmatrix} = a_{11}a_{22} - a_{12}a_{21}$$

3 次の行列式の値は，

$$D = \begin{vmatrix} a_{11} & a_{12} & a_{13} \\ a_{21} & a_{22} & a_{23} \\ a_{31} & a_{32} & a_{33} \end{vmatrix} = a_{11}a_{22}a_{33} + a_{12}a_{23}a_{31} + a_{13}a_{21}a_{32} - a_{13}a_{22}a_{31} - a_{11}a_{23}a_{32} - a_{12}a_{21}a_{33}$$

で求められる．

たとえば，

$$\begin{vmatrix} 1 & -1 & 0 \\ 2 & 3 & -2 \\ 1 & -1 & 1 \end{vmatrix} = 3 + 2 + 0 - 0 - 2 + 2 = 5$$

となる．

n 次の行列式 D から i 行 j 列を除いた $n-1$ 次の行列式を小行列式といい，M_{ij} で表す．M_{ij} に $(-1)^{i+j}$ を掛けたものを a_{ij} の余因子といい，C_{ij} と書く．

$$C_{ij} = (-1)^{i+j} M_{ij}$$

n 次の行列式は任意の i 行，または j 列で展開できる．

$$\begin{aligned} D &= a_{i1}C_{i1} + a_{i2}C_{i2} + \cdots + a_{in}C_{in} \quad (i = 1, 2, \cdots, n) \\ &= a_{1j}C_{1j} + a_{2j}C_{2j} + \cdots + a_{nj}C_{nj} \quad (j = 1, 2, \cdots, n) \end{aligned}$$

3 次の行列式の場合，はじめの 1 行で展開すると，

$$\begin{aligned} D &= a_{11}(-1)^{1+1}M_{11} + a_{12}(-1)^{1+2}M_{12} + a_{13}(-1)^{1+3}M_{13} \\ &= a_{11}\begin{vmatrix} a_{22} & a_{23} \\ a_{32} & a_{33} \end{vmatrix} - a_{12}\begin{vmatrix} a_{21} & a_{23} \\ a_{31} & a_{33} \end{vmatrix} + a_{13}\begin{vmatrix} a_{21} & a_{22} \\ a_{31} & a_{32} \end{vmatrix} \end{aligned}$$

となる．

（例）

$$D = \begin{vmatrix} \boxed{1} & \boxed{-1} & \boxed{0} \\ 2 & 3 & -2 \\ 1 & -1 & 1 \end{vmatrix} \leftarrow 1\text{行} = \boxed{1} \times (3-2) - (\boxed{-1})(2-(-2)) + \boxed{0} \times (-2-3) = 5$$

のようになる.

■スカラー３重積

３つのベクトル $\vec{A}, \vec{B}, \vec{C}$ に対して,

$$\vec{A}\cdot(\vec{B}\times\vec{C})=\vec{B}\cdot(\vec{C}\times\vec{A})=\vec{C}\cdot(\vec{A}\times\vec{B})$$

が成り立つ．これをスカラー３重積という.

$\vec{C}\cdot(\vec{A}\times\vec{B})$ について考える.

ベクトル積 $\vec{A}\times\vec{B}$ は行列式を用いると,

$$\vec{A}\times\vec{B}=\begin{vmatrix}\vec{i} & \vec{j} & \vec{k}\\ A_x & A_y & A_z\\ B_x & B_y & B_z\end{vmatrix}$$

と表される．これと $\vec{C}$ とのスカラー積をとると,

$$\vec{C}\cdot(\vec{A}\times\vec{B})=\begin{vmatrix}C_x & C_y & C_z\\ A_x & A_y & A_z\\ B_x & B_y & B_z\end{vmatrix}$$

と表される．行列式の性質（行列式の各行を循環的に入れかえても，値は変らない）より，与式が成り立つ．図的に説明することもできる．（例題 1.10).

■ベクトル３重積

３つのベクトル $\vec{A}, \vec{B}, \vec{C}$ に対して,

$$\vec{A}\times(\vec{B}\times\vec{C})=\vec{B}(\vec{A}\cdot\vec{C})-\vec{C}(\vec{A}\cdot\vec{B})$$

が成り立つ．これをベクトル３重積という.

$$\begin{aligned}
\text{左辺の } x \text{ 成分} &= A_y(\vec{B}\times\vec{C})_z - A_z(\vec{B}\times\vec{C})_y\\
&= A_y(B_xC_y - B_yC_x) - A_z(B_zC_x - B_xC_z)\\
&= B_x(A_yC_y + A_zC_z) - C_x(A_yB_y + A_zB_z)\\
&= B_x(A_xC_x + A_yC_y + A_zC_z - A_xC_x) - C_x(A_xB_x + A_yB_y + A_zB_z - A_xB_x)\\
&= B_x(\vec{A}\cdot\vec{C}) - C_x(\vec{A}\cdot\vec{B}) = \text{右辺の } x \text{ 成分}
\end{aligned}$$

同様にして y, z 成分についても成り立つ.

例題 1.1　ベクトル $\vec{a}, \vec{b}, \vec{c}, \vec{d}$ が図 1.14 のように与えられているとき,

(1) 各ベクトルを成分表示で示せ.

(2) $3\vec{a}$, $\left|3\vec{a}\right|$, $-\vec{a}$ を求めよ.

(3) $\vec{a}+\vec{b}, \vec{a}-\vec{b}, \left|\vec{a}+\vec{b}\right|, a+b$ を求めよ.

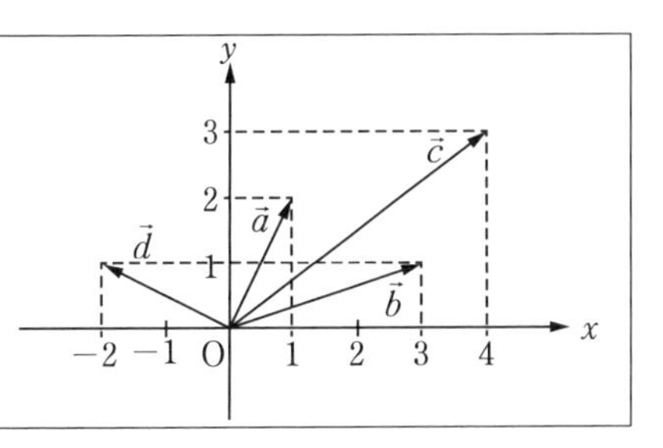

解

(1) $\vec{a}=(1,2)$, $\vec{b}=(3,1)$, $\vec{c}=(4,3)$, $\vec{d}=(-2,1)$

(2) $3\vec{a}=3(1,2)=(3,6)$

$\left|3\vec{a}\right|=3\left|\vec{a}\right|=3\sqrt{1^2+2^2}=3\sqrt{5}$

$-\vec{a}=-(1,2)=(-1,-2)$

(3) $\vec{a}+\vec{b}=(1+3,2+1)=(4,3)=\vec{c}$

$\vec{a}-\vec{b}=(1-3,2-1)=(-2,1)=\vec{d}$

$\left|\vec{a}+\vec{b}\right|=\sqrt{4^2+3^2}=5$

$a+b=\left|\vec{a}\right|+\left|\vec{b}\right|=\sqrt{1^2+2^2}+\sqrt{3^2+1^2}=\sqrt{5}+\sqrt{10}$

例題 1.2　$\vec{a}=(3,4)$ のとき,

(1) $\vec{a}$ と同じ向きの単位ベクトル $\vec{e}_a$ を求めよ.

(2) $\vec{a}$ と反対向きで，大きさが 3 のベクトル $\vec{b}$ を求めよ.

解

(1) $a=\left|\vec{a}\right|=\sqrt{3^2+4^2}=5$

$$\vec{e}_a=\frac{\vec{a}}{a}=\frac{1}{5}(3,4)=\left(\frac{3}{5},\frac{4}{5}\right)$$

(2) $$\vec{b}=-3\vec{e}_a=-3\left(\frac{3}{5},\frac{4}{5}\right)=\left(-\frac{9}{5},-\frac{12}{5}\right)$$

例題 1.3　$\vec{a}=(-1,0,1)$，$\vec{b}=(2,3,2)$ のとき，スカラー積 $(\vec{a}+\vec{b})\cdot(\vec{a}-\vec{b})$ を求めよ．

解

$$\vec{a}+\vec{b}=(-1,0,1)+(2,3,2)=(1,3,3)$$
$$\vec{a}-\vec{b}=(-1,0,1)-(2,3,2)=(-3,-3,-1)$$
$$\begin{aligned}(\vec{a}+\vec{b})\cdot(\vec{a}-\vec{b})&=(1,3,3)\cdot(-3,-3,-1)\\&=1\times(-3)+3\times(-3)+3\times(-1)=-15\end{aligned}$$

例題 1.4　$\vec{a}=(-1,0,1)$ と，$\vec{b}=(-1,-2,2)$ のスカラー積を求めよ．また $\vec{a}$ と $\vec{b}$ とのなす角 θ を求めよ．

解

$$\vec{a}\cdot\vec{b}=(-1,0,1)\cdot(-1,-2,2)=(-1)\times(-1)+0\times(-2)+1\times 2=3$$
$$a=|\vec{a}|=\sqrt{2},\ b=|\vec{b}|=\sqrt{9}=3$$

よって，

$$\cos\theta=\frac{\vec{a}\cdot\vec{b}}{ab}=\frac{3}{3\sqrt{2}}=\frac{1}{\sqrt{2}}$$
$$\therefore\ \theta=45^\circ$$

例題 1.5　$\vec{a}=(1,-3,2)$，$\vec{b}=(3,2,-1)$ のとき，ベクトル積 $\vec{c}=\vec{a}\times\vec{b}$ を求めよ．また $c=|\vec{c}|$ を求めよ．

解

$$\begin{aligned}\vec{c}&=\vec{a}\times\vec{b}=(1,-3,2)\times(3,2,-1)\\&=\{(-3)\times(-1)-2\times 2,\ 2\times 3-1\times(-1),\ 1\times 2-(-3)\times 3\}=(-1,7,11)\end{aligned}$$
$$c=|\vec{c}|=\sqrt{(-1)^2+7^2+11^2}=\sqrt{171}$$

例題 1.6　図のように，半径 r の円周上を物体が，x 軸とのなす角がそれぞれ 30°，60°の点 P_1 から点 P_2 まで動いた場合を考える．点 P_1，点 P_2 にある物体の位置ベクトル $\vec{r}_1, \vec{r}_2$ を成分表示せよ．また，変位 $\Delta\vec{r} = \vec{r}_2 - \vec{r}_1$ を求めよ．

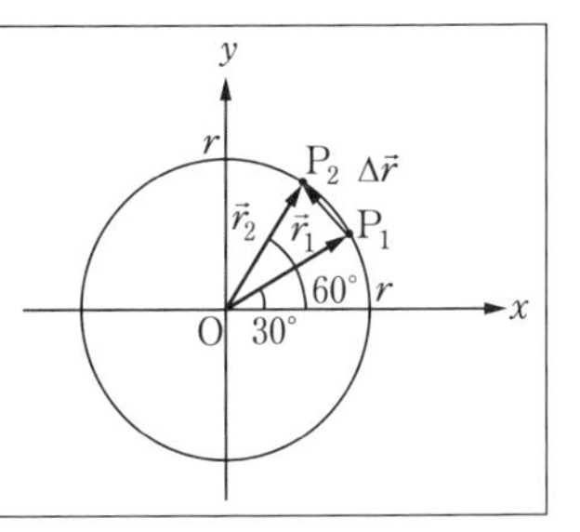

解

$$\vec{r}_1 = \left(\frac{\sqrt{3}}{2}r, \frac{1}{2}r\right),\ \vec{r}_2 = \left(\frac{1}{2}r, \frac{\sqrt{3}}{2}r\right),\ \Delta\vec{r} = \left(\vec{r}_2 - \vec{r}_1\right) = \left(\frac{1}{2}\left(1-\sqrt{3}\right)r,\ \frac{1}{2}\left(\sqrt{3}-1\right)r\right)$$

例題 1.7　xy 平面上にベクトル $\vec{A}$, $\vec{B}$ がある．$\left|\vec{A}\right| = 2$, $\left|\vec{B}\right| = 4$ で，$\vec{A}$, $\vec{B}$ が x 軸となす角はそれぞれ 30°, 60° である．ベクトル積 $\vec{C} = \vec{A} \times \vec{B}$ の大きさと向きを求めよ．

解

図的には，$\vec{C}$ の向きは右ねじを $\vec{A} \to \vec{B}$ の向きにまわすとき右ねじの進む向きは $+z$ 方向である．大きさはとなりあう 2 辺→$\vec{A}$, $\vec{B}$ がつくる平行四辺形の面積の大きさである．$\vec{A}$ と $\vec{B}$ のなす角は 30°なので，

$$AB\sin 30^\circ = 2 \times 4 \times \frac{1}{2} = 4$$

となる．成分表示では，

$$\vec{A} = (2\cos 30^\circ, 2\sin 30^\circ, 0) = \left(\sqrt{3}, 1, 0\right)$$

$$\vec{B} = (4\cos 60^\circ, 4\sin 60^\circ, 0) = \left(2, 2\sqrt{3}, 0\right)$$

であるから

$$\vec{C} = (A_yB_z - A_zB_y, A_zB_x - A_xB_z, A_xB_y - A_yB_x)$$

$$= (0, 0, 4)$$

$$\therefore C_x = C_y = 0,\ C = \left|\vec{C}\right| = C_z = 4\ ,$$

向きは $+z$ 方向である．$\vec{C} = \vec{A} \times \vec{B}$, $C = AB\sin\theta$ を用いると，

$$C = 2 \times 4 \times \sin(60^\circ - 30^\circ) = 4$$

向きは，$\vec{A}$ の向きから $\vec{B}$ の向きに右ねじを回すとき，ねじの進む向き（$+z$ 方向）

である．

例題 1.8　図のように，三角形の 3 辺をつくる $\vec{a}, \vec{b}, \vec{c}$ がある．

(1) スカラー積を用いて余弦定理が成り立つことを示せ．

(2) ベクトル積と三角形の面積との関係を用いて正弦定理を導け．

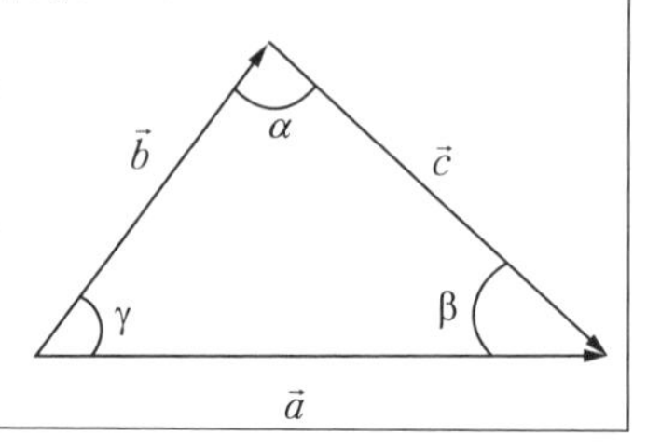

解

(1) $\vec{c} = \vec{a} - \vec{b}$ だから

$$\vec{c} \cdot \vec{c} = (\vec{a} - \vec{b}) \cdot (\vec{a} - \vec{b}) = \vec{a}^2 - \vec{b} \cdot \vec{a} - \vec{a} \cdot \vec{b} + \vec{b}^2$$
$$= a^2 + b^2 - 2ab\cos\gamma$$
$$\therefore c^2 = a^2 + b^2 - 2ab\cos\gamma$$

$\gamma = \dfrac{\pi}{2}$ のとき三平方の定理（ピタゴラスの定理）となる．

同様に $\vec{b} = \vec{a} - \vec{c}$，$\vec{a} = \vec{b} + \vec{c}$ より

$$b^2 = a^2 + c^2 - 2ac\cos\beta$$
$$a^2 = b^2 + c^2 - 2bc\cos\alpha$$

が導かれる．ここで $\vec{b} \cdot \vec{c} = bc\cos(\pi - \alpha) = -bc\cos\alpha$ を用いた．

(2) 三角形の面積 S は，隣り合う 2 ベクトルがつくる平行四辺形の面積の $\dfrac{1}{2}$ である．

$$S = \frac{1}{2}\left|\vec{a} \times \vec{b}\right| = \frac{1}{2}\left|\vec{b} \times \vec{c}\right| = \frac{1}{2}\left|\vec{c} \times \vec{a}\right|$$
$$\left|\vec{a} \times \vec{b}\right| = ab\sin\gamma$$
$$\left|\vec{b} \times \vec{c}\right| = bc\sin(\pi - \alpha) = bc\sin\theta$$
$$\left|\vec{c} \times \vec{a}\right| = ca\sin\beta$$

$$\frac{a}{\sin\alpha} = \frac{b}{\sin\beta} = \frac{c}{\sin\gamma} \quad (= 2R)$$

参考：R は Δ ABC の外接円の半径

例題 1.9 次の問いに答えよ．

(1) $x\,y\,z$ 空間内で，ベクトル $\vec{v}$ とベクトル $\vec{B}$ が図 1 のように表されるとき，

$\vec{F} = q\vec{v} \times \vec{B}$ （q は定数）

を求めよ．ただし，③ の $\vec{B}$ は z 成分をもたず，④の $\vec{v}$ は x 成分をもたない．①〜④の場合の $\vec{F}$ を求めよ．

(2) ベクトル $\vec{F}, \vec{v}, \vec{B}$ の間に

$\vec{F} = q(\vec{E} + \vec{v} \times \vec{B})$ の関係があるとき，

$\vec{E} = (0, 20, 0)$，$\vec{B} = (0, 0, 5)$

$\vec{v} = (v_0, 0, 0)$ のとき，$\vec{F} = \vec{0}$ となった．

v_0 を求めよ．q は定数である．

図 1

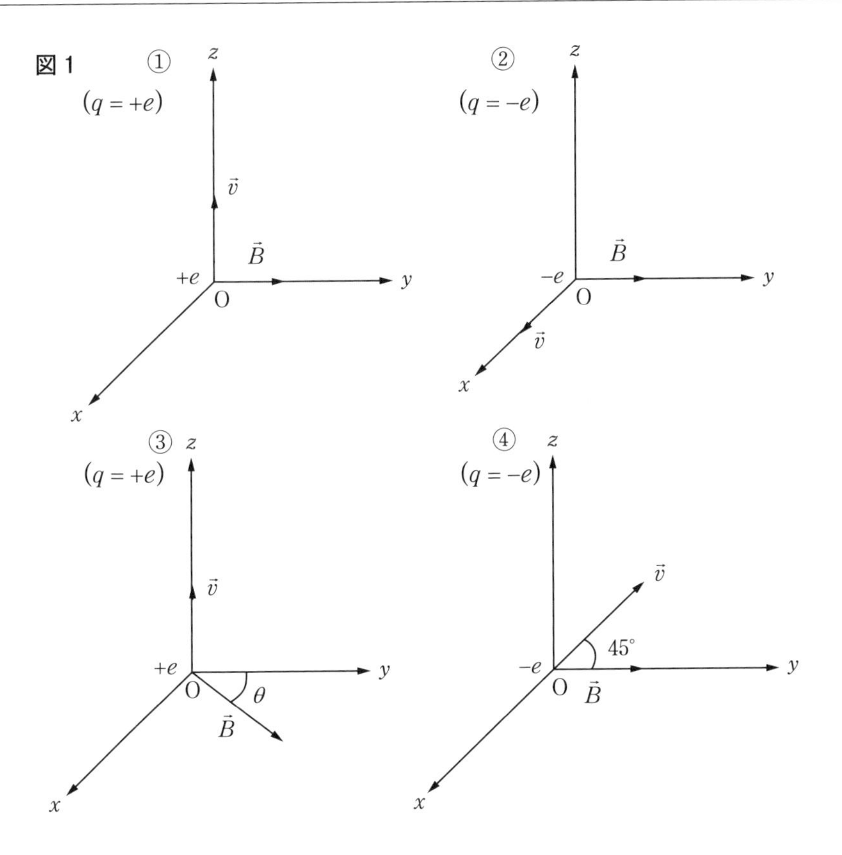

図 2

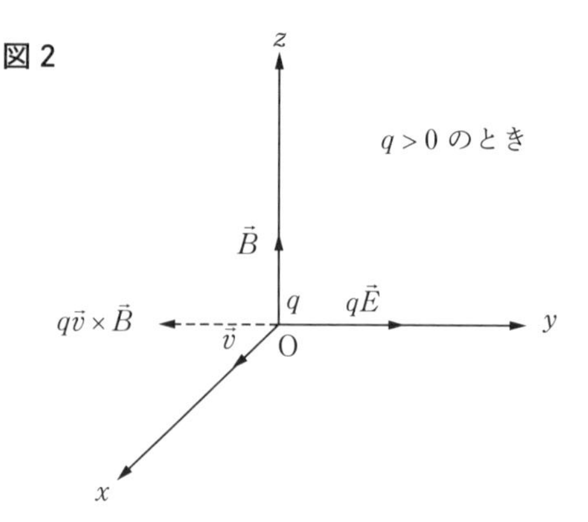

解

(1) ベクトル$\vec{A}$, $\vec{B}$とそのベクトル積$\vec{C}=\vec{A}\times\vec{B}$の成分を，それぞれ$(A_x, A_y, A_z)$, (B_x, B_y, B_z), (C_x, C_y, C_z)とすれば，

$C_x = A_yB_z - A_zB_y$，$C_y = A_zB_x - A_xB_z$，$C_z = A_xB_y - A_yB_x$

が成り立つことを用いる.

① $\vec{v}=(0, 0, v)$，$\vec{B}=(0, B, 0)$

$\vec{F}=e\vec{v}\times\vec{B}=(-evB, 0, 0)$

② $\vec{v}=(v, 0, 0)$，$\vec{B}=(0, B, 0)$

$\vec{F}=-e\vec{v}\times\vec{B}=(0, 0, -evB)$

③ $\vec{v}=(0, 0, v)$，$\vec{B}=(B\sin\theta, B\cos\theta, 0)$

$\vec{F}=e\vec{v}\times\vec{B}=(-evB\cos\theta, evB\sin\theta, 0)$

④ $\vec{v}=\left(0, \frac{v}{\sqrt{2}}, \frac{v}{\sqrt{2}}\right)$，$\vec{B}=(0, B, 0)$

$\vec{F}=-e\vec{v}\times\vec{B}=(\frac{1}{\sqrt{2}}evB, 0, 0)$

いずれも，$\vec{v}$ と$\vec{B}$ のなす角θがわかっているので大きさ F は$\vec{F}=|q|vB\sin\theta$ で求め，$\vec{F}$ の向きは，$q>0$ のとき $\vec{v}$ から$\vec{B}$ へ右ねじを回すとき，ねじの進む向きで，$q<0$のときは逆になることを用いて求めてもよい.

(2) $(0, 0, 0)=q\left\{(0, 20, 0)+(v_0, 0, 0)\times(0, 0, 5)\right\}$

$=q\left\{(0, 20, 0)+(0, -5v_0, 0)\right\}=q(0, 20-5v_0, 0)$

よって，$q(20-5v_0)=0$

$$\therefore v_0 = 4$$

$q>0, q<0$いずれでも成り立つことに注意する．

$q>0$ のとき，$\vec{E}, \vec{v}, \vec{B}$ の向きは図 2 のように表される．

$\vec{v}\times\vec{B}$ の大きさは，$vB\sin 90^\circ = vB$ で，向きは $\vec{v}$ から$\vec{B}$ の向きに右ねじをまわすとき，ねじの進む向きで$-y$ 方向である．したがって，y 方向について

$$0 = qE + (-qv_0B)$$

が成り立つ．これから

$$v_0 = \frac{E}{B} = \frac{20}{5} = 4$$

が求まる．

例題 1.10　$\vec{A}=(a,0,0)$，$\vec{B}=(b\cos\phi, b\sin\phi, 0)$，$\vec{C}=(c\sin\theta, 0, c\cos\theta)$ に対するスカラー 3 重積$\vec{C}\cdot(\vec{A}\times\vec{B})$ を求めよ．

解

$$\begin{aligned}\vec{C}\cdot(\vec{A}\times\vec{B}) &= (c\sin\theta, 0, c\cos\theta)\cdot\left[(a,0,0)\times(b\cos\phi, b\sin\phi, 0)\right]\\ &= (c\sin\theta, 0, c\cos\theta)\cdot(0,0,ab\sin\phi)\\ &= abc\sin\phi\cos\theta\end{aligned}$$

$\vec{A}, \vec{B}, \vec{C}$ を図示すると図のようになる．

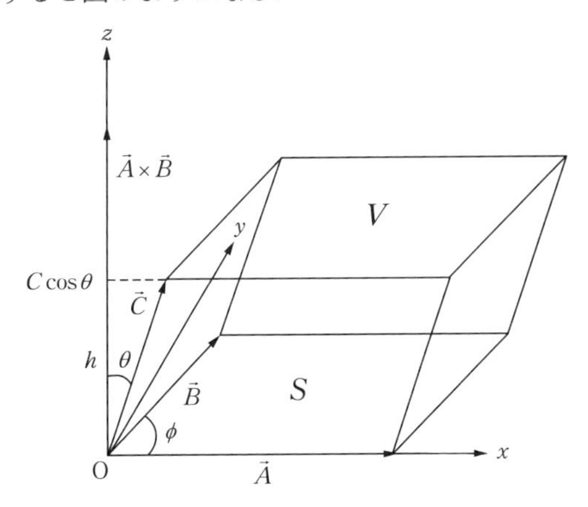

$\vec{A}\times\vec{B}$ の向きは $+z$ 方向で大きさは $ab\sin\phi$ である．$\vec{C}$ と$\vec{A}\times\vec{B}$ のなす角が θ であるので

$$\vec{C}\cdot(\vec{A}\times\vec{B})=\left|\vec{C}\right|\left|\vec{A}\times\vec{B}\right|\cos\theta=c(ab\sin\phi)\cos\theta$$

$$=abc\sin\phi\cos\theta$$

となる．

$\vec{A},\vec{B}$ を 2 辺とする平行四辺形の面積を S,

$\vec{C}$ の z 成分を h とすると

$$\vec{C}\cdot(\vec{A}\times\vec{B})=abc\sin\phi\cos\theta=(ab\sin\phi)(c\cos\theta)=Sh=V$$

が成り立つ．$\vec{A},\vec{B},\vec{C}$ を 3 辺とする平行 6 面体の体積 V に等しいことがわかる．

したがって，どの 2 辺を平行四辺形にとってもよいので，

$$\vec{C}\cdot(\vec{A}\times\vec{B})=\vec{A}\cdot(\vec{B}\times\vec{C})=\vec{B}\cdot(\vec{C}\times\vec{A})=V$$

が成り立っている．

$\vec{C}\cdot(\vec{A}\times\vec{B})$ は $\vec{C}$ と $(\vec{A}\times\vec{B})$ のスカラー積であるので

$$\vec{C}\cdot(\vec{A}\times\vec{B})=C_x(A_yB_z-A_zB_y)+C_y(A_zB_x-A_xB_z)$$

$$+C_z(A_xB_y-A_yB_x)$$

$$=\begin{vmatrix}C_x & C_y & C_z\\ A_x & A_y & A_z\\ B_x & B_y & B_z\end{vmatrix}=V$$

と表される．行の交換を 2 度おこなっても行列式の値は変わらないので $V=$一定となる．

$\theta=0,\phi=\dfrac{\pi}{2}$ のとき，直方体の体積 $V=abc$ となることに注意する．

2　速度と加速度

自動車や電車はそれらの速さや方向（水平方向とか鉛直方向とかのように１つの直線を表す）や向き（その方向のうち右とか左とかどちらを向くかを表す）が時間とともに絶えず変化して位置を変えている.
このような運動はそれらの速度や加速度がどう変わっていくかが数式で表されると運動の様子がわかる.
速度や加速度はベクトル量である.
ベクトルとその成分表示により平面内（２次元）運動や
ひいては空間を動きまわる（３次元）運動の理解が容易になる.

2.1　速度

物体の時刻 t での位置ベクトルが $\vec{r}(t)=(x(t),\,y(t),\,z(t))$ で表されるものとする.

時刻 t のとき $\vec{r}(t)$ の位置 P にある物体が時刻 $t+\Delta t$ に $\vec{r}(t+\Delta t)$ の位置 P′ に移動したとき PP′ 間の変位は $\Delta\vec{r}=\vec{r}(t+\Delta t)-\vec{r}(t)$ である.

この時間間隔 Δt の間の平均の速度 $\bar{\vec{v}}$ は,

$$\bar{\vec{v}}=\frac{\Delta\vec{r}}{\Delta t}$$

となる. $\bar{\vec{v}}$ の向きは $\Delta\vec{r}$ の向きと一致する. $\Delta t\to 0$ の極限をとると $\Delta\vec{r}$ は時刻 t における経路の接線の向きに近づく. この極限値

$$\vec{v}(t)=\lim_{\Delta t\to 0}\frac{\Delta\vec{r}}{\Delta t}=\frac{d\vec{r}}{dt}$$

を P（時刻 t）での（瞬間の）速度という（図 2.1）

$\vec{v}$ の成分表示は,

$$\vec{v}=(v_x,\,v_y,\,v_z)=\frac{d\vec{r}}{dt}=\left(\frac{dx}{dt},\frac{dy}{dt},\frac{dz}{dt}\right)$$

より,

$$v_x = \frac{dx}{dt}, v_y = \frac{dy}{dt}, v_z = \frac{dz}{dt}$$

で与えられる.

$\vec{v}$ の大きさ（速さ）は,

$$v = \left|\vec{v}\right| = \sqrt{{v_x}^2 + {v_y}^2 + {v_z}^2}$$

となる.

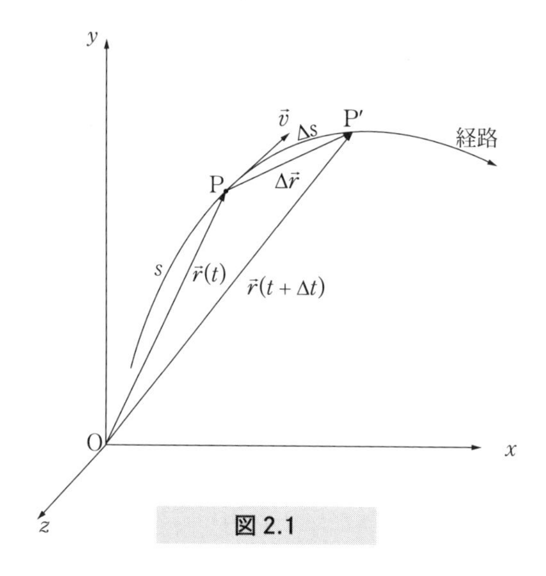

図 2.1

2.2 変位ベクトル $d\vec{r}$ と経路ベクトル $d\vec{s}$

経路（軌道）上のある点から運動の向きに測った長さを s とすると，図 2.1 で，ベクトル $\overrightarrow{\mathrm{PP'}}$ は変位 $\Delta\vec{r}$ である.

$\Delta s \to 0$ とすると，経路の長さ $\overset{\frown}{\mathrm{PP'}} = \Delta s$ と $\left|\Delta\vec{r}\right|$ は等しくなるので，変位ベクトル $d\vec{r}$ を経路ベクトル $d\vec{s}$ におきかえてよい.

$$\left|\Delta\vec{r}\right| = \Delta s \to \left|d\vec{r}\right| = ds \to d\vec{r} = d\vec{s}$$

位置ベクトル $\vec{v}(t)$ を $s(t)$ の関数と考えると，単位接線ベクトルが定義できる.

$$\vec{e}_t = \frac{d\vec{r}(s)}{ds}$$

$$d\vec{r} = \left|d\vec{r}\right|\vec{e}_t, d\vec{s} = ds\vec{e}_t$$

が成り立つ（図 2.2）

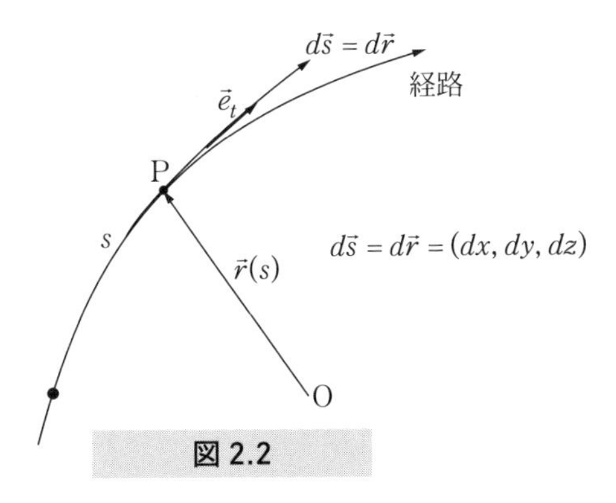

図 2.2

$$\vec{v} = \frac{d\vec{r}(t)}{dt} = \frac{d\vec{r}(s)}{ds}\frac{ds}{dt} = \frac{ds}{dt}\vec{e}_t$$

$$v = \left|\vec{v}\right| = \left|\frac{d\vec{r}}{dt}\right| = \frac{\left|d\vec{r}\right|}{dt} = \frac{ds}{dt}$$

であるから，

$$\vec{v} = v\vec{e}_t$$

と書けることがわかる．

時刻 t_0 から t までに物体が移動した距離 $s(t)$ は

$$s(t) = \int_{t_0}^{t} ds = \int_{t_0}^{t} \left|d\vec{r}\right| = \int_{t_0}^{t} \frac{\left|d\vec{r}\right|}{dt}dt = \int_{t_0}^{t} vdt$$

で求められる．v は速さ $\left|\vec{v}\right|$ であることに注意する．1 次元の場合，移動距離は

$$s(t) = \int_{t_0}^{t} \left|v_x\right| dt$$

となる．位置 $x(t)$ は

$$x(t) = \int_{t_0}^{t} v_x dt$$

で求められる．$v_x(t)$ には正負がある．

注意：$d\vec{s} = d\vec{r}$ であるが，スカラー量 s は経路に沿っての長さであるのに対し，r は原点からの距離である．

ds は経路の微小変位の長さであるが，$dr = d\left|\vec{r}\right|$ は原点からの距離の変化である．

$\left|d\vec{r}\right| = ds$ であることに注意する．

2.3　速度の合成

直線（x 軸）上を速度 v_1 で走っている電車の中を，電車に対して速度 v_2 で人が歩いているとする．このとき，地面に静止している人から見た電車内を歩く人の速度を v とすると，

$$\vec{v} = \vec{v}_1 + \vec{v}_2$$

である（図 2.3）．速度は正の向きなら正，負の向きなら負の符号をつけるものとする．ただし，$+x$ 方向（x 軸の正の向き）を正の向きとし，$-x$ 方向（x 軸の負の向き）を負の向きとする．

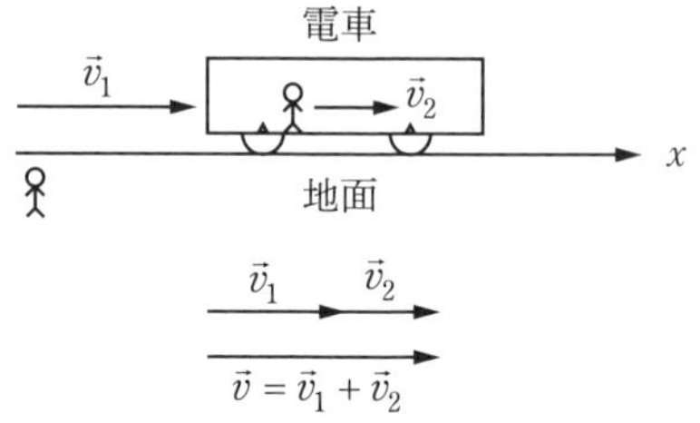

図 2.3

■2次元の場合で考えてみよう

xy 座標系（S 系とよぶ）に対し，$\vec{v}_1$ で動いている $x'y'$ 座標系（S′ 系とよぶ）を考える．S′ 系内を $\vec{v}_2$ で動いている物体 P を S 系で見ると，

$$\vec{v} = \vec{v}_1 + \vec{v}_2$$

で動いているように見える．$\vec{v}$ を $\vec{v}_1$ と $\vec{v}_2$ の合成速度という（図 2.4）．速度 $\vec{v}_1$ で運動している電車（S′ 系）の中で，ボールを速度 $\vec{v}_2$ で動かせば，地上（S 系）から見たボールの速度は $\vec{v} = \vec{v}_1 + \vec{v}_2$ となる．

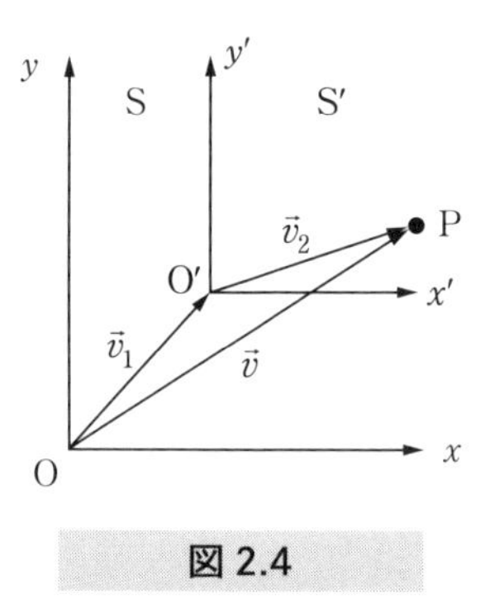

図 2.4

例題 2.1　流水の速さ $v_1 = 5\,\mathrm{m/s}$ の川を静水中での速さ $v_2 = 10\,\mathrm{m/s}$ のボートが，ボートの向きを川岸に直角に保って川岸の一点 A から対岸の点 B に向けてこぎ出すとき，

(1) 川岸に対するボートの速度 $\vec{v}$ の大きさ v を求めよ．

(2) ボートは川岸に直角な方向から角 θ だけ川下の AB′ の方向に進む．$\tan\theta$ の値を求めよ．

(3) ボートが川岸に直角な直線 AB に沿って進むためには，ボートの向きを AB より角 θ' だけ川上に向けてこげば良い．$\sin\theta'$ の値を求めよ．

解

(1) v_1 と v_2 をベクトル化し，$\vec{v}=\vec{v}_1+\vec{v}_2$ で求める（図 1）.

図 1

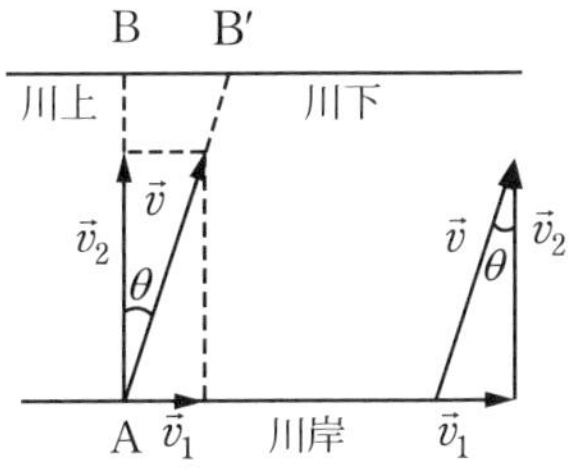

$$v=\sqrt{{v_1}^2+{v_2}^2}=\sqrt{5^2+10^2}=5\sqrt{5}\ \ \mathrm{m/s}\,(=11.2\mathrm{m/s})$$

(2) $\vec{v}$ と AB とのなす角を θ とすると，

$$\tan\theta=\frac{v_1}{v_2}=\frac{5}{10}=0.5$$

となる.

$\vec{v}$ の大きさは $5\sqrt{5}$ m/s で，向きは $\tan\theta=0.5$ となる角 θ の向き.

図 2

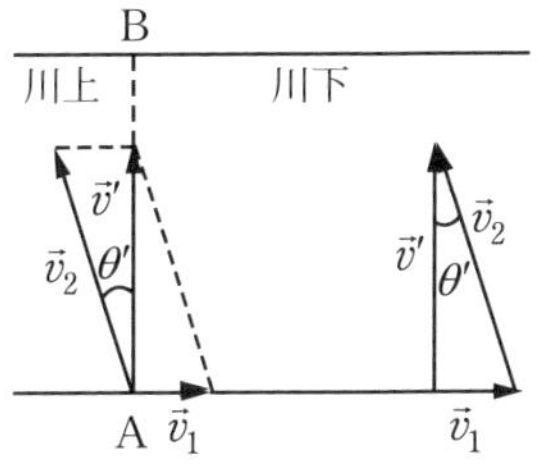

(3) AB から角 θ' だけ川上の方向に向けてこぎ出したとき，川岸から見たボートの速度 $\vec{v}'$ の向きが AB の方向になればよい（図 2）.

$$\vec{v}'=\vec{v}_1+\vec{v}_2'$$

$$v'=\sqrt{{v_2}^2+{v_1}^2}=\sqrt{10^2-5^2}=\sqrt{75}=5\sqrt{3}\ \ (=8.7\mathrm{m/s})$$

$$\sin\theta'=\frac{v_1}{v_2}=\frac{5}{10}=0.5,\ \ \theta'=30^\circ$$

2.4 相対速度

直線道路を自動車 A とバイク B が同じ向きにそれぞれ 10 m/s，15 m/s の速さで走行している．このとき，自動車に乗っている人からバイクを見ると，バイクは速さ 5 m/s で前方へ向かって進んでいくように見える．一般に，速度 $\vec{v}_{\mathrm{A}}$ で動いている観測者 A が速度 $\vec{v}_{\mathrm{B}}$ で動いている物体 B を見たときの速度 $\vec{v}_{\mathrm{BA}}$ は次式で表される.

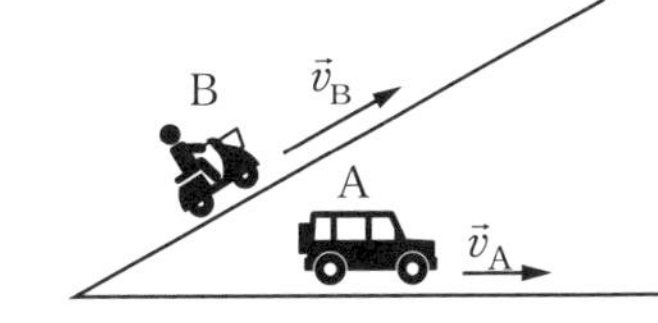

$$\vec{v}_{\mathrm{BA}}=\vec{v}_{\mathrm{B}}-\vec{v}_{\mathrm{A}}$$

この速度を A に対する B の相対速度という（図 2.5）.

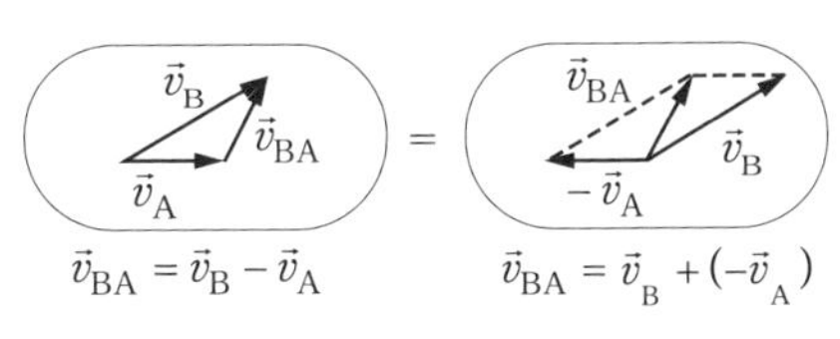

図 2.5

例題 2.2　東西方向に通じる道路の真下を南北に通じる道路が交差している．東に向かって 80 km/h の速さで自動車 A が進むとき、ちょうど真下を北に向かって 80 km/h の速さで自動車 B が通り過ぎた．自動車 A から見た自動車 B の相対速度を求めよ．

解

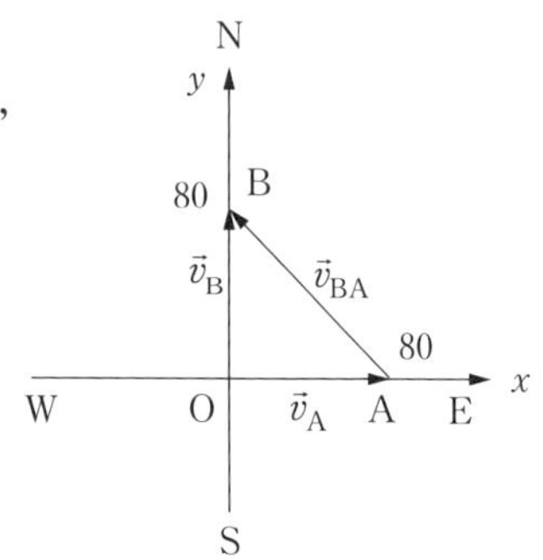

x, y 軸を図のようにとる．A の速度は $\vec{v}_{\mathrm{A}}=(80, 0)$，B の速度は $\vec{v}_{\mathrm{B}}=(0, 80)$ となる．

A に対する B の相対速度は，

$$\vec{v}_{\mathrm{BA}}=\vec{v}_{\mathrm{B}}-\vec{v}_{\mathrm{A}}=(0, 80)-(80, 0)=(-80, 80)$$

となる．$\vec{v}_{\mathrm{BA}}$ の大きさ（遠ざかる速さ）は，

$$v_{\mathrm{BA}}=\sqrt{80^2+80^2}=\sqrt{80^2(1+1)}=80\sqrt{2}\ \ (\mathrm{km/h})$$

$\vec{v}_{\mathrm{BA}}$ の向きは，AB と x 軸とのなす角を θ とすると，

$$\tan\theta=\frac{80}{-80}=-1$$

$$\theta=135^\circ$$

である．

図的には $\vec{v}_{\mathrm{A}}$ の終点から $\vec{v}_{\mathrm{B}}$ の終点を結んだ $\vec{v}_{\mathrm{BA}}$ が求めるものである．

例題 2.3　雨が鉛直に速さ $v_{\mathrm{B}}=10\ \mathrm{m/s}$ で降っている．水平方向に速さ $v_{\mathrm{A}}=10\sqrt{3}\ \mathrm{m/s}$ で走っている電車の窓から見ると，雨はどのように降って見えるか，電車から見た雨の速さ v_{BA} と，雨が鉛直方向となす角 θ を求めよ．

解

電車から見た雨（雨滴）の相対速度 $\vec{v}_{\mathrm{BA}}$ は，雨の速度を $\vec{v}_{\mathrm{B}}$，電車の速度を $\vec{v}_{\mathrm{A}}$ とすると，

$$\vec{v}_{\mathrm{BA}}=\vec{v}_{\mathrm{B}}-\vec{v}_{\mathrm{A}}$$

となる（図 3）．

$\vec{v}_{\mathrm{BA}}$ の大きさ v_{BA} は，

$$v_{\mathrm{BA}} = \sqrt{v_{\mathrm{A}}{}^2 + v_{\mathrm{B}}{}^2} = \sqrt{(10\sqrt{3})^2 + 10^2} = \sqrt{10^2(3+1)} = 20\ \mathrm{m/s}$$

$\vec{v}_{\mathrm{BA}}$ が鉛直方向となす角 θ は，

$$\tan\theta = \frac{v_{\mathrm{A}}}{v_{\mathrm{B}}} = \frac{10\sqrt{3}}{10} = \sqrt{3}$$

$$\therefore\quad \theta = 60^\circ$$

図 3

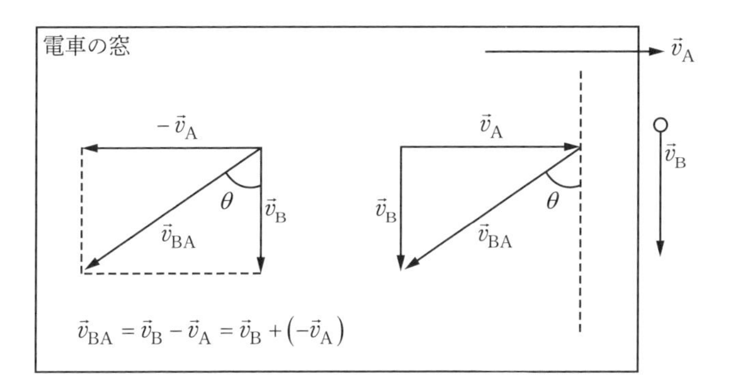

2.5　加速度

図 2.6 のように時刻 t における点 P での速度 $\vec{v}(t)$ が，時刻 $t+\Delta t$ に点 P′ での速度 $\vec{v}(t+\Delta t)$ に変化したとする．この間の速度の変化は，

$$\Delta\vec{v} = \vec{v}(t+\Delta t) - \vec{v}(t)$$

である．この間の平均の加速度は，

$$\bar{\vec{a}} = \frac{\Delta\vec{v}}{\Delta t}$$

で表される．この向きは $\Delta\vec{v}$ の向きと一致する．Δt を限りなく 0 に近づけたときの $\vec{a}$ の極限値を点 P（時刻 t）における（瞬間の）加速度という．

$$\vec{a} = \lim_{\Delta t\to 0}\frac{\Delta\vec{v}}{\Delta t} = \frac{d\vec{v}}{dt}$$

$\vec{v}$ を t で微分すると $\vec{a}$ になることを表す．

$\vec{v} = \dfrac{d\vec{r}}{dt}$ を代入すると，

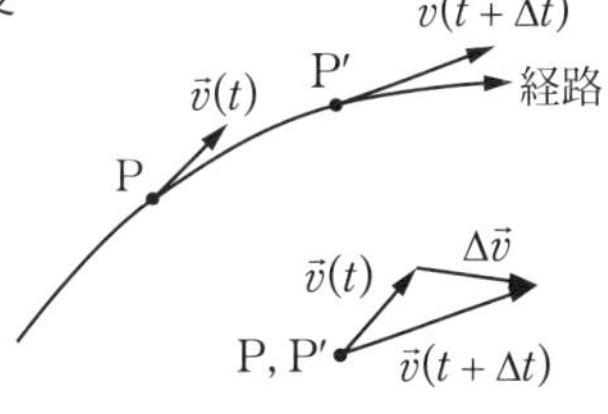

図 2.6

$$\vec{a} = \frac{d\vec{v}}{dt} = \frac{d}{dt}\left(\frac{d\vec{r}}{dt}\right) = \frac{d^2\vec{r}}{dt^2}$$

$\vec{v}$ は $\vec{r}$ の 1 次導関数であり，$\vec{a}$ は $\vec{r}$ の 2 次導関数であることを表している．$\vec{a}$ の単位は $\mathrm{m/s^2}$ である．

$\vec{a}$ の成分表示は，

$$\vec{a}(a_x, a_y, a_z) = \frac{d^2\vec{r}}{dt^2} = \left(\frac{d^2x}{dt^2}, \frac{d^2y}{dt^2}, \frac{d^2z}{dt^2}\right)$$

より，

$$a_x = \frac{d^2x}{dt^2},\ a_y = \frac{d^2y}{dt^2},\ a_z = \frac{d^2z}{dt^2}$$

となる．$\vec{a}$ の大きさは，

$$a = \left|\vec{a}\right| = \sqrt{{a_x}^2 + {a_y}^2 + {a_z}^2}$$

である．

■相対速度と相対加速度

物体 A が速度 $\vec{v}_{\mathrm{A}}$ で運動し，さらに物体 B が速度 $\vec{v}_{\mathrm{B}}$ で運動しているとき，A から見た B の速度 $\vec{v}_{\mathrm{BA}}$ を A に対する B の相対速度といい，次のように表された．

$$\vec{v}_{\mathrm{BA}} = \vec{v}_{\mathrm{B}} - \vec{v}_{\mathrm{A}}$$

同様に，A，B の加速度をそれぞれ $\vec{a}_{\mathrm{A}}, \vec{a}_{\mathrm{B}}$ とすると，A に対する B の相対加速度 $\vec{a}_{\mathrm{BA}}$ は次のように表される（図 2.7）．

$$\vec{a}_{\mathrm{BA}} = \vec{a}_{\mathrm{B}} - \vec{a}_{\mathrm{A}}$$

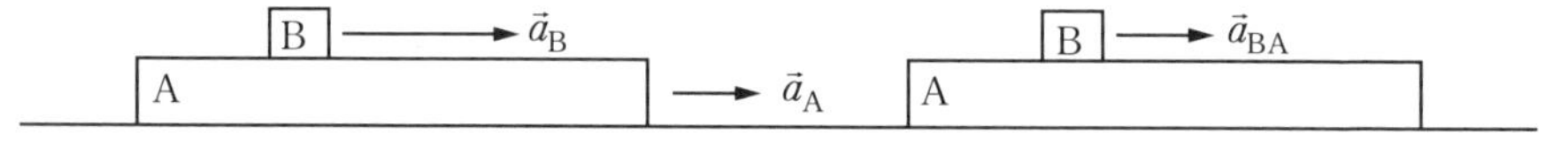

図 2.7

2.6 加速度の接線成分と法線成分

物体が図 2.8 のような曲線に沿って運動している．時刻 t における物体の位置 P の位置ベクトルは曲線上の定点 O から曲線に沿った距離 s をパラメータとして

$$\vec{r} = \vec{r}\,(s)$$

で表すと都合がよい．ここで，$s = s\,(t)$ である点 P における物体の速度 $\vec{v}(t)$ は接線ベクトルを $\vec{e}_t$ で表すと

$$v = v\vec{e}_t$$

となる．合成関数の微分を用いると

$$v = \frac{d\vec{r}}{dt} = \frac{d\vec{r}}{ds}\frac{ds}{dt}$$

なので，

$$v = \frac{ds}{dt},\ \ \vec{e}_t = \frac{d\vec{r}}{ds}$$

の関係がでてくる．

加速度 $\vec{a}(t)$ は $\vec{v}(t)$ を時間微分して

$$\vec{a} = \frac{dv}{dt}\vec{e}_t + v\frac{d\vec{e}_t}{dt} \qquad ①$$

になる．右辺の第 2 項について考える．

$\vec{e}_t$ は s の関数と考えたが，s は時間 t の関数である．したがって

$$\frac{d\vec{e}_t}{dt} = \frac{d\vec{e}_t}{ds}\frac{ds}{dt} = v\frac{d\vec{e}_t}{ds}$$

が成り立つ．$\dfrac{d\vec{e}_t}{ds}$ は何を表わすだろうか．

$\vec{e}_t \cdot \vec{e}_t = 1$ から出発する．ベクトルのスカラー積分の微分公式より

$$\frac{d}{ds}(\vec{e}_t \cdot \vec{e}_t) = \frac{d\vec{e}_t}{ds} \cdot \vec{e}_t + \vec{e}_t\frac{d\vec{e}_t}{ds} = 0$$

よって，

$$\vec{e}_t \cdot \frac{d\vec{e}_t}{ds} = 0$$

が成り立つ．これから，$\vec{e}_t$ と $\dfrac{d\vec{e}_t}{ds}$ は直交することがわかる．$\vec{e}_t$ に直交する単位法線ベクトルを

$$\vec{e}_n = k\frac{d\vec{e}_t}{ds}$$

で定義する．これを用いると，加速度は

$$\vec{a} = \frac{dv}{dt}\vec{e}_t + v^2\frac{1}{k}\vec{e}_n$$

と表される．ここで，$\dfrac{1}{k} = \left|\dfrac{d\vec{e}_t}{ds}\right|$ である．曲線 PP′ は，P′ か P に十分近いので円で近似したとき，その円の中心 C および半径 ρ が，弧の長さ ds は，

$$ds = \rho d\phi,\ \left|d\vec{e}_t\right| = \left|\vec{e}_t\right| d\phi = d\phi$$

$$\frac{d\vec{e}_t}{d\phi} = \vec{e}_n$$

の関係で結ばれている（図 2.8）．

これから，

$$\frac{d\vec{e}_t}{ds} = \frac{d\vec{e}_t}{\rho d\phi} = \frac{1}{\rho}\frac{d\vec{e}_t}{d\phi} = \frac{1}{\rho}\vec{e}_n$$

となり，$k = \rho$ であることがわかる．よって，$\vec{a} = \dfrac{dv}{dt}\vec{e}_t + \dfrac{v^2}{\rho}\vec{e}_n$ が導かれる．円近似した中心 C を曲率中心，ρ を曲率半径とよんでいる．

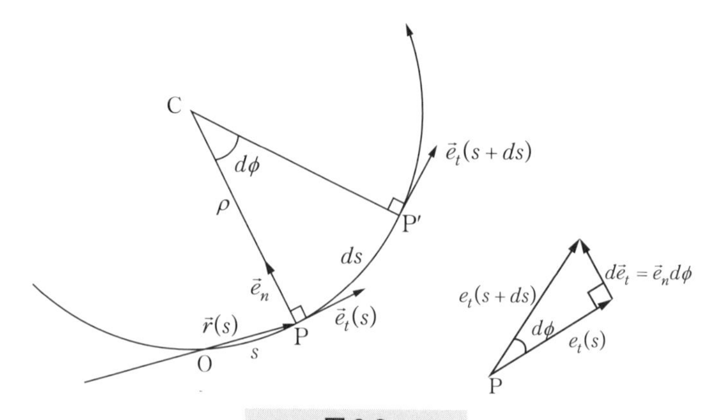

図 2.8

例題 2.4　x 軸上を運動するある物体の速度が $v(t)=2t-t^2$ で与えられるとする．

(1) 加速度 $a(t)$ を求めよ．

(2) 時刻 t での物体の位置 $x(t)$ を求めよ．

(3) $t=2\text{s}$ での位置 $x(2)$ と，$t=0\text{s}$ から $t=2\text{s}$ までの移動距離 s_2 を求めよ．

(4) $t=3\text{s}$ での位置 $x(3)$ と，$t=0\text{s}$ から $t=3\text{s}$ までの移動距離 s_3 を求めよ．

(5) $t=0\text{s}$ から $t=3\text{s}$ までの平均の速さ $\overline{v}_{sp}$ と平均の速度 $\overline{v}$ を求めよ．

ただし，時刻 $t=0$ での位置 $x(0)=0$ とする．また，時刻 t の単位は［s］，位置 x の単位は［m］とする．

解

v–t グラフは図 1 のようになる．

(1) $a(t)=\dfrac{dv(t)}{dt}=2-2t$　[m/s^2]

(2) $x(t)=\int v(t)dt=\int(2t-t^2)dt=t^2-\dfrac{1}{3}t^3+C$

$t=0$ で $x(0)=0$ より $C=0$

$\therefore\ x(t)=t^2-\dfrac{1}{3}t^3$　[m]

x–t グラフは図 2 のようになる．

(3) $s_2=x(2)=\int_0^2(2t-t^2)dt=\dfrac{4}{3}$　[m]（S_A の面積）

図 1

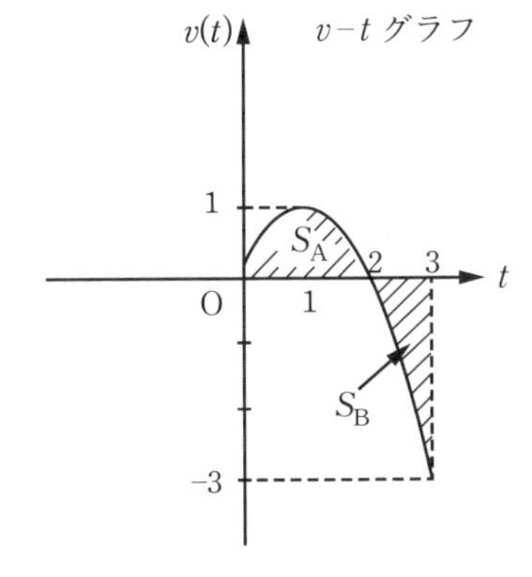

図 2

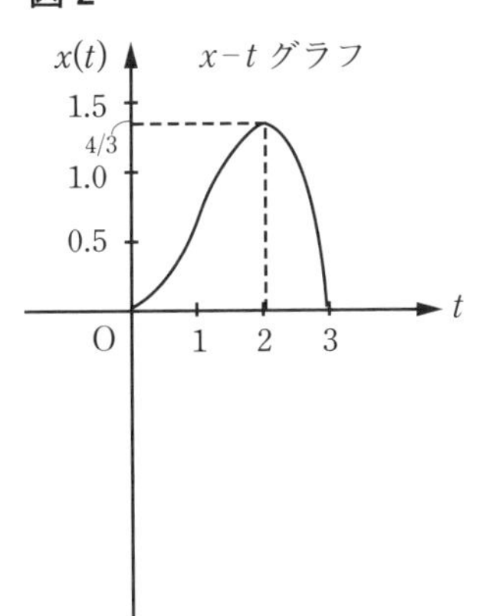

(4) $x(3)=\int_0^3(2t-t^2)dt=0$ [m] (S_A-S_B の面積)

$$s_3=\int_0^2(2t-t^2)\,dt+\left|\int_2^3(2t-t^2)\,dt\right|=\frac{4}{3}+\frac{4}{3}=\frac{8}{3}\ \text{[m]}$$ (S_A+S_B の面積)

(5) $$\bar{v}_{sp}=\frac{\Delta s}{\Delta t}=\frac{s_3}{3}=\frac{8}{9}\ \text{[m/s]}$$

$$\bar{v}=\frac{\Delta x}{\Delta t}=\frac{x(3)-x(0)}{3}=0\ \text{[m/s]}$$

問　例題 2.4 において変域 $0\leqq t\leqq 3$ における物体の移動距離 $s(t)$ を求めよ.

解

$0\leqq t\leqq 2$ では $v(t)\geqq 0$ なので $x(t)=s(t), t=2$ で $v(2)=0$ となりその後 $t=3$ まで $v(t)\geqq 0$, よって物体の位置 $x(t)$ は $t=2$ を境に U ターンしてもとの位置 $x(0)=0$ に向かうので減少するが, $s(t)$ は $t=2$ 以後も $-x$ 方向へ進む距離も含むので増加する.

$$0\leqq t\leqq 2\quad s(t)=x(t)=t^2-\frac{1}{3}t^3$$

$$2\leqq t\leqq 3\quad s(t)=x(2)+\int_2^t|v(t)|dt=\frac{4}{3}+\int_2^t(t^2-2t)dt$$

$$=\frac{1}{3}t^3-t^2+\frac{8}{3}$$

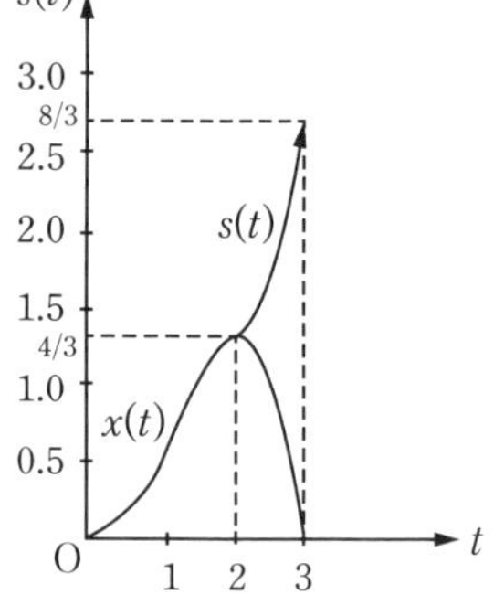

図示すると右図のようになる

これからも $s_3=s(3)=\frac{8}{3}$ が求まる.

例題 2.5　位置ベクトル $\vec{r}=(x,y)=(3t,-t^2+t)$ で運動する物体がある. 速さ v と加速度の大きさ a を求めよ.

解

$$\vec{v}=\frac{d\vec{r}}{dt}=(3,-2t+1)$$

$$\vec{a}=\frac{d\vec{v}}{dt}=(0,-2)$$

$$v=\sqrt{3^2+(-2t+1)^2}=\sqrt{4t^2-4t+10}$$

$$a=\sqrt{0^2+(-2)^2}=2$$

例題 2.6　位置ベクトル　$\vec{r} = (x, 0) = (r\cos\omega t, 0)$ で運動している物体がある．
(1) 速度 v と加速度 a を求めよ．r, ω は定数である．(2) a と x の関係を導け．

解

(1) $x = r\cos\omega t$ を t で微分すると v が求まる．

$v = -r\omega\sin\omega t$

さらに t で微分すると a が求まる．

$$a = \frac{dv}{dt} = \frac{d^2x}{dt^2} = -r\omega^2\cos\omega t$$

(2) $x = r\cos\omega t$

$a = -r\omega^2\cos\omega t$

より $a = -\omega^2 x$

$x-t, v-t, a-t$ グラフを下図に示す．

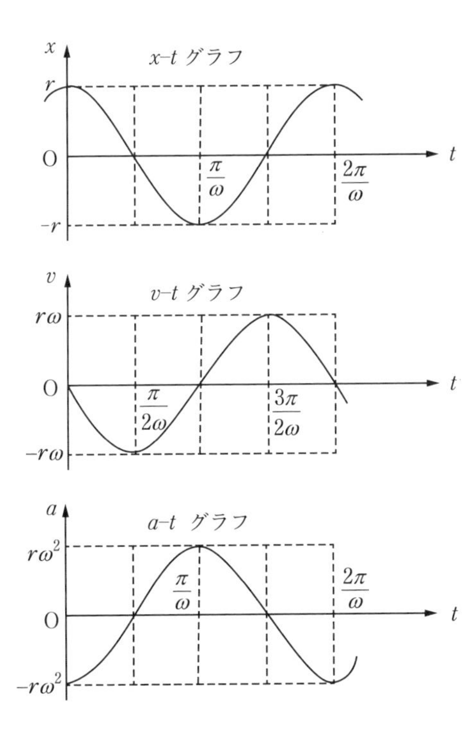

例題 2.7 物体Pが位置ベクトル $\vec{r} = (R\cos\omega t, R\sin\omega t, b\omega t)$ で運動している．R, ω, b は定数である．
(1) 物体Pの速度 $\vec{v}$ と加速度 $\vec{a}$ を求めよ．
(2) (1) の結果からこの物体はどのような運動しているかを述べよ．

解

(1) $$v = \frac{d\vec{r}}{dt} = (-R\omega\sin\omega t, R\omega\cos\omega t, b\omega)$$
$$\vec{a} = \frac{d\vec{r}}{dt} = -\omega^2(R\cos\omega t, R\sin\omega t, 0)$$

(2) $v = \omega\sqrt{R^2 + b^2}$, $v_z = b\omega$

より，物体の速さは一定，$+z$ 方向に等速度運動する．Pの xy 平面への射影点の位置ベクトルを

$\vec{R} = (R\cos\omega t, R\sin\omega t, 0)$, $R =$ 一定

とすると加速度は

$\vec{a} = -\omega^2\vec{R}$

$\vec{R} = (\vec{r}\cdot\vec{e}_R)\vec{e}_R$, $\vec{e}_R = (\cos\omega t, \sin\omega t, 0)$

と表される．

これから，xy 平面内では，周期 $T = \dfrac{2\pi}{\omega}$ の等速（$R\omega$）円運動しながら，$+z$ 方向のピッチ（pitch）

$$v_z T = b\omega\cdot\frac{2\pi}{\omega} = 2\pi b$$

の「らせん」運動をしている．

2.7 2次元極座標

2次元デカルト座標では，原点Oを通り直交する x 軸，y 軸をきめ，点Pの位置を (x, y) で指定し，位置ベクトル $\vec{r}$ を，x, y 方向の単位ベクトル $\vec{i}, \vec{j}$ を用いて，

$$\vec{r} = x\vec{i} + y\vec{j} = (x, y)$$

と表した．点Pの位置を指定するのに，(r, ϕ) を用いることもできる．$r = |\vec{r}|, \phi$ は $\vec{r}$ と x 軸とのなす角である．

Pの位置を (r, ϕ) で指定する表示を（2次元）極座標という．(x, y) と (r, ϕ) との

間には

$$x = r\cos\phi,\ y = r\sin\phi,\ r = \sqrt{x^2 + y^2},\ \tan\phi = \frac{y}{x}$$

の関係がある（図 2.9）.

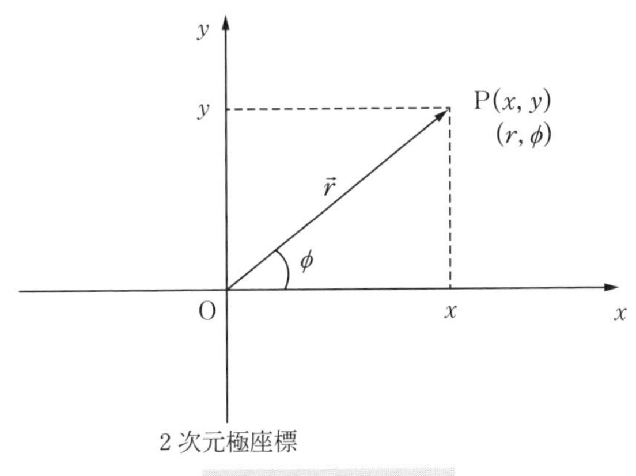

図 2.9

> **例題 2.8**　x, y 平面ないにある点 P の位置ベクトル $\vec{r}$ が $+x$ と ϕ の角をなし、その単位ベクトルを $\vec{e}_r$ とする．$\vec{e}_r$ に直角で反時計回りの向きの単位ベクトルを $\vec{e}_\phi$ とするとき、$\vec{e}_r$ と $\vec{e}_\phi$ を x, y 方向の単位ベクトル $\vec{i}, \vec{j}$ で表せ.

解

図 1 に示すように,

$$\vec{e}_r = \cos\phi\vec{i} + \sin\phi\vec{j} = (\cos\phi, \sin\phi) \qquad ①$$

$$\vec{e}_\phi = -\sin\phi\vec{i} + \cos\phi\vec{j} = (-\sin\phi, \cos\phi) \qquad ②$$

$\vec{i}, \vec{j}$ はつねに一定だが, $\vec{e}_r$ と $\vec{e}_\phi$ はともに ϕ のみの関数になる．したがって点 P が時間的に変化するときは ϕ, $\vec{e}_r$, $\vec{e}_\phi$ ともに時間 t の関数になる.

$\phi(t)$ の場合でも,

$$\vec{e}_r \cdot \vec{e}_\phi = (\cos\phi, \sin\phi)\cdot(-\sin\phi, \cos\phi) = -\sin\phi\cos\phi + \sin\phi\cos\phi = 0$$

なので, $\vec{e}_r$ と $\vec{e}_\phi$ とは直交している.

①, ②を逆に解くと

$$\vec{i} = \cos\phi\vec{e}_r - \sin\phi\vec{e}_\phi$$

$$\vec{j} = \sin\phi\vec{e}_r + \cos\phi\vec{e}_\phi$$

である（図 2）.

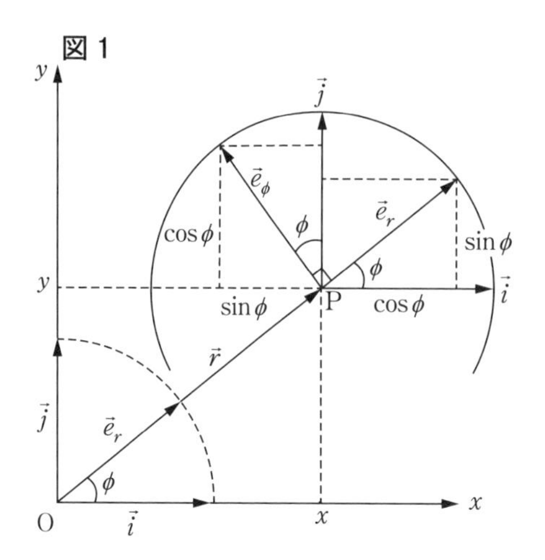

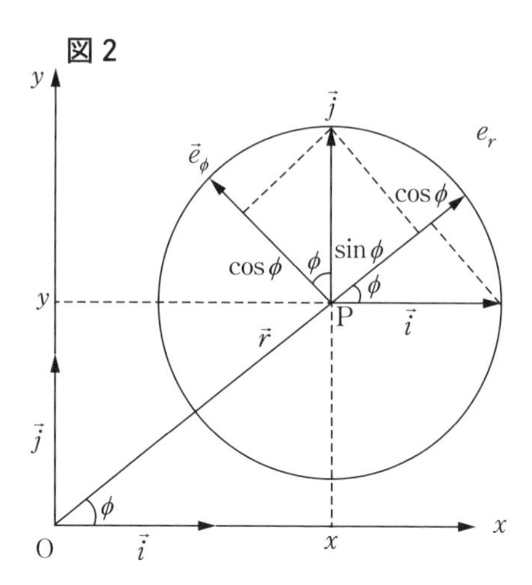

例題 2.9　点 P が半径 r，角速度 ω で等速とは限らない円運動しているとき，時刻 t における点 P の位置ベクトルが

$$\vec{r}(t) = (x, y) = \big(r\cos\phi(t), r\sin\phi(t)\big)$$

で表されるとき，点 P の速度 $\vec{v}(t)$ と加速度 $\vec{a}(t)$ を求めよ．ここで，$\phi(t)$ は $\vec{r}$ と x 軸とのなす角で $\phi(0) = 0$ とする．

解

点 P が円運動しているとき $\vec{r} = r\vec{e}_r (r = 一定)$ と書ける．

$\vec{r}$ は r 方向（動径方向）の単位ベクトル $\vec{e}_r$ と ϕ 方向（偏角方向，あるいは方位角方向）の単位ベクトル $\vec{e}_\phi$ の t に関する 1 次導関数をニュートンが用いたドット・記号を用いて表すと

$$\dot{\vec{e}}_r = -\sin\phi\cdot\dot{\phi}\vec{i} + \cos\phi\cdot\dot{\phi}\vec{j}$$
$$= (-\sin\phi\vec{i} + \cos\phi\vec{j})\dot{\phi} = \dot{\phi}\vec{e}_\phi$$
$$\dot{\vec{e}}_\phi = -\cos\phi\cdot\dot{\phi}\vec{i} - \sin\phi\cdot\dot{\phi}\vec{j} = -\dot{\phi}\vec{e}_r$$

となる．同様に 2 次（階）導関数は・・で表す．

速度 $\vec{v}$ は $\dot{r} = 0$，$\dot{\phi} = \dfrac{d\phi}{dt} = \omega$，（角速度）に注意すると，

$$\vec{v} = \dot{\vec{r}} = \dot{r}\vec{e}_r + r\dot{\vec{e}}_r = \dot{r}\vec{e}_r + r\dot{\phi}\vec{e}_\phi = r\dot{\phi}\vec{e}_\phi = r\omega\vec{e}_\phi$$

$\vec{v}$ の向きは $\vec{e}_\phi$（円の接線方向）で大きさは，

$$v = r\dot{\phi} = r\omega$$

となる．

加速度は，

$$\vec{a} = \dot{\vec{v}} = r\ddot{\phi}\vec{e}_\phi + r\dot{\phi}(-\dot{\phi}\vec{e}_r) = r\frac{d\omega}{dt}\vec{e}_\phi - r\omega^2\vec{e}_r = \frac{dv}{dt}\vec{e}_\phi - \frac{v^2}{r}\vec{e}_r$$

となる（図参照）．

等速円運動のとき，ω = 一定なので速度の大きさ（速さ）$r\omega$ は一定で向きを変えるだけである．加速度については，

$$\vec{a} = -r\omega^2\vec{e}_r$$

となる．大きさ $r\omega^2$ は一定で，向きはつねに中心 O を向いている．

また，$\vec{a}\cdot\vec{v} = -r^2\omega^3\vec{e}_\phi\cdot\vec{e}_r = 0 \quad (\because \vec{e}_\phi \perp \vec{e}_r)$ なので，$\vec{a}$ と $\vec{v}$ は直交していることがわかる．とくに，この場合の $\vec{a}$ を向心加速度，質量 m をかけた

$$\vec{F} = m\vec{a} = -m\frac{v^2}{r}\vec{e}_r$$

を向心力とよんでいる．つねに $\vec{F} \perp \vec{v}$ だから，$\vec{F}$ は物体 P に対して仕事をしない．

物体は速度の向きを変えるだけで，大きさ（速さ）は変わらない．

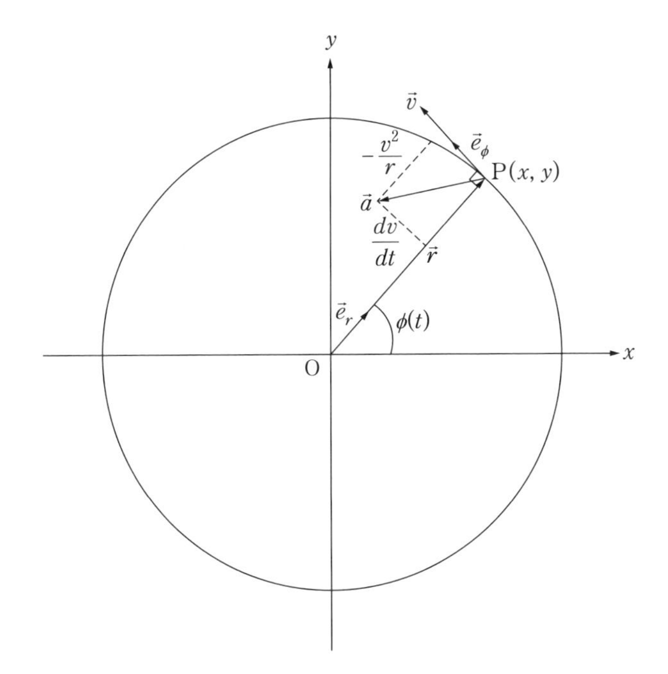

3　力の表し方

荷物を持ち上げたり，飛んできたボールをうけとめたりするとき，
私たちは手ごたえで力を加えているか，力を加えられているかを感じている.
力は速度や加速度と同じようにベクトルである.
力の効果は大きさと方向や向きのほかに力の
はたらいている点（作用点）が重要になる.
いろいろな力の表し方とはたらき，作用・反作用の法則，
力の合成と分解，力のつりあいについて学ぶ.

3.1　力の表し方

物体を変形させたり，物体の状態（速度など）を変えるはたらきをするものを力と呼んでいる．力は，速度や加速度と同じように，大きさと向きをもつベクトルである．力の大きさを F とすると，力のベクトルは記号 $\vec{F}$ で表される．

力 $\vec{F}$ を図示する場合，ベクトルの始点を力のはたらいている点（力の作用点）にとり，力の大きさ F は作用点を通り，力の向きに，その大きさに比例した長さに描く．

向きが反対の力は，$-\vec{F}$ のように負の符号をつけて表す．作用点を通り，力の方向に引いた直線を力の作用線という（図 3.1）．

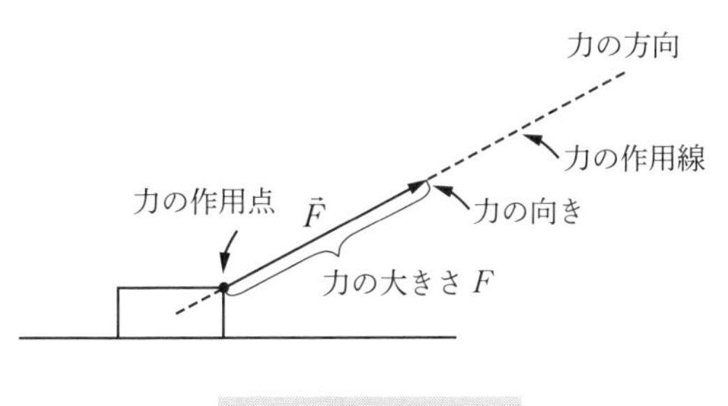

図 3.1

3.2　力のつりあい

1つの物体にいくつかの力がはたらいているのに，物体が静止したままのとき，物体にはたらく力はつりあっているという．

■2力のつりあい

図3.2のように，物体に $\vec{F}_1$ と $\vec{F}_2$ の2力がはたらいてつりあっているとき，この2力は同一作用線上にあり，大きさが等しく向きが反対である．よって，

$$\vec{F}_1 + \vec{F}_2 = \vec{0}$$

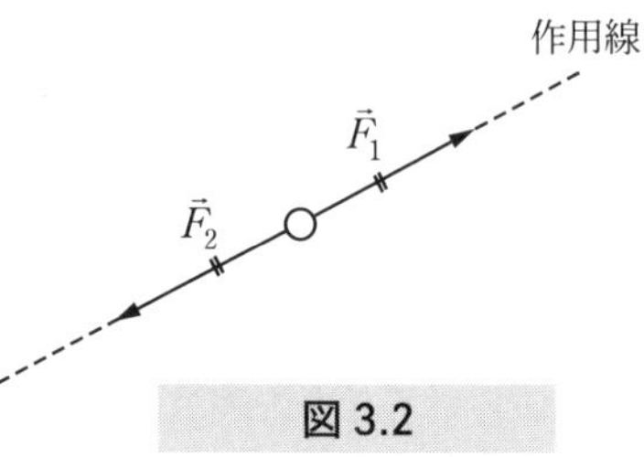

図 3.2

■3力のつりあい

物体に，$\vec{F}_1, \vec{F}_2, \vec{F}_3$ の3力がはたらいてつりあっているとき，任意の2つの力の和が，残りの1つの力と2力のつりあいの条件を満たしている．たとえば任意の2つの力を $\vec{F}_2, \vec{F}_3$ とすると図3.3（a）に示すように，$\vec{F}_2 + \vec{F}_3$ を平行四辺形の方法で求めた $\vec{F}_4$ が $\vec{F}_1$ とつりあっている．

したがって，

$$\vec{F}_1 + \vec{F}_4 = \vec{0}$$

$$\rightarrow \vec{F}_1 + (\vec{F}_2 + \vec{F}_3) = \vec{0}$$

これから，

$$\vec{F}_1 + \vec{F}_2 + \vec{F}_3 = \vec{0}$$

が成り立つことがわかる．ベクトル図的には三角形の方法で理解するのがよい．図3.3（b）のように $\vec{F}_3$ の終点が $\vec{F}_1$ の始点に一致し，閉じた三角形になっている．4つ以上の力がはたらく場合も同様にできる．

n 個の力がはたらいているとき，つりあいの条件は，

$$\sum_{i}^{n} \vec{F}_i = \vec{0}$$

となる．

図的には，最後の力の終点がはじめの力の始点に一致し，閉じた n 角形になることでわかる．

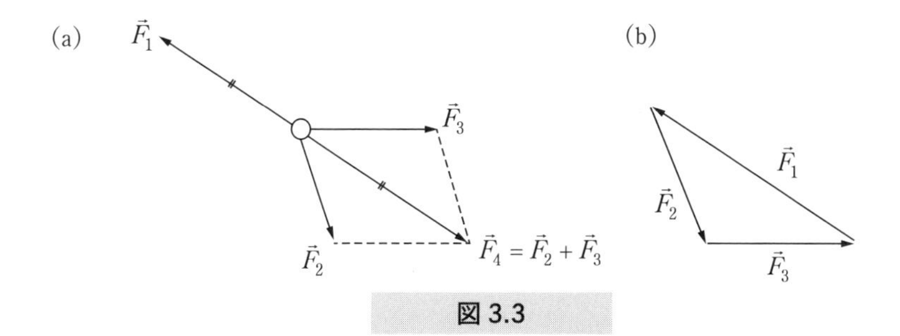

図 3.3

3.3 力の合成と分解

一般に，物体にいくつかの力がはたらいているとき，これらの和を，

$$\vec{F} = \vec{F}_1 + \vec{F}_2 + \vec{F}_3 + \cdots$$

と書くとき，$\vec{F}$ を $\vec{F}_1, \vec{F}_2, \vec{F}_3, \cdots$ の合力といい，合力を求めることを力の合成という．

n 個の力がはたらいているときの合力は，

$$\vec{F} = \sum_{i=1}^{n} \vec{F}_i$$

となる．つりあっているときは $\vec{F} = \vec{0}$ になる．

一方，1 つの力を 2 つ以上の力に分けることを力の分解という．力の分解では，x, y 方向（$x \perp y$）への 2 つの成分に分解すると都合がよいことが多い．

2 次元の場合は，

$$\vec{F} = (\vec{F}_x, \vec{F}_y) = (F\cos\theta, F\sin\theta)$$

と書ける．x, y 方向と任意のx', y' 方向への分解を図 3.4（a），（b）に示す．

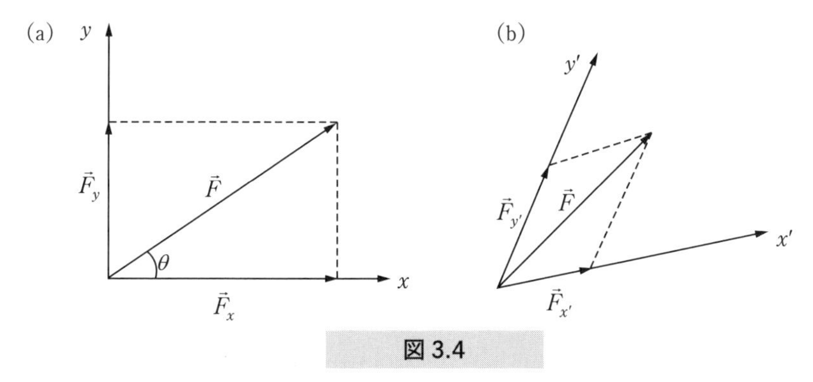

図 3.4

3.4　いろいろな力

■重力

地球上の物体は，すべて地球から鉛直下向き（地球の中心に向かう）の力 $\vec{F}$ を受けている．この力を重力という．重力は，質量を m，重力の加速度を $\vec{g}$ とすると，

$$\vec{F} = m\vec{g}$$

と表される．重力の大きさ $W = mg$ を物体の重さという．

■質量と質点

質量は，物体の動きにくさを表す．いわば物体の持つ慣性の大きさを表しているので慣性質量とよばれる．慣性とは，物体が運動状態をそのまま保とうとする性質である．物体の大きさが無視でき，質量が1点に集中していると考えた物体を質点という．大きさが無視できない物体でも，回転を考えなくてよいときは，物体の質量中心（重心）を質点とみなしてよい．質量 m の単位は kg である．

物体の質量は物質固有の量で，地球上にあっても，宇宙のどこにあっても変わることはないが，重さは重力加速度の大きさによるので場所によって異なる．たとえば，月面での重力加速度の大きさは地球上の約1/6なので，月面でも地球でも同じ質量の物体の重さは月面上では地球上の約1/6になる．

例題 3.1　重力と万有引力との関係から，重力加速度の大きさは $g = 9.80\ \mathrm{m/s^2}$ であることを示せ．

解

地上の物体にはたらく重力の大きさは地球が物体におよぼす万有引力の大きさに等しい．2物体が均質な球であれば，2物体間の距離は球の中心間の距離にすればよい．したがって，地球の質量を M，地上の物体の質量を m，地球の半径を R とすれば，地球を均質な球と見なして，地上の物体にはたらく地球の引力の大きさ F は，万有引力定数を G として，

$$F = G\frac{mM}{R^2}$$

と表される．したがって，これが重力の大きさ mg に等しいので，次式がえられる．

$$mg = G\frac{mM}{R^2}$$

この式に，$G = 6.67\times10^{-11}\ \mathrm{N\cdot m^2/kg^2}$，$M = 5.97\times10^{24}\ \mathrm{kg}$，$R = 6.38\times10^{6}\ \mathrm{m}$ を代入して，重力加速度の大きさを求めると $g = 9.80\ \mathrm{m/s^2}$ となる．

例題 3.2　万有引力をベクトル表示せよ．これから，質量 M の地球がそのまわりにつくりだす空間のゆがみ－重力場（万有引力の場）$\vec{g}$－の中に，質量 m の物体をおくと，その物体は重力 $\vec{F} = m\vec{g}$ をうけると考えたとき，$\vec{g}$ を $G, M, \vec{r}$ で表せ．

解

図のように，質量 M の地球の中心 O から位置 $\vec{r}$ にある質量 m の物体には万有引力

$$\vec{F} = -G\frac{mM}{r^2}\frac{\vec{r}}{r} = -G\frac{mM}{r^2}\vec{e}_r$$ （$\vec{e}_r$ は $\vec{r}$ 方向を向いた単位ベクトル）

がはたらく．

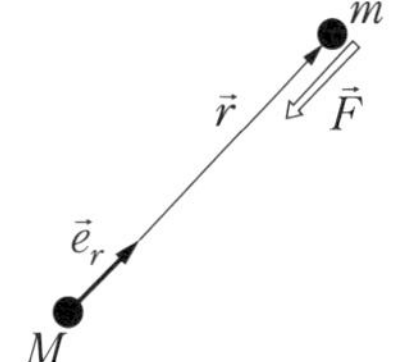

$$\vec{g} = \frac{\vec{F}}{m} = -G\frac{M}{r^2}\vec{e}_r$$

とすると $\vec{F} = m\vec{g}$ になる．

重力加速度は重力場に等しいことがわかる．

例題 3.3　重力と静電気力を比較せよ．対応関係を表で示せ．

解

$$\vec{F} = m\vec{g},\ \vec{g} = G\frac{M}{r^2}\frac{\vec{r}}{r}$$

$$\vec{F} = q\vec{E},\ \vec{E} = k\frac{Q}{r^2}\frac{\vec{r}}{r}$$

重力場	質量 M	万有引力定数 G
静電場	電荷 Q	クーロン定数 k

質量 m	重力場 $\vec{g}$	重力 $m\vec{g}$
電荷 q	静電場 $\vec{E}$	静電気力 $q\vec{E}$

■張力

天井からぶら下げた軽くて（質量を無視してよい）伸びない糸に質量 m のおも

りをとりつけて手をはなすとおもりは静止する．おもりには重力 $m\vec{g}$ がかかっているから，おもりが静止するためには重力とつりあう力 $\vec{T}=-m\vec{g}$ を糸から受けていることがわかる（図 3.5）．この力 $\vec{T}$ を張力という．張力は糸の伸びがほとんどなくても生じているようだが，実際には糸は引かれる力によって伸び，伸びに比例した張力が生じている．

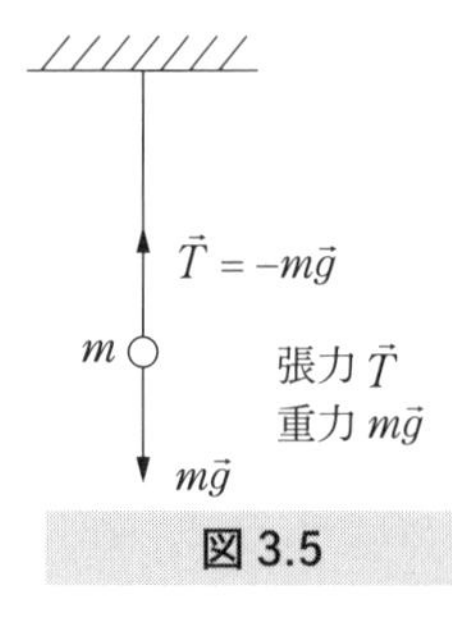

図 3.5

■ばねの弾性力

ばねを伸ばしたり（縮めたり）すると，自然の長さまで縮もう（伸びよう）とする．このように，ばねがもとにもどろうとする力をばねの弾性力という．ばねの一端を固定し，他端に力 $-\vec{F}$ を加える．

ばねの自然長からの変位を $\vec{r}$ とすると弾性力は，

$$\vec{F}=-k\vec{r}$$

と表される．k はばね定数とよばれる．

$\vec{r}$ の方向を x 軸にとると，$\vec{r}=(x,0,0)$ となり

$$F=-kx$$

と表される（図 3.6）．

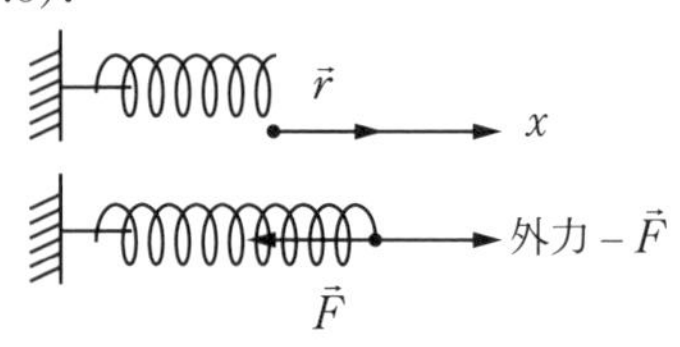

自然長からの変位　$\vec{r}=(x,0,0)$
弾性力　$\vec{F}=-k\vec{r}\rightarrow F=-kx$

図 3.6

■垂直抗力

水平な床面の上に質量 m の物体がおかれている．物体には重力 $m\vec{g}$ のほかに接触している床面から鉛直上向きに力 $\vec{N}$ がはたらき，

$$m\vec{g}+\vec{N}=\vec{0}$$

となりつりあっている．この $\vec{N}=-m\vec{g}$ のことを垂直抗力という（図 3.7）

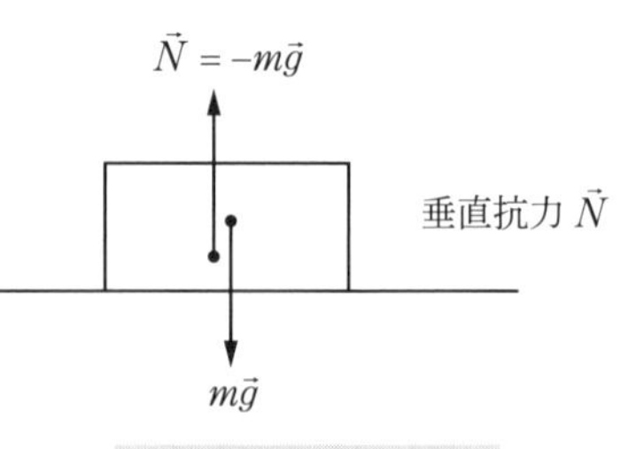

図 3.7

■摩擦力

図 3.8 のように，水平なあらい床面の上におかれた質量 m の物体に，床に平行な外力 $\vec{F}$ を加えても動かないとき，

物体は，床面に平行に $\vec{f}=-\vec{F}$ の力を床面から受けている．大きさは $f=F$ で常に等しい．この $\vec{f}$ を静止摩擦力という．$\vec{F}$ を次第に大きくしていくと，あるところ（$\vec{F_0}$ とする）で，静止摩擦力が限界に達し，物体は動き始める．このときの $\vec{f}_{\max}$ を最大（静止）摩擦力という．垂直抗力を $\vec{N}(=-m\vec{g})$ とすると，

$$F_0=f_{\max}=\mu N$$

の関係がある．比例係数 μ を静止摩擦係数という．$\vec{F}$ が $\vec{F_0}$ を越えると，物体はすべりだす．

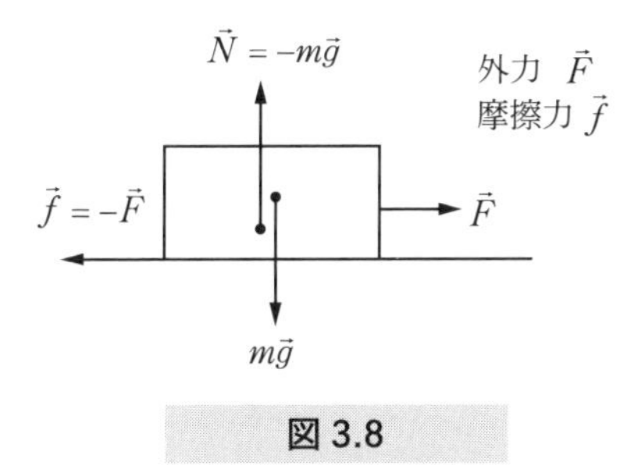

図 3.8

すべっているときにはたらく摩擦力を動摩擦力という．動摩擦力 $\vec{f}'$ の大きさはやはり N に比例し，

$$f'=\mu' N$$

と表される．μ' を動摩擦係数という．

しかし $\mu'<\mu$ なので $f'<f_{\max}$（図 3.9）．したがって，静止している物体を動かすには大きな力が必要であるが，動き出した物体を動かし続けるには，それより小さな力でよい．摩擦力は糸の張力，ばねの弾性力，垂直抗力のように直接物体に触れてはたらく点では同じだが，摩擦力は他の力と異なり，はじめから大きさや向きが決まっているわけではなく，外力 $\vec{F}$ に応じて決まるという特徴がある．

垂直抗力についても大きさは，物体の質量やおかれている面（水平面上か斜面上か）によってきまる．重力は物体と物体（地球など）が直接触れていなくてもはたらく．

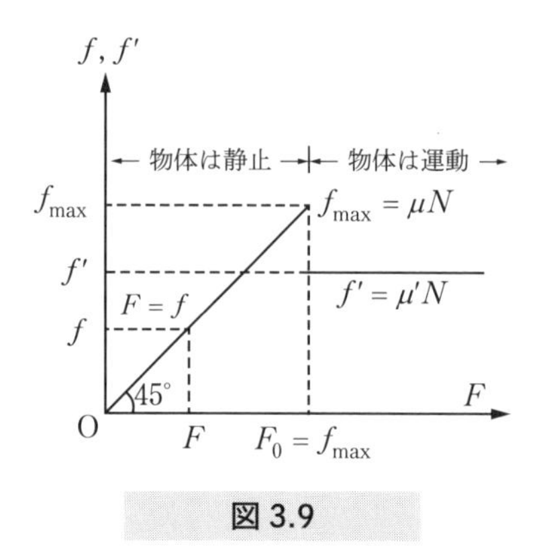

図 3.9

問　物体と物体が直接触れていなくてもはたらく力は重力（万有引力）のほかにどんな力があるか.

解

電気力（クーロン力）や磁気力（ローレンツ力）

例題 3.4　図（a）に示すように，水平な床面におかれた質量 m の物体は，床面からの垂直抗力 $\vec{N}$ と重力 $m\vec{g}$ でつりあっている．この物体に，水平方向に外力 $\vec{F}$ を加えると，$m\vec{g}$ のほかに床面から $\vec{R}$ の力をうける．$\vec{R}$ を抗力とよぶ．物体が静止しているとき 3 力でつりあっている(図(b))．

(1)　このとき成り立つ式を示せ.

(2)　$\vec{R}$ を $\vec{N}$ と摩擦力 $\vec{f}$ に分解するとき，x, y 方向で成り立つ式を示せ.

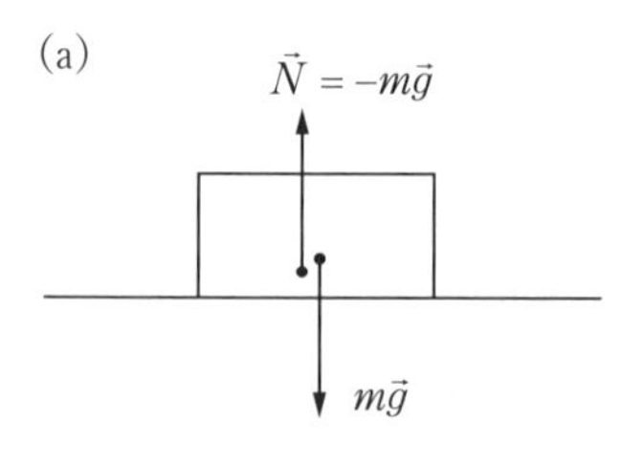

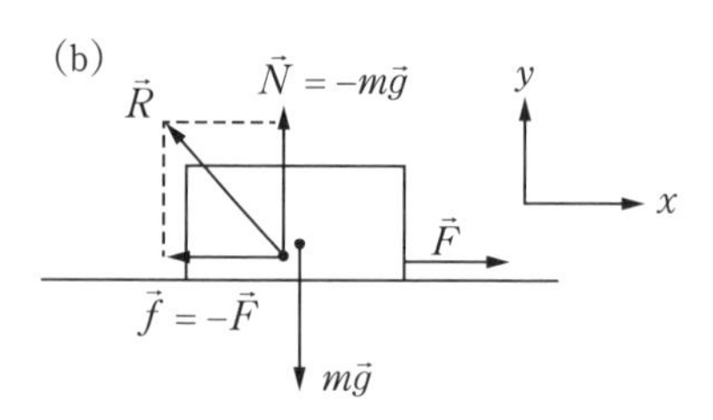

解

(1) $\vec{F}+\vec{R}+m\vec{g}=\vec{0}$

(2) $\vec{F}+(\vec{N}+\vec{f})+m\vec{g}=\vec{0}$ より，

$x:\vec{F}+\vec{f}=\vec{0}\ (\vec{f}=-\vec{F})\rightarrow F=f$

$y:\vec{N}+m\vec{g}=\vec{0}\ (\vec{N}=-m\vec{g})\rightarrow N=mg$

例題 3.5　図のような水平となす角が θ のあらい斜面におかれた質量 m の物体がすべり落ちないで静止しているとき，重力 $m\vec{g}$ と抗力 $\vec{R}$ がつりあっている．この $\vec{R}$ は垂直抗力と静止摩擦力 $\vec{f}$ に分解することができる．

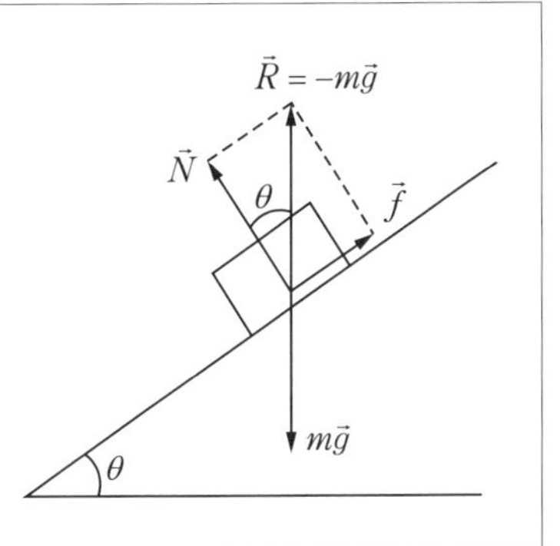

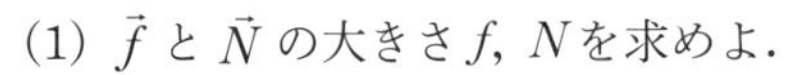

(1) $\vec{f}$ と $\vec{N}$ の大きさ f, N を求めよ．

(2) θ を変化させ静止摩擦係数 μ を求める方法をのべよ．

解

(1) $\vec{R}=-m\vec{g}$, $\vec{R}=\vec{N}+\vec{f}$ より，

$R=mg$, $N=R\cos\theta=mg\cos\theta$

$f=R\sin\theta=mg\sin\theta$

となる．

(2) θ をすこしづつ大きくしていくと $\theta=\theta_0$ を越えると物体はすべり始める．

この θ_0 は $f_{\max}=\mu N$ より求められる．

$mg\sin\theta_0=\mu mg\cos\theta_0$

$\therefore\ \mu=\tan\theta_0$

斜面上を運動しているときは，$\vec{N}$ は変わらないが，$\vec{f}$ が動摩擦力 $\vec{f}'$ に変わる．動摩擦力を μ' とすると $f'=\mu' N=\mu' mg\cos\theta$ となる．

■内力と外力

物体間で互いに及ぼし合っている力を内力という．内力は作用・反作用の関係にあるので物体系全体でみると現れない．内力には，重力（万有引力）のように離れた物体にはたらく場合や，物体どうしが直接接触してはたらく場合がある．物体の外からはたらく力を外力という．外力には，摩擦力（静止摩擦力，動摩擦力）や垂

直抗力のようにはじめから大きさや向きが決まっているわけではなく，外力に応じて決まってくる受身の力もある．

■力の成因

物体に力を加え小さなひずみが生じると，もとの形に戻ろうとする力が生じる．ミクロに見れば原子（分子）間の間隔が広がり，それをもとにもどそうとする力が生じる．ばねの弾性力，糸の張力（ひずみは小さい）はこの力に基づいている．

物体を床におくと床面がへこみ（変形し），もとの形状にもどろうとして物体に力をおよぼすために力が生じる．垂直抗力はこの力に対応している．摩擦力は床面と物体とのわずかな凹凸の凸部分がこすれることにより生じる．このように，直接接している他の物体から受ける力を近接力（接触力）とよぶ．

接触力は 2 物体の表面の原子間にはたらく電磁相互作用の結果生じる．

万有引力は質量をもつ物体どうしが触れていなくてもはたらく．このような力を遠隔力とよぶ．遠隔力にはこの他，電気力，磁気力がある．

これらの力はそれぞれ重力場，電場，磁場を生み出した空間のゆがみ（状態）と質量や電荷の相互作用により生じる．

遠隔力は瞬時にはたらくのではなく，質量や電荷が生み出した場が，次々に近接する空間に伝えられて別の質量や電荷に力をおよぼすと考えられている．

例題 3.6　図のように，質量 m のおもりを天井から鉛直方向と α, β の角をなす 2 本の糸でつるす．それぞれの糸の張力の大きさ T_1, T_2 を求めよ．

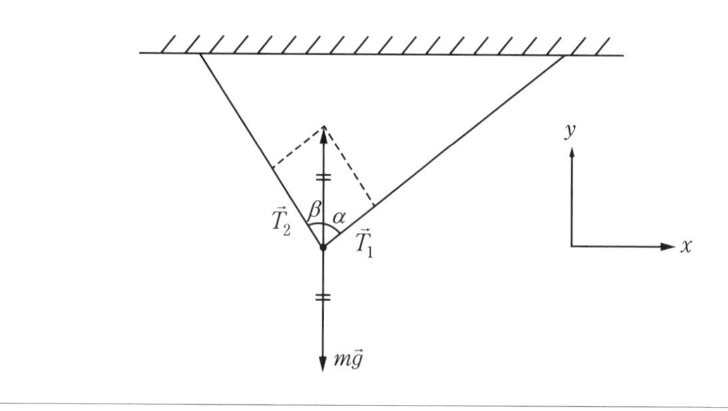

解

張力 $\vec{T}_1, \vec{T}_2$ と重力 $m\vec{g}$ でつりあっている．

$$\vec{T}_1 + \vec{T}_2 + m\vec{g} = \vec{0} \qquad ①$$

成分で書くと，

$$x \text{ 成分}：T_1 \sin\alpha - T_2 \sin\beta = 0 \qquad ②$$

$$y \text{ 成分}：T_1 \cos\alpha + T_2 \cos\beta - mg = 0 \qquad ③$$

②より，

$$T_2 = \frac{\sin\alpha}{\sin\beta} T_1 \qquad ④$$

③に代入して，

$$T_1(\cos\alpha \sin\beta + \sin\alpha \cos\beta) = mg \sin\beta \qquad ⑤$$

これより，

$$T_1 = \frac{\sin\beta}{\sin(\alpha+\beta)} mg \qquad ⑥$$

④に代入して，

$$T_2 = \frac{\sin\alpha}{\sin(\alpha+\beta)} mg \qquad ⑦$$

$\alpha = 45^\circ, \beta = 30^\circ$ のとき，

$$T_1 = \frac{\sqrt{2}\left(\sqrt{3}-1\right)}{2} mg,\ T_2 = \left(\sqrt{3}-1\right) mg$$

となる．

3.5　作用・反作用の関係にある２力

２つの物体 A と B が互いに力をおよぼしあっているとき，A が B におよぼす力と B が A におよぼす力は同一作用線上にあり，大きさが等しく向きが逆である．

$$\vec{F}_{\mathrm{BA}} = \text{A が B におよぼす力}$$

$$\vec{F}_{\mathrm{AB}} = \text{B が A におよぼす力}$$

とするとき，

$$\vec{F}_{\mathrm{BA}} = -\vec{F}_{\mathrm{AB}}$$

が成り立つ．$\vec{F}_{\mathrm{BA}}$ を作用とよべば，$\vec{F}_{\mathrm{AB}}$ を反作用とよぶので，運動の第３法則は作用・反作用の法則ともよばれる．この法則は，力士が押し合うときのように２つの

物体が接触していても（図 3.10（a）），太陽と地球のように離れていても成り立つ（図 3.10（b））．また，2 つの物体が静止していても，運動していても成り立つ．

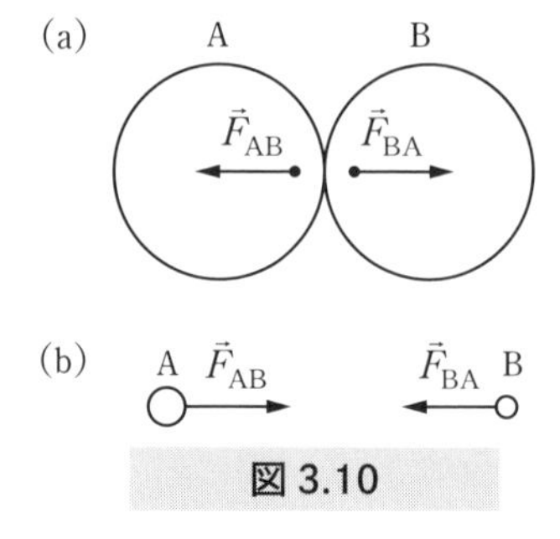

図 3.10

■作用・反作用の２力とつりあいの２力

つりあう 2 力 $\vec{F}_1, \vec{F}_2$ と作用・反作用の 2 力 $\vec{F}_{BA}, \vec{F}_{AB}$ は，いずれも「同一作用線上にあり，大きさが等しく向きが逆である」という点で似ている．

$$\vec{F}_1 = -\vec{F}_2 \rightarrow \vec{F}_1 + \vec{F}_2 = \vec{0}$$
$$\vec{F}_{BA} = -\vec{F}_{AB}$$

つりあう 2 力は，どちらも同じ物体にはたらく力で，作用点は同一物体内にあり，2 力の合力は $\vec{0}$ で，つりあいの条件を満たす．一方，作用・反作用の 2 力は，それぞれ別の物体にはたらく力で，作用点はそれぞれ別の物体にあり，つりあうことはない．

例題 3.7　図のように，水平な床 C の上に質量 M の物体 A を，さらにその上に質量 m の物体 B をおく．$\vec{F}_{BA}$ は A から B にはたらく垂直抗力，$\vec{F}_{AB}$ は B が A を押す力，$\vec{F}_{AC}$ は C から A にはたらく垂直抗力，$\vec{F}_{CA}$ は A が C を押す力である．$\vec{F}_{AO}, \vec{F}_{BO}$ はそれぞれ A，B にはたらく重力である．$\vec{F}_{OA}$ と $\vec{F}_{OB}$ はそれぞれ A と B が地球を引きつける力である．

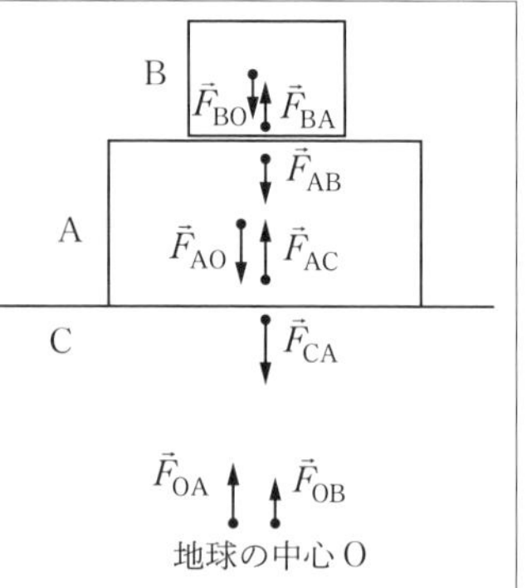

ただし，すべての力は同一直線上にあるものとする．

（1）これらの力の中で，作用と反作用の関係にある 2 力の組はどれとどれか．

（2）A，B のつりあいの式を示せ．

（3）$\vec{F}_{AO}, \vec{F}_{BO}$ を作用とするとき，反作用は何か．

（4）$\vec{F}_{AO}$ の大きさを 30N，$\vec{F}_{BO}$ の大きさを 20N とすると，$\vec{F}_{AC}$ の大きさは何 N か．

解

(1) $\vec{F}_{BA}$ と $\vec{F}_{AB}$，$\vec{F}_{AC}$ と $\vec{F}_{CA}$，$\vec{F}_{AO}$ と $\vec{F}_{OA}$，$\vec{F}_{BO}$ と $\vec{F}_{OB}$

(2) B : $\vec{F}_{BO}+\vec{F}_{BA}=\vec{0}$，A : $\vec{F}_{AB}+\vec{F}_{AO}+\vec{F}_{AC}=\vec{0}$

(3) A, B にはたらく $\vec{F}_{AO}, \vec{F}_{BO}$ は地球が A, B を引く力で，反作用は A, B が地球の中心（力の作用点）O を引く力 $\vec{F}_{OA}, \vec{F}_{OB}$ である．

(4) (2) より下向きを正とすると，$F_{AO}=30\text{N}$，$F_{BO}=20\text{N}$ であるから，

$$20-F_{BA}=0,\ F_{AB}+30-F_{AC}=0$$

$$\therefore\ F_{AC}=30+20=50\text{N}\ (\because\ F_{AB}=F_{BA})$$

(1) の作用と反作用は接触している物体間にはたらいているが，(3) の場合は，離れている物体間（物体と地球）にはたらいていることに注意する．

例題 3.8 図に示すように，水平な床の上に置かれた斜面台 Q の上に物体 P がおかれてあり，P, Q ともに静止している．ベクトル $\vec{f}_1 \sim \vec{f}_7$ は，これらにはたらく力を示している（図 3.19）．ただし，矢印の長さと力の大きさは比例していない．

(1) 力 $\vec{f}_1, \vec{f}_3, \vec{f}_5$ はどういう種類の力か．

(2) 力 $\vec{f}_2, \vec{f}_3$ は何から何にはたらくか．

(3) $\vec{f}_1 \sim \vec{f}_7$ の中で作用・反作用の関係にあるものはどれか．

(4) P, Q のつりあいの式を示せ．

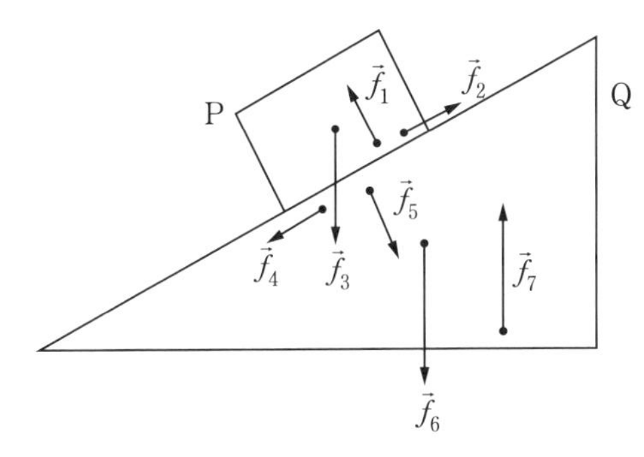

解

力 $\vec{f}_1 \sim \vec{f}_7$ をそれぞれ「○が□に加える力」という形でまとめてみる．

$\vec{f}_1$ と $\vec{f}_5$，$\vec{f}_2$ と $\vec{f}_4$ の作用点はそれぞれ $\vec{f}_1$(P) と $\vec{f}_5$(Q)，$\vec{f}_2$(P) と $\vec{f}_4$(Q) と作用点はそれぞれ P, Q と異なっているが，

$$\vec{f}_1+\vec{f}_5=\vec{0},\ \vec{f}_2+\vec{f}_4=\vec{0}$$

の関係は成り立っている（図参照）．

記号	○が□に加える力
$\vec{f}_1$	QがPに加える垂直抗力
$\vec{f}_2$	QがPに加える静止摩擦力
$\vec{f}_3$	地球がPに加える重力
$\vec{f}_4$	PがQに加える静止摩擦力
$\vec{f}_5$	PがQに加える垂直抗力
$\vec{f}_6$	地球がQに加える重力
$\vec{f}_7$	床がQに加える垂直抗力

面と接しているときに，面と平行な方向にはたらく力が静止摩擦力，面と垂直な方向にはたらく力が垂直抗力である．また，地球が物体に加える力が重力である．

この表から，

(1) $\vec{f}_1$：垂直抗力，$\vec{f}_3$：重力，$\vec{f}_5$：垂直抗力

(2) $\vec{f}_2$：QからPに，$\vec{f}_3$：地球からPにはたらく．
作用・反作用の関係にある力は，力を加える側と加えられる側が入れかわった力である．

(3) ○が□に加える力を作用とすると，□が○に加える力を反作用という．
$\vec{f}_1$と$\vec{f}_5$，$\vec{f}_2$と$\vec{f}_4$

(4) 静止している物体はつりあっている．

$$\mathrm{P}:\vec{f}_1+\vec{f}_2+\vec{f}_3=\vec{0}$$

$$\mathrm{Q}:\vec{f}_4+\vec{f}_5+\vec{f}_6+\vec{f}_7=\vec{0}$$

例題 3.9　図のように，長さa，質量Mの一様な細い棒が軸上に置いてある．

(1) x軸上の点bにある質量mの質点Pが棒から受ける万有引力を求めよ．ただし$b>a$とする．

(2) 棒の代りに質量Mの質点をx軸上のどこに置くと，質点Pが棒から受ける万有引力と等しくなるか．

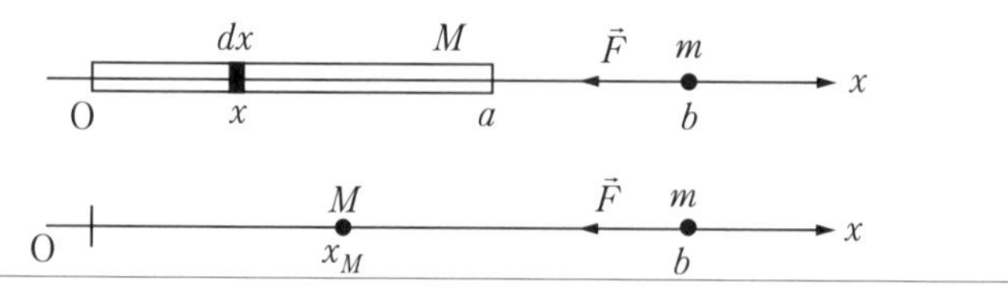

解

(1) 棒の線密度を $\lambda\left(=\dfrac{M}{a}\right)$ とすると，棒の dx の部分の質量は λdx．これからの引力は

$$-G\frac{m\lambda dx}{(b-x)^2}$$

質点Pが棒全体から受ける引力は，これを積分して，

$$F=-G\int_0^a\frac{m\lambda dx}{(b-x)^2}=-Gm\lambda\left[\frac{1}{b-x}\right]_0^a$$

$$=-Gm\lambda\frac{a}{b(b-x)}=-\frac{GmM}{b(b-a)}$$

となる．

(2) $-\dfrac{GmM}{b(b-a)}=-\dfrac{GmM}{(b-x)^2}$ より，

質点Pの位置 x_M は，

$$x^2-2bx+ab\rightarrow x_M=b-\sqrt{b(b-a)}$$

となる．

例題 3.10　図のように，質量 M で長さ $2a$ の一様な棒が，質量中心を原点Oとする x 軸上に置いてある．y 軸上の点 $(0,b)$ にある質量 m の物体が棒から受ける万有引力を求めよ．

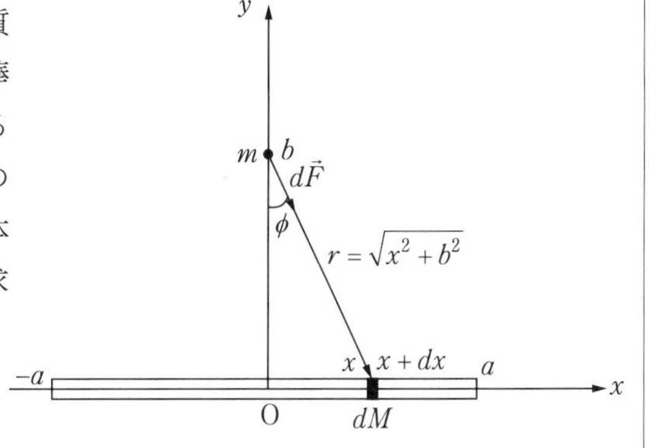

解

$x,x+dx$ の間にある質量 dM にはたらく万有引力は

$$d\vec{F}=(dF_x,dF_y)=dF(\sin\phi,-\cos\phi)$$

$$dF=G\frac{mdM}{r^2},\ r=\sqrt{x^2+b^2}$$

である．棒の線密度を λ とすると

$$\lambda = \frac{M}{2a},\ dM = \lambda dx$$

が成り立つ．

$$dF_x = \frac{Gm\lambda dx \sin\phi}{x^2+b^2} = \frac{Gm\lambda xdx}{(x^2+b^2)^{3/2}}$$

$$dF_y = -\frac{Gm\lambda dx \cos\phi}{x^2+b^2} = -\frac{Gm\lambda bdx}{(x^2+b^2)^{3/2}}$$

$f(x) = \dfrac{x}{(x^2+b^2)^{3/2}}$ は奇関数，

$g(x) = \dfrac{1}{(x^2+b^2)^{3/2}}$ は偶関数である．

$$\int_{-a}^{a} f(x)dx = 0,\ \int_{-a}^{a} g(x) = 2\int_{0}^{1} g(x)dx$$

の性質を用いると

$$F_x = \int_{-a}^{a} dF_x = 0$$ （x 成分は相互に打ち消し合う）

$$F_y = \int_{-a}^{a} dF_y = -2Gm\lambda b\int_{0}^{a} \frac{dx}{(x^2+b^2)^{3/2}}$$

$$= -\frac{2Gm\lambda a}{b\sqrt{a^2+b^2}} = -\frac{GmM}{b\sqrt{a^2+b^2}}$$

$$\therefore\ \vec{F} = \left(0, -\frac{GmM}{b\sqrt{a^2+b^2}}\right)$$

ポイント：棒は y 軸に関して対称だから，x 成分は打ち消し合うので，y 軸成分だけの重ね合わせになる．

直接計算：

$$\int_{-a}^{a} \frac{x}{(x^2+b^2)^{3/2}} dx$$ について

$x^2 + b^2 = t^2$ とおく．$2xdx = 2tdt$

$$\int_{-a}^{a} f(x)dx = \int_{\sqrt{a^2+b^2}}^{\sqrt{a^2+b^2}} \frac{dt}{t^2} = \left[-\frac{1}{t}\right]_{\sqrt{a^2+b^2}}^{\sqrt{a^2+b^2}} = 0$$

$$\therefore F_x = Gm\lambda\int_{-a}^{a} f(x)dx = 0$$

$$\int_{-a}^{a}\frac{dx}{(x^2+b^2)^{3/2}}$$ について

$x = b\tan\phi$ とおく．$dx = b\dfrac{1}{\cos^2\phi}d\phi$

$$x^2+b^2 = b^2(1+\tan^2\phi) = b^2\frac{1}{\cos^2\phi}$$

$$(x^2+b^2)^{3/2} = \frac{b^3}{\cos^3\phi}$$

$$\frac{dx}{(x^2+b^2)^{3/2}} = \frac{\cos^3\phi}{b^3}\ b\frac{1}{\cos^2\phi}d\phi = \frac{1}{b^2}\cos\phi d\phi$$

$x = a, -a$ のそれぞれに対応する $\phi_+, -\phi_-$ は

$$\sin\phi_+ = \frac{a}{\sqrt{a^2+b^2}},\ \sin\phi_- = -\frac{a}{\sqrt{a^2+b^2}}$$

を満足する．

x	$-a$	a
ϕ	ϕ_-	ϕ_+

$$\begin{aligned}\int_{-a}^{a} g(x)dx &= \int_{-a}^{a}\frac{dx}{(x^2+b^2)^{3/2}}\\ &= \frac{1}{b^2}\int_{\phi_-}^{\phi_+}\cos\phi d\phi = \frac{1}{b^2}\left[\sin\phi\right]_{\phi_-}^{\phi_+}\\ &= \frac{1}{b^2}\left[\sin\phi\right]_{\phi_-}^{\phi_+} = \frac{1}{b^2}(\sin\phi_+ - \sin\phi_-)\\ &= \frac{1}{b^2\sqrt{a^2+b^2}}(a+a) = \frac{2a}{b^2\sqrt{a^2+b^2}}\end{aligned}$$

$$\therefore\ F_y = -Gm\lambda b\int_{-a}^{a} g(x)dx = -Gm\left(\frac{M}{2a}\right)b\frac{2a}{b^2\sqrt{a^2+b^2}} = -\frac{GmM}{b\sqrt{a^2+b^2}}$$

4　運動の法則

りんごが木から落ちるような地上の物体の運動も，
地球が太陽のまわりを回る運動も
すべて 3 つの基本法則にしたがうことが
ニュートンによって明らかにされた．
運動の第 2 法則を表す運動方程式 $m\vec{a}=\vec{F}$ から，
物理基礎・物理に出てくるすべての物理法則の数式表現が
統一的に導き出せることが示される．
これらの法則が，どのように適用され応用されていくかが
以下の章で順次述べられる．

4.1　ニュートンの運動の 3 法則

ニュートンは 1687 年に著書「プリンキピア」の中で，物体の運動はすべて 3 つの基本法則にしたがうことを示した．

■運動の第 1 法則（慣性の法則）

物体に力がはたらいていないか，またはいくつかの力がはたらいていてもその合力が 0 ならば，はじめ静止していた物体はいつまでも静止を続け，運動している物体はそのまま等速直線運動を続ける．物体が運動状態（静止している，一定の速度で運動している）をそのまま保とうとする性質をもつ．この性質を慣性という．運動の第 1 法則は償性の法則ともいう．

■運動の第 2 法則（運動の法則）

物体に力がはたらくと，力の向きに加速度を生じる．加速度の大きさは，力の大きさに比例し，物体の質量に反比例する．物体の質量を m，加速度を $\vec{a}$，物体にはたらく力を $\vec{F}$ とし，比例定数を k とすると，この法則は，

$$\vec{a} = k\frac{\vec{F}}{m}$$

と表される．力の単位は，質量の単位に kg，加速度の単位に m/s^2 をとったとき比例定数が 1 になるように定める．この単位を 1 ニュートン（記号 N）という．

$$\mathrm{N} = \mathrm{kg \cdot m/s^2}$$

である． このとき，

$$m\vec{a} = \vec{F}$$

と表される．この式を運動方程式という．

力 $\vec{F}$ は，

$$\vec{F} = \sum_i \vec{F}_i$$

で与えられる．ここに，$\vec{F}_i(i = 1, 2, 3, \cdots)$ は着目している物体にはたらくいろいろな接触してはたらく力や，接触していなくてもはたらく場（重力場，電場，磁場）による力を表している．したがって，$\vec{F}$ はこれらすべての力の和―合力（ベクトル和）―になっている．

■力のつりあい

物体がつりあっているときには，加速度が 0 だから，

$$\sum_i \vec{F}_i = \vec{0}$$

となる．この式をとくに物体（質点）のつりあいの式という．剛体のつりあいはこの式の他に，剛体が任意の点 P のまわりに回転し始めない条件 = 点 P のまわりの角運動量が変化しない = 力のモーメントの和が $\vec{0}$ = 力のモーメントのつり合いの式が加わる．

■運動の第 3 法則（作用・反作用の法則）

物体 A が物体 B に力（作用）をおよぼすと，それと同時に物体 B は物体 A に力（反作用）をおよぼす．作用・反作用の 2 つの力は，大きさが等しく，同一作用線上にあって，向きが反対である．A が B におよぼす力 $\vec{F}_{\mathrm{BA}}$，B が A におよぼす力を $\vec{F}_{\mathrm{AB}}$ とすれば，

$$\vec{F}_{\mathrm{BA}} = -\vec{F}_{\mathrm{AB}}$$

の関係がある．どちらを作用，反作用とよんでもよい．運動の第3法則は作用・反作用の法則ともいう．作用・反作用の法則は，3.5 でのべたように静止している物体に対してだけでなく，運動している物体に対しても成り立つ．また，2つの物体が接触していても，太陽と地球のように離れていても成り立つ．

■運動方程式と初期条件

加速度から速度と位置を求めることを考える．任意の時刻 t における速度を $\vec{v}(t)$，加速度を $\vec{a}(t)$ とする．加速度 $\vec{a}(t)$ を t で積分すると $\vec{v}(t)$ が求まる．

$$\int_0^t \vec{a}(t)dt = \int_0^t \frac{d\vec{v}(t)}{dt}dt = \left[\vec{v}(t)\right]_0^t = \vec{v}(t) - \vec{v}(0)$$

これより，初速度（$t=0$ における速度）$\vec{v}(0)$ がわかっていれば任意の時刻 t の速度，

$$\vec{v}(t) = \vec{v}(0) + \int_0^t \vec{a}(t)dt$$

が求められる．こうして，$\vec{v}(t)$ が求まり，時刻 $t=0$ における位置 $\vec{r}(0)$ がわかっていれば任意の時刻 t の位置は，同様にして，

$$\vec{r}(t) = \vec{r}(0) + \int_0^t \vec{v}(t)dt$$

が求められる．この任意の時刻での速度と位置を知るためには，運動方程式で得られた加速度の他に $\vec{v}(0)$ の値 $\vec{v}_0$ と，$\vec{r}(0)$ の値 $\vec{r}_0$ が必要になる．

$$\vec{v}(0) = \vec{v}_0,\ \vec{r}(0) = \vec{r}_0$$

を初期条件という．

4.2　運動方程式の積分（1）

■運動エネルギー変化と仕事

質量 m の物体の運動方程式，

$$m\frac{d\vec{v}}{dt} = \vec{F}$$

の両辺と速度ベクトル $\vec{v}$ とのスカラー積（内積）をつくる．

$$左辺 = m\frac{d\vec{v}}{dt}\cdot\vec{v} = \frac{1}{2}m\frac{d\vec{v}^2}{dt} = \frac{d}{dt}\left(\frac{1}{2}m\vec{v}^2\right)$$

$$右辺 = \vec{F}\cdot\vec{v} = F\cdot\frac{d\vec{r}}{dt}$$

ここで，ベクトル関数 $\vec{A}(t), \vec{B}(t)$ のスカラー積の微分公式，

$$\frac{d(\vec{A}\cdot\vec{B})}{dt} = \frac{d\vec{A}}{dt}\cdot\vec{B} + \vec{A}\cdot\frac{d\vec{B}}{dt}$$

において，$\vec{A} = \vec{B}$ ならば，

$$\frac{d\vec{A}^2}{dt} = \frac{d(\vec{A}\cdot\vec{A})}{dt} = 2\frac{d\vec{A}}{dt}\cdot\vec{A}$$

が成り立つことを用いた．物体に力がはたらいて，経路に沿って時刻 t_1 に点 A にあった物体が，時刻 t_2 に点 B まで移動する場合を考える，そこで，左辺と右辺をそれぞれ t について $t = t_1$ から $t = t_2$ まで積分する．

点 A, B での速度をそれぞれ $\vec{v}_1, \vec{v}_2$ とすると，

$$左辺 = \int_{t_1}^{t_2}\frac{d}{dt}\left(\frac{1}{2}m\vec{v}^2\right)dt = \int_{t_1}^{t_2}d\left(\frac{1}{2}m\vec{v}^2\right) = m\int_{v_1}^{v_2}vdv$$

$$= \frac{1}{2}m\vec{v}_2{}^2 - \frac{1}{2}m\vec{v}_1{}^2$$

となる．ここで，$\vec{v}^2 = \vec{v}\cdot\vec{v} = v^2 \to d\vec{v}^2 = dv^2 \to 2\vec{v}\cdot d\vec{v} = 2vdv$ の関係を用いた．

$$右辺 = \int_{t_1}^{t_2}\vec{F}\cdot\frac{d\vec{s}}{dt}dt = \int_{\mathrm{A}}^{\mathrm{B}}\vec{F}\cdot d\vec{s}$$

ここで，位置ベクトルの微小変位 $d\vec{r}$ は経路上の微小変位 $d\vec{s}$ に等しい関係を用いた．

これから，

$$\frac{1}{2}m\vec{v}_2{}^2 - \frac{1}{2}m\vec{v}_1{}^2 = \int_{\mathrm{A}}^{\mathrm{B}}\vec{F}\cdot d\vec{s} \qquad ①$$

がえられる．左辺に現れる物理量，

$$K = \frac{1}{2}m\vec{v}^2$$

を運動エネルギーという．

物体に力 $\vec{F}$ がはたらき微小変位 $d\vec{s}$ するとき，力のする仕事を，

$$d\vec{W} = \vec{F} \cdot d\vec{s}$$

で定義する．このとき右辺に現れる物理量，

$$W = \int_{\mathrm{A}}^{\mathrm{B}} \vec{F} \cdot d\vec{s}$$

は，物体が点 A から点 B まで移動する間に力 $\vec{F}$ がする仕事をあらわす．したがって，①は，運動エネルギーの変化は，その間に物体にはたらく力がする仕事に等しいことを示している．

とくに，物体に一定の力 $\vec{F}$ がはたらき，$\vec{s}$ だけ変位したときの仕事は，

$$W = \vec{F} \cdot \vec{s} = Fs\cos\theta$$

となる．ここで，θ は $\vec{F}$ と $\vec{s}$ のなす角をあらわす．W の単位は N·m(=J) である．

■仕事率

単位時間にする仕事を仕事率といい，P で表す．P の単位は J/s(=W) である．

$$P = \frac{dW}{dt} = \vec{F} \cdot \frac{d\vec{s}}{dt} = \vec{F} \cdot \vec{v}$$

■保存力

物体が点 A から点 B まで経路 $\mathrm{C_1, C_2}$ に沿って移動するあいだに，物体にはたらいている力 $\vec{F}$ がする仕事は，それぞれ，

$$W_{\mathrm{AB}} = \int_{\mathrm{A(C_1)}}^{\mathrm{B}} \vec{F} \cdot d\vec{s},\ W_{\mathrm{AB}} = \int_{\mathrm{A(C_2)}}^{\mathrm{B}} \vec{F} \cdot d\vec{s} \qquad ①$$

で与えられる．いま，2 つの経路 $\mathrm{C_1, C_2}$ について，

$$W_{\mathrm{A(C_1)B}} = W_{\mathrm{A(C_2)B}}$$

が成り立つとき，すなわち力 $\vec{F}$ のする仕事が途中の経路によらず，始点 A と終点 B だけできまる場合がある．このような力を保存力という．①より，

$$\begin{aligned} W_{\mathrm{A(C_1)B}} = W_{\mathrm{A(C_2)B}} &\to \int_{\mathrm{A(C_1)}}^{\mathrm{B}} \vec{F} \cdot d\vec{s} = \int_{\mathrm{A(C_2)}}^{\mathrm{B}} \vec{F} \cdot d\vec{s} \\ &\to \int_{\mathrm{A(C_1)}}^{\mathrm{B}} \vec{F} \cdot d\vec{s} + \int_{\mathrm{B(\bar{C}_2)}}^{\mathrm{A}} \vec{F} \cdot d\vec{s} = 0 \end{aligned}$$

が導かれる．最後の式は閉じた経路 $\mathrm{A(C_1)B(\bar{C}_2)A}$ に沿っての積分が 0 であること

を示す（図 4.1（a））．経路 $C_1, \bar{C}_2$ は任意なので，任意の閉じた経路を 1 周する積分（記号 $\oint_C \cdots$）が 0 である．$\bar{C}_2$ は C_2 と逆向きの経路を表す．

$$\oint_C \vec{F} \cdot d\vec{s} = 0$$

であることが，力 $\vec{F}$ が保存力である条件であるといってもよい（図 4.1（b））．保存力には，重力（万有引力），ばねの弾性力，静電気力などがある．

動摩擦力による仕事は経路を 1 周しても 0 にならない．このような力を非保存力という．

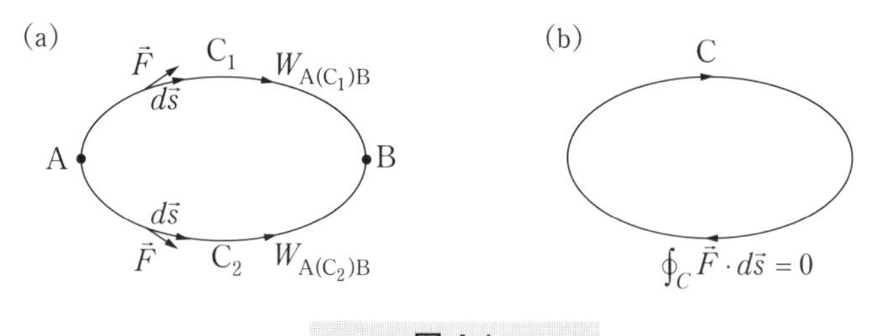

図 4.1

■ポテンシャル・エネルギー（位置エネルギー）

物体が点 A から点 B まで移動する間に保存力 $\vec{F}$ のする仕事 W_{AB} は，経路によらないので点 A から基準点 O を経て点 B に至る経路をとる仕事 W_{AOB} にも等しい（図 4.2）．

$$W_{AB} = W_{AOB} = \int_A^O \vec{F} \cdot d\vec{s} + \int_O^B \vec{F} \cdot d\vec{s}$$
$$= -\int_O^A \vec{F} \cdot d\vec{s} - \left(-\int_O^B \vec{F} \cdot d\vec{s}\right)$$

点 O を基準点としたときの点 P のポテンシャル・エネルギー（位置エネルギー）を，

$$U_P = -\int_O^P \vec{F} \cdot d\vec{s}$$

で定義すると，右辺の第 1 項と第 2 項はそれぞれ，

$$U_A = -\int_O^A \vec{F} \cdot d\vec{s},\ U_B = -\int_O^B \vec{F} \cdot d\vec{s}$$

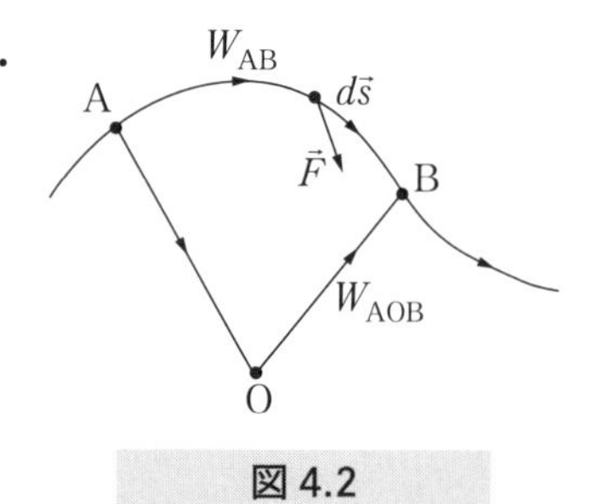

図 4.2

と表される．このとき，点 A から点 B まで保存力のする仕事は，始点 A と終点 B できまるポテンシャル・エネルギー U_A, U_B を用いて，

$$W_{AB} = \int_A^B \vec{F} \cdot d\vec{s} = U_A - U_B$$

と表される.

■力学的エネルギー保存の法則

物体が点 A から点 B まで動くとき，物体の運動エネルギーの変化は，この間に物体にはたらく力がする仕事に等しいとの関係は，点 A での速度を $\vec{v}_A$，点 B での速度を $\vec{v}_B$ とすると，

$$\frac{1}{2}m\vec{v}_B{}^2 - \frac{1}{2}m\vec{v}_A{}^2 = \int_A^B \vec{F} \cdot d\vec{s} \qquad ①$$

で与えられる．いま，力 $\vec{F}$ を保存力 $\vec{F}_C$ と非保存力 $\vec{F}_{NC}$ にわけて考える．

$$\int_A^B \vec{F} \cdot d\vec{s} = \int_A^B \vec{F}_C \cdot d\vec{s} + \int_A^B \vec{F}_{NC} \cdot d\vec{s} \qquad ②$$

ところで，保存力に対しては，

$$W_{AB} = \int_A^B \vec{F}_C \cdot d\vec{s} = U_A - U_B \qquad ③$$

であることを学んだ．②，③を①に代入すると，

$$\left\{\frac{1}{2}m\vec{v}_B{}^2 + U_B\right\} - \left\{\frac{1}{2}m\vec{v}_A{}^2 + U_A\right\} = \int_A^B \vec{F}_{NC} \cdot d\vec{s} \qquad ④$$

がえられる．$\{\cdots\}$ 内の運動エネルギー K とポテンシャル・エネルギー U の和を力学的エネルギーとよぶ，このとき，④は「力学的エネルギーの変化は，非保存力のする仕事に等しい」という関係を表している．④の右辺が 0 のとき，すなわち保存力以外の力がはたらかない場合 $(\vec{F}_{NC} = \vec{0})$ や，はたらいていても垂直抗力や円運動をしている糸の張力のように，つねに物体の運動方向に垂直で仕事をしない場合，$(\vec{F}_{NC} \cdot d\vec{s} = 0)$.

$$\frac{1}{2}m\vec{v}_B{}^2 + U_B = \frac{1}{2}m\vec{v}_A{}^2 + U_A$$

となり，$E = K + U =$ 一定が成り立っている， これは，運動のあいだ，力学的エネルギーがつねに一定に保たれていることを示している．これを力学的エネルギー保存の法則という．

4.3　運動方程式の積分 (2)

■運動量変化と力積

質量 m の物体が速度 $\vec{v}$ で運動しているとき，

$$\vec{p} = m\vec{v}$$

というベクトル量は，運動の勢いを表す量で，この物体の運動量という．運動量を用いると，運動方程式は，

$$m\vec{a} = m\frac{d\vec{v}}{dt} = \frac{d(m\vec{v})}{dt} = \frac{d\vec{p}}{dt}$$

と変形できるので，

$$\frac{d\vec{p}}{dt} = \vec{F}$$

と書き表せる．時刻 t における物体の運動量を $\vec{p}(t)$，物体が受けている力を $\vec{F}(t)$ とする．この両辺を時刻 t_1 から，時刻 t_2 まで積分すると，

$$\int_{t_1}^{t_2} \frac{d\vec{p}(t)}{dt} dt = \vec{p}(t_2) - \vec{p}(t_1) = \int_{t_1}^{t_2} \vec{F}(t) dt$$

となる．右辺の積分，

$$\vec{I} = \int_{t_1}^{t_2} \vec{F}(t) dt$$

を，$t = t_1$ から $t = t_2$ までの間に物体が受けた力積という．時刻 t における速度を $\vec{v}(t)$ とし，$\vec{v}(t_i) = \vec{v}_i$ と書くと，上式は，

$$m\vec{v}_2 - m\vec{v}_1 = \vec{I}$$

と表せる．これは，「運動量の変化と力積の関係」（物体の運動量の変化は，その間に物体が受けた力積に等しい）を表している．力積の単位は N·s である．

■物体の運動量保存

物体にはたらいている合力が 0 のとき，物体の運動量は時間に依存せず，一定となる．

$$\frac{d\vec{p}}{dt} = \vec{F} = \vec{0} \rightarrow \vec{p} = \vec{C} = \text{定ベクトル}$$

これは，運動量は保存されることを示し，物体は等速直線運動を続けることを意

味する．

■物体の運動量保存の法則

2つの物体1, 2が互いに力をおよぼしあいながら運動している場合を考える．

物体1の運動量を $\vec{p}_1$，物体2の運動量を $\vec{p}_2$，物体2が物体1におよぼす力を $\vec{F}_{12}$，物体1が物体2におよぼす力を $\vec{F}_{21}$ とすれば，物体1, 2の運動方程式は，

$$\frac{d\vec{p}_1}{dt} = \vec{F}_{12},\ \frac{d\vec{p}_2}{dt} = \vec{F}_{21}$$

となる．このような，物体間にはたらく力を内力といい，物体の外からはたらく力を外力という．内力には，万有引力のように離れた物体間にはたらく場合や，衝突や分裂のように物体どうしが直接接触してはたらく場合がある．内力の場合，作用・反作用の法則より，$\vec{F}_{12} = -\vec{F}_{21}$ が成り立つので，上式を加え合わせると右辺が0になり，

$$\frac{d\vec{p}_1}{dt} + \frac{d\vec{p}_2}{dt} = \vec{0}$$

が得られる．2物体の運動量の和（全運動量）を，

$$\vec{P} = \vec{p}_1 + \vec{p}_2$$

とおけば，

$$\frac{d\vec{P}}{dt} = \vec{0}$$

を意味する．すなわち，全運動量は時間に依存せず一定で，

$$\vec{P} = \vec{C} = \text{定ベクトル}$$

となる．外力がはたらかないときは，2物体系（一般には n 物体系）でも運動量保存の法則が成り立つことを示している．

作用・反作用の法則は力が摩擦力などの非保存力がはたらくときでも成り立つので，運動量保存の法則は力学的エネルギー保存の法則と違って，非保存力がはたらく場合にも成り立つ．

4.4 運動方程式の積分（3）

■角運動量変化と力のモーメント

運動の勢いを表す運動量 $\vec{p}$ を用いると，物体の運動方程式は，

$$\frac{d\vec{p}}{dt} = \vec{F}$$

となり，「運動量の時間変数 t に関する微分は その物体にはたらく力に等しい」ことがわかる．回転運動の勢いはどのように表せばよいだろうか．この式と位置ベクトル $\vec{r}$ とのベクトル積（外積）をつくると，

$$\vec{r} \times \frac{d\vec{p}}{dt} = \vec{r} \times \vec{F}$$

となる．ベクトル積の微分公式より，

$$\frac{d}{dt}(\vec{r} \times \vec{p}) = \frac{d\vec{r}}{dt} \times \vec{p} + \vec{r} \times \frac{d\vec{p}}{dt}$$

となるが，右辺の第１項は 0 となる $\left[\frac{d\vec{r}}{dt} \times \vec{p} = \vec{v} \times m\vec{v} = m(\vec{v} \times \vec{v}) = \vec{0}\right]$．したがって，

$$\frac{d(\vec{r} \times \vec{p})}{dt} = \vec{r} \times \vec{F}$$

が成り立つ．$\vec{L} = \vec{r} \times \vec{p}$，$\vec{N} = \vec{r} \times \vec{F}$ と書くと，この式は，

$$\frac{d\vec{L}}{dt} = \vec{N}$$

と表される，物体が位置 $\vec{r}$ で運動量 $\vec{p}$ をもっているとき，$\vec{L}$ は原点 O のまわりの運動量のモーメントでこのベクトルをこの物体の角運動量といい，この点のまわりの回転運動の勢いを表す．位置 $\vec{r}$ にある物体に力 $\vec{F}$ がはたらいているとき，原点 O のまわりの力のモーメント $\vec{N}$ は，この点のまわりに物体を回転させようとする力のはたらきを表す．上式は，「角運動量の時間的変化は，その物体にはたらく力のモーメントに等しい」ことを示し，回転運動の運動方程式とよばれる．$\vec{N}$ の単位は N·m である．

■中心力と角運動量保存の法則

原点 O から $\vec{r}$ の位置にある物体にはたらく力が，

$$\vec{F}(\vec{r}) = F(r)\frac{\vec{r}}{r} = F(r)\vec{e}_r \quad (\vec{e}_r \text{ は } \vec{r} \text{ の向きの単位ベクトル})$$

で表されるとき，この力を中心力といい，原点Oを力の中心という，ここで，$F(r)>0$ ならば斥力，$F(r)<0$ ならば引力である．地球にはたらく太陽からの万有引力や，荷電粒子にはたらく他の荷電粒子からの静電気力（クーロン力）や，ひもやばねにむすんだ物体を水平に振りまわし，物体を等速円運動させるひもの張力やばねの弾性力などは中心力である．中心力を受けて運動する物体の原点O（力の中心）のまわりの力のモーメントは，

$$\vec{N}=\vec{r}\times\vec{F}=\frac{F(r)}{r}(\vec{r}\times\vec{r})=\vec{0}$$

となるので，

$$\frac{d\vec{L}}{dt}=\vec{0}\to\vec{L}=\vec{C}\text{（定ベクトル）}$$

となる．物体が中心力を受けて運動する場合は，力の中心のまわりの物体の角運動量 $\vec{L}$ は大きさも向きも時間的に一定なベクトル $\vec{C}$ になる．これを角運動量保存の法則という．

基本的物理量のまとめ

■運動量

同じ速度で運動している物体でも，それを受けとめたときの衝撃は質量の大きなものほど大きい．そこで運動の勢いを表す量として，質量 m と速度 $\vec{v}$ の積で，

$$\vec{p}=m\vec{v}$$

というベクトルを考え，これを運動量という．$\vec{p}$ の単位は kg·m/s である．速度 $\vec{v}$ の大きさ $|\vec{v}|=v$ を速さとよぶ．

■角運動量

大きさのある物体の回転運動の勢いを表す量として，位置ベクトル $\vec{r}$ と運動量 $\vec{p}$ のベクトル積（外積）で，

$$\vec{L}=\vec{r}\times\vec{p}$$

というベクトルを考え，これを原点Oのまわりの角運動量という．単位は

kg·m²/s である．

■力積

力 $\vec{F}$ が微小時間 dt だけはたらいた場合，$\vec{F}$ と dt との積を力積という．力積 $d\vec{I}$ は，

$$d\vec{I} = \vec{F}dt$$

と表される．物体に力積が加えられると，運動量が $d\vec{p}$ だけ変化する

$$d\vec{p} = \vec{F}dt$$

力積の単位は N·s である

■仕事

物体に力がはたらいて微小変位した場合，その力は仕事をしたといい，仕事 dW は力 $\vec{F}$ と微小変位 $d\vec{r}$ とのスカラー積（内積）で，

$$dW = \vec{F} \cdot d\vec{r}$$

と表される．位置ベクトルの微小変位 $d\vec{r}$ は，経路上での微小変位 $d\vec{s}$ に等しい $(d\vec{r} = d\vec{s})$ ので，

$$dW = \vec{F} \cdot d\vec{s}$$

と表すこともできる．
仕事の単位は $\mathrm{kg \cdot m^2/s^2 = N \cdot m}$ となるが，これをジュール（記号 J）という．[J]=[N·m] である．単位時間当たりの仕事を仕事率（power）という．仕事率の単位はワット（記号 W）で，[W]=[J/s] である．

■仕事とエネルギー

運動している物体は仕事をする能力がある．速さ v で運動している物体は，

$$K = \frac{1}{2}mv^2$$

だけの仕事をする能力がある．一般に，物体の仕事をする能力がエネルギーである．

この場合は，K は物体が運動することによってもっているエネルギーだから，運動エネルギーという．運動していなくても，他の物体に仕事をする能力，すなわちエネルギーとして蓄えている場合，このエネルギーは物体の位置によって決まるのでポテンシャル・エネルギー（位置エネルギー）ないしは簡単にポテンシャルという．エネルギーの単位は $kg \cdot m^2/s^2$ となり，仕事の単位と同ジュール（J）である．

5　いろいろな運動

運動方程式 $m\vec{a} = \vec{F}$ が物体の運動をきめる基本式である.
物体にどのような力がはたらいているかがわかれば,
この微分方程式を解いて,
物体がどのような運動をするかがわかる.
落体の運動やばねにつけたおもりの運動,
さらに, 単振動, 等速円運動, 抵抗力をうけた物体の運動など,
初等的に解ける具体的な力の例を示し,
運動方程式が力学のエッセンシャルな方法であることを
理解する.

5.1　運動方程式のたて方

(1) 運動方程式 $m\vec{a} = \vec{F}$ はベクトル式である. 着目する物体にはたらく接触力（垂直抗力・摩擦力・張力・弾性力など）や遠隔力（重力）をすべて図中に書き込む.

(2) 物体ごとに運動方程式を立てる. 右辺の力 $\vec{F}$ にはすべてはたらいている力を含める : $\vec{F} = \sum_j \vec{F}_j$

作用・反作用の関係にある力があるときは, どちらか着目している物体の作用点にどの向きにはたらくかを注意して力を図示する.

(3) 運動する向きを想定し x, y 座標軸を設定し, 運動方程式を成分表示して解く. x 軸だけの 1 次元（一直線上）運動のとき, x や v や F を 1 次元ベクトルと考えてよい. したがって, x, v, F は正負の値をとりうる. y 軸方向には運動しないので, $\vec{F} = (F_x, 0)$ となりこの方向では力のつりあいの式が成り立つ.

例題 5.1　図に示すように，なめらかな水平面上におかれた 3 物体 A, B, C があり，A を右向きに大きさ F の力で水平方向に押すと，A, B, C は接したまま右に動く，A, B, C の質量がそれぞれ m_1, m_2, m_3 のとき，これらの物体の加速度の大きさ a と，B が A を押す力の大きさ F_{AB} と，C が B を押す力の大きさ F_{BC} を求めよ．

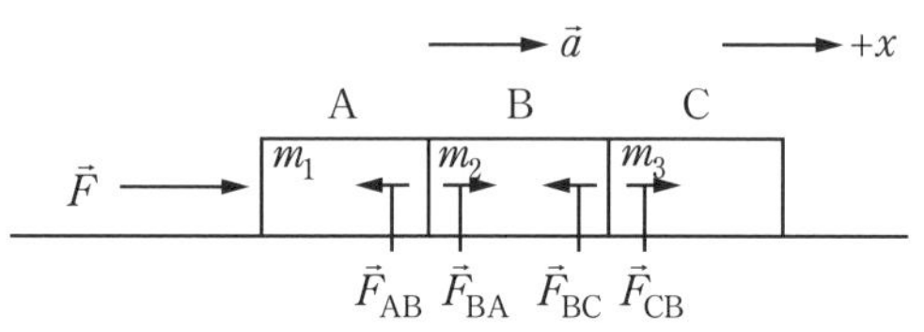

解

上図のように，右向きに $+x$ 軸をとる．A, B, C の運動方程式はそれぞれ，

$$\mathrm{A}: m_1 a = F - F_{AB} \qquad ①$$

$$\mathrm{B}: m_2 a = F_{BA} - F_{BC} \qquad ②$$

$$\mathrm{C}: m_3 a = F_{CB} \qquad ③$$

となる．$\vec{F}_{AB}$ は $\vec{F}_{BA}$ の反作用で $\vec{F}_{BA} + \vec{F}_{AB} = \vec{0}\,(F_{BA} = F_{AB})$，$\vec{F}_{BC}$ は $\vec{F}_{CB}$ の反作用で $\vec{F}_{CB} + \vec{F}_{BC} = \vec{0}\,(F_{CB} = F_{BC})$，の関係が成り立っている．

①, ②, ③より，

$$a = \frac{F}{m_1 + m_2 + m_3},\quad F_{AB} = \frac{m_2 + m_3}{m_1 + m_2 + m_3}F,\quad F_{BC} = \frac{m_3}{m_1 + m_2 + m_3}F$$

例題 5.2　図のように，質量 m_1, m_2, m_3 の物体 A, B, C の AB 間と，BC 間を糸でつなぎ，物体 C を水平方向右向きに F の大きさの力で引き続けたとき．a（物体全体の加速度の大きさ），F_{AB}（B が A を引く力の大きさ），F_{BC}（C が B を引く力の大きさ）を求めよ．

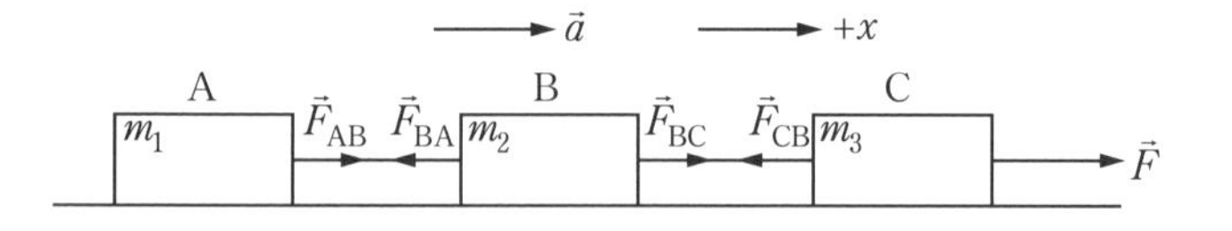

解

$$\mathrm{A}: m_1 a = F_{AB} \qquad ①$$

$$\mathrm{B}: m_2 a = F_{BC} - F_{BA} \qquad ②$$

$$C : m_3 a = F - F_{CB} \qquad ③$$

①, ②, ③より,

$$a = \frac{F}{m_1 + m_2 + m_3}, \ F_{AB} = \frac{m_1}{m_1 + m_2 + m_3}F, \ F_{BC} = \frac{m_1 + m_2}{m_1 + m_2 + m_3}F$$

例題 5.3 図のように，なめらかな水平な台の上に長さ l，質量 m の一様な棒 AB をまっすぐにおき，A に力 $\vec{F_1}$, B に力 $\vec{F_2}$ を加えてひっぱるとき，つなに生じる加速度 $\vec{a}$ を求めよ.

また，つなの A から x の長さの点 P で 2 つの部分に分けるとき，点 P でのそれぞれの部分にはたらく張力 $\vec{f}$（断面を境にして互いに引きあう力）の大きさ f はいくらか.

f が最小になる x はいくらか.

ただし，$F_1 > F_2$ とする.

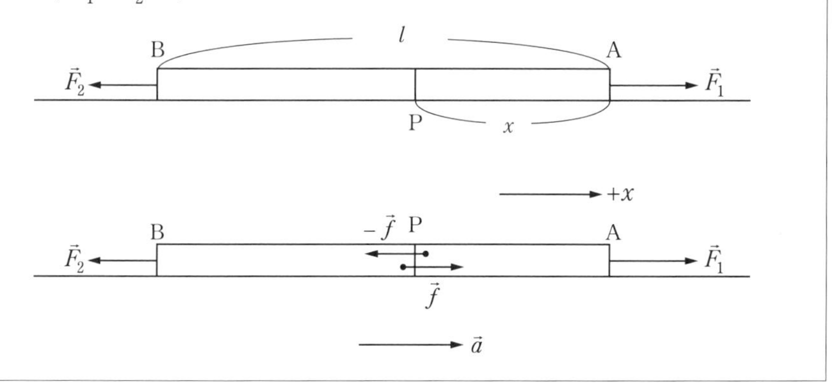

解

棒の線密度を $\lambda \left(= \frac{m}{l} \right)$ とすると，棒の AP, BP 部分の質量はそれぞれ

$$m_1 = \lambda x, \ m_2 = \lambda(l - x)$$

となる．それぞれの部分の運動方程式は右向きを正として

$$m_1 a = F_1 - f \qquad ①$$

$$m_2 a = f - F_2 \qquad ②$$

表される.

①, ②より

$$a = \frac{F_1 - F_2}{m},\ f = F_1 - (F_1 - F_2)\frac{x}{l}$$

$F_1 > F_2$ なので，変域 $0 \leqq x \leqq l$ で f の最小は $x = l$ のときである．

$$\therefore\ f_{\min} = f(l) = F_2$$

5.2 重力のもとでの運動

■自由落下

初速度 0 で物体が真下に落下するときの運動を自由落下という．図 5.1 のように，自由落下を始めた位置を座標の原点 O として，鉛直下向きに $+y$ 軸（y 軸の正の向き）をとる．はたらいている力は重力 $m\vec{g}$ のみで，向きは $+y$ 方向である．したがって，運動方程式は，物体の質量を m とすると，

$$m\vec{a} = m\vec{g}$$

である．$\vec{a} = (0, a_y, 0)$，$\vec{g} = (0, g, 0)$ であるから，

$$ma_y = mg$$

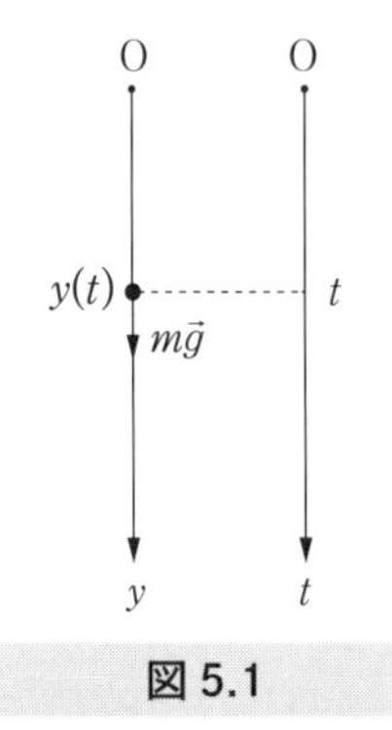

図 5.1

となる．両辺を m で割ると，加速度 $a_y = g$（一定）が導かれる．これから，時刻 t における速度 $v_y(t)$ と位置の座標 $y(t)$ が求められる．まず，微分方程式，

$$a_y = \frac{dv_y}{dt} = g$$

の右辺を t で積分すると，$v_y(t)$ が，

$$v_y(t) = \int g dt = gt + C_1$$

と求められる．

積分定数 C_1 は，初期条件 $v_y(0) = 0$ を満たすようにきめられる．

$$v_y(0) = 0 = g \cdot 0 + C_1 \to C_1 = 0$$

$v_y(t)$ をもういちど t で積分すると，$y(t)$ が，

$$y(t) = \int gt dt = \frac{1}{2}gt^2 + C_2$$

と求められる．

積分定数 C_2 は，初期条件 $y(0)=0$ を満たすようにきめられる．

$$y(0)=0=\frac{1}{2}g\cdot 0^2+C_2=0$$

これから，自由落下運動の時刻 t における $v_y(t), y(t)$ は，

$$v_y(t)=gt,\ \ y(t)=\frac{1}{2}gt^2$$

と表されることがわかる．

例題 5.4　空気抵抗を受ける物体の運動

質量 m の雨滴が，速度に比例した空気の抵抗力（粘性抵抗力）$-k\vec{v}$ を受けながら，初速度 $\vec{v}_0=\vec{0}$ で鉛直下方に落下している（図1）．この雨滴の時刻 t における速度 $\vec{v}(t)$ と落下距離 $x(t)$ を求めよ．ただし，鉛直下向きに $+x$ 軸をとるものとする．

図 1

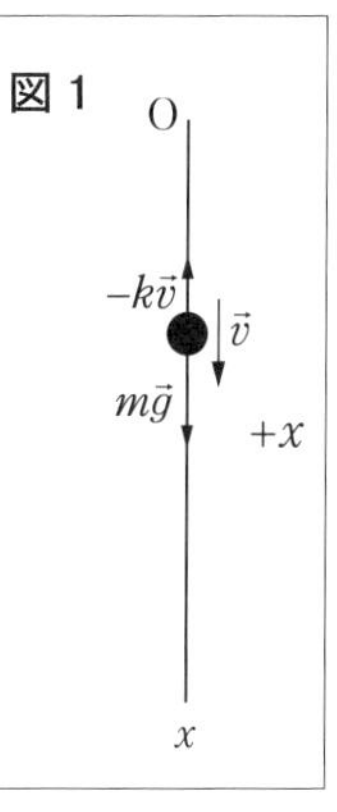

解

雨滴の運動方程式は，$\vec{v}=(v,0,0)$ なので，

$$m\frac{dv}{dt}=mg-kv$$

となる．$v-\dfrac{mg}{k}=V$ とおくと，$dv=dV$ であるから，

$$m\frac{dv}{dt}=-k\left(v-\frac{mg}{k}\right)\to m\frac{dV}{dt}=-kV$$

と書き換えられる．変数分離して，

$$\int\frac{dV}{V}=-\frac{k}{m}\int dt$$

$$\therefore\ \log_e|V|=-\frac{k}{m}t+C_1\ \text{（}C_1\text{ は積分定数）}$$

すなわち，

$$|V|=e^{-\frac{k}{m}t+C_1}$$

である．

$$V \geqq 0 \rightarrow V = e^{C_1} e^{-\frac{k}{m}t}$$

$$V < 0 \rightarrow V = -e^{C_1} e^{-\frac{k}{m}t}$$

なので, $\pm e^{C_1} = C$ と書くと,

$$V = Ce^{-\frac{k}{m}t}$$

となる．これから,

$$v = \frac{mg}{k} + Ce^{-\frac{k}{m}t}$$

初期条件 $t = 0$ で $v = v_0 = 0$ より,

$$C = -\frac{mg}{k}$$

をえる．したがって,

$$v(t) = \frac{mg}{k}\left(1 - e^{-\frac{k}{m}t}\right)$$

となる．$t \rightarrow \infty$ で $e^{-kt/m} \rightarrow e^{-\infty} = 0$ なので

$$v = v_f = \frac{mg}{k}$$

となる．この v_f を終端速度という．v_f そのものはもとの運動方程式の左辺を 0 として直ちにえられる．$v-t$ グラフを図 2 に示す．落下距離 $x(t)$ は初期条件 $t = 0, x = 0$ のもとで $v(t)$ を t で積分して, 次のように求まる．

$$x(t) = \frac{mg}{k}t - \frac{m^2 g}{k^2}\left(1 - e^{-\frac{k}{m}t}\right)$$

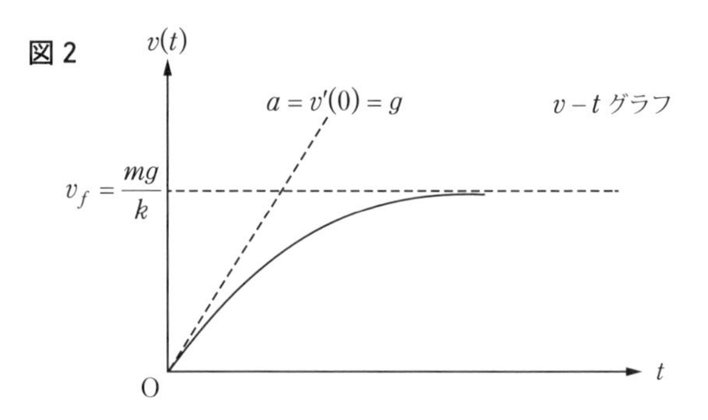

参考

$x(t)$ のありさまは図3のようになる．$t \to \infty$ で曲線の傾きは $\dfrac{mg}{k}$ になる．

$x'' = ge^{-\frac{k}{m}t} > 0$ なので，x は下に凸のグラフになる．

加速度は，$a = \dfrac{dv}{dt} = ge^{-\frac{k}{m}t}$ となる．

$t = 0$ のとき $a = g$ で自由落下の加速度と一致する．

$a - t$ グラフは図4のようになる．

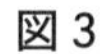

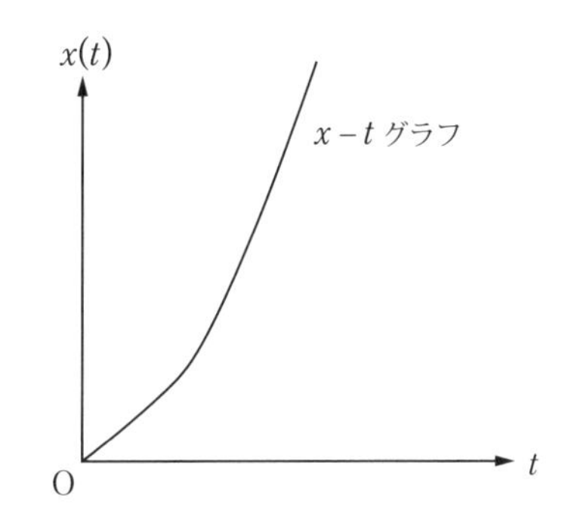

図4

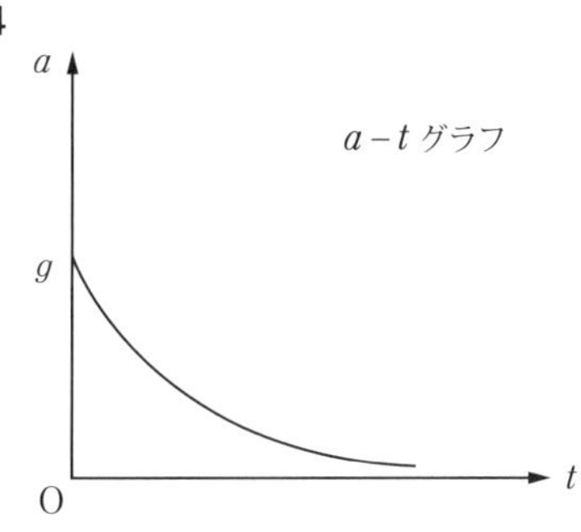

■水平投射

物体を速さ v_0 で水平に投げたときの運動（水平投射）について考える．図5.2のように，投げ出された点を原点Oとして，初速度 $\vec{v}_0$ の向きに $+x$ 軸，鉛直下向きに $+y$ 軸をとり，投げ出された時刻を0として，時刻 t における物体の位置Pの座標 (x, y)，速度 $\vec{v}$ の x, y 成分を (v_x, v_y) とする．はたらいている力 $\vec{F}$ の成分は $(0, mg)$ であるから，運動方程式は，

$$m\vec{a} = \vec{F} \to m(a_x, a_y) = (0, mg)$$

O　x　x
y　P
$m\vec{g}$　$\vec{v}$
y

図 5.2

となる．両辺の x, y 成分を等しいとおいて，x, y 方向の運動方程式は，

$$x \text{ 方向} \quad ma_x = 0$$
$$y \text{ 方向} \quad ma_y = mg$$

となる．これから，$a_x = 0$，$a_y = g$ がえられる．

初期条件 $v_x(0) = v_0$, $x(0) = 0$, $y(0) = 0$ を満たすように，それぞれの成分の積分定数をきめると，

$$v_x(t) = v_0,\ \ x(t) = v_0 t$$
$$v_y(t) = gt,\ \ y(t) = \frac{1}{2}gt^2$$

が求められる．両式から，t を消去すると，

$$y = \frac{g}{2{v_0}^2}x^2$$

がえられる．この式は，物体の運動の経路（軌道）を表し，図 5.2 のように原点 O を頂点とし，y 軸を軸とする放物線であることを示している．

■斜方投射

物体を斜め上方に投げたときの運動（斜方投射）を次の例題を通して理解しよう．

例題 5.5 図のように，水平な地上面で，仰角（水平となす角）θ で，斜め上方に初速（初速度の大きさ）v_0 で質量 m の小球 P を投げ上げた．小球を投げ上げた時刻を $t = 0$ とし，投げ上げた位置を原点 O として，水平方向に x 軸，鉛直上向きに y 軸をとる．

(1) 小球 P にはたらく重力 $m\vec{g}$ の成分を書き表せ．
ある時刻 t での P の位置ベクトルを $\vec{r}(t) = (x(t), y(t))$，速度ベクトルを $\vec{v}(t) = (v_x(t), v_y(t))$ とする．

(2) P についての運動方程式を書け．

(3) この運動方程式の初期条件を書け．

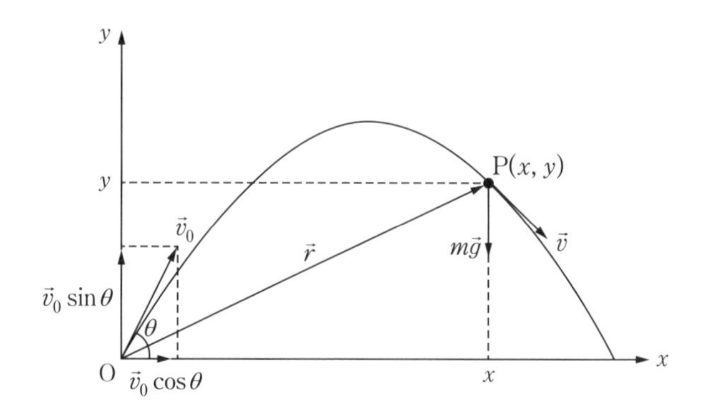

(4) ある時刻 t における速度 $\vec{v}(t)$ と位置ベクトル $\vec{r}(t)$ を求めよ．

(5) P の運動の経路（軌道）を表す式を求めよ．

(6) 初速 $\vec{v}_0$ が一定のとき，P を最も遠くまで投げるための仰角 θ を求めよ．

解

(1) 重力は鉛直下向きに大きさ mg なので，

$$m\vec{g} = (0, -mg) \quad ①$$

(2) 加速度ベクトルを $\vec{a}$ とすると，運動方程式 $m\vec{a} = \vec{F}$ は $\vec{a} = \dfrac{d\vec{v}}{dt} = \dfrac{d^2\vec{r}}{dt^2}$ なので，

$$m\left(\frac{d^2x(t)}{dt^2}, \frac{d^2y(t)}{dt^2}\right) = (0, -mg) \quad ②$$

(3)
$$\vec{v}(0) = (v_x(0), v_y(0)) = (v_0\cos\theta, v_0\sin\theta) \quad ③$$

$$\vec{r}(0) = (x(0), y(0)) = (0, 0) \quad ④$$

(4) ②の両辺を t で積分して，

$$(v_x(t), v_y(t)) = (C_1, -gt + C_2) \quad ⑤$$

積分定数 C_1, C_2 は初期条件③より，

$$C_1 = v_0\cos\theta,\ C_2 = v_0\sin\theta \quad ⑥$$

$$\therefore\ \vec{v}(t) = (v_x(t), v_y(t)) = (v_0\cos\theta, -gt + v_0\sin\theta) \quad ⑦$$

⑦を積分して，

$$(x(t), y(t)) = \left(v_0\cos\theta\cdot t + C_3, -\frac{1}{2}gt^2 + v_0\sin\theta\cdot t + C_4\right) \quad ⑧$$

積分定数 C_3, C_4 は初期条件④より，

$$C_3 = 0, C_4 = 0 \quad ⑨$$

$$\therefore\ \vec{r}(t) = (x(t), y(t)) = \left(v_0\cos\theta\cdot t, -\frac{1}{2}gt^2 + v_0\sin\theta\cdot t\right) \quad ⑩$$

(5) 物体の経路を表す式は．⑩より t を消去すればよい．

$$y = -\frac{g}{2{v_0}^2\cos^2\theta}x^2 + \tan\theta\cdot x \quad ⑪$$

(6) 小球 P が地面に落下する位置は，⑪で $y = 0$ とし，$x \neq 0$ の解を求めて，

$$x = \frac{2{v_0}^2}{g}\sin\theta\cos\theta = \frac{{v_0}^2}{g}\sin 2\theta \qquad ⑫$$

ここで，三角関数の2倍角の公式 $\sin 2\theta = 2\sin\theta\cos\theta$ を用いた．よって，x が最大になるのは，$\sin 2\theta = 1$ のときだから，

$$2\theta = 90^\circ \quad \therefore\ \theta = 45^\circ \qquad ⑬$$

このとき $x_{\max} = \dfrac{{v_0}^2}{g}$

最大になる高さは，$v_y(t) = 0$ より，

$$t = \frac{v_0 \sin\theta}{g}$$

⑩に代入すると，

$$y = \frac{{v_0}^2 \sin^2\theta}{g}$$

$\theta = 45^\circ$ のとき，

$$x_{\max} = \frac{{v_0}^2}{4g}$$

例題 5.6　図のように，水平面と角 θ をなす斜面上の点Oから，斜面に対して角 α で物体を初速 v_0 で（時刻 $t = 0$）投げると，斜面上の点Pに落下した．斜面に沿って x 軸，斜面に垂直に y 軸をとり，動力の加速度の大きさを g として，次の問いに答えよ．ただし，$0 < \theta + \alpha < \dfrac{\pi}{2}$ とする．

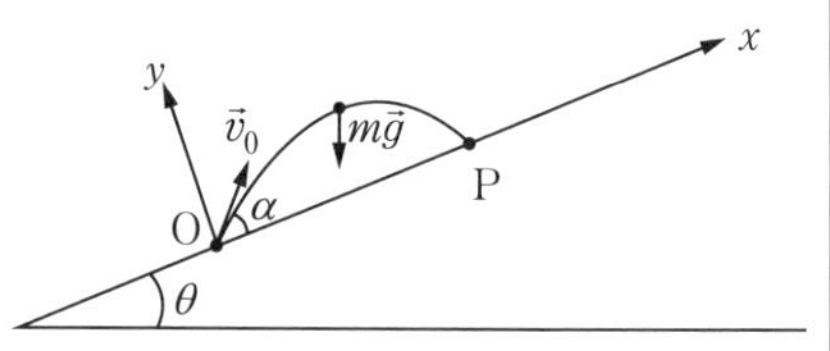

(1) x, y 方向の運動方程式を求めよ．加速度 $\vec{a}$ を求めよ．

(2) 投げた後の時刻 t における物体の速度 $\vec{v}$ と位置 $\vec{r}$ を求めよ．

(3) 物体が斜面に落下した時刻 T を求めよ．

(4) 点Oから物体が斜面に落下した位置Pまでの距離 X を求めよ．

(5) v_0 が一定のとき，物体をできるだけ遠くまで到達させるための角 α_m を求めよ．そのときの距離 X_m を求めよ．

(6) θ と v_0 が一定のとき，物体が斜面に垂直に落下するときの $\tan\alpha$ を求めよ．

解

$\vec{F}=(-mg\sin\theta, -mg\cos\theta)$ であるから，$m\vec{a}=\vec{F}$ の成分表示は，

(1)　$x: ma_x=-mg\sin\theta$

$y: ma_y=-mg\cos\theta$

となる．

$$\vec{a}=(a_x, a_y)=(-g\sin\theta, -g\cos\theta)$$

(2)　$\vec{v}=(v_x, v_y)=(v_0\cos\alpha-(g\sin\theta)t, v_0\sin\alpha-(g\cos\theta)t)$

$$\vec{r}=(x, y)=\left((v_0\cos\alpha)t-\frac{1}{2}(g\sin\theta)t^2, (v_0\sin\alpha)t-\frac{1}{2}(g\cos\theta)t^2\right)$$

(3)　$y=0$ より．

$$T=\frac{2v_0\sin\alpha}{g\cos\theta}$$

(4)

$$\begin{aligned}X=x(T)&=v_0\cos\alpha\frac{2v_0\sin\alpha}{g\cos\theta}-\frac{1}{2}(g\sin\theta)\left(\frac{2v_0\sin\alpha}{g\cos\theta}\right)^2\\&=\frac{2{v_0}^2\sin\alpha}{g\cos\theta}\left(\cos\alpha-\frac{\sin\theta\sin\alpha}{\cos\theta}\right)\\&=\frac{2{v_0}^2\sin\alpha}{g\cos\theta}\cdot\frac{\cos\alpha\cos\theta-\sin\alpha\sin\theta}{\cos\theta}\\&=\frac{2{v_0}^2\sin\alpha\cos(\alpha+\theta)}{g\cos^2\theta}\end{aligned}$$

ここで，三角関数の加法定理 $\cos(A+B)=\cos A\cos B-\sin A\sin B$ を用いた．

(5)　α を変数とみなし，X を次のように変形する．

(4) の結果を，三角関数の積和公式

$\sin A\cos B=\frac{1}{2}\left[\sin(A+B)+\sin(A-B)\right]$ を用いて書き直すと，

$\sin\alpha\cos(\alpha+\theta)=\frac{1}{2}\left[\sin(2\alpha+\theta)+\sin(-\theta)\right]$ なので，

$$\begin{aligned}X&=\frac{2{v_0}^2}{g\cos^2\theta}\frac{1}{2}\left[\sin(2\alpha+\theta)-\sin\theta\right]\\&=\frac{{v_0}^2}{g\cos^2\theta}\left[\sin(2\alpha+\theta)-\sin\theta\right]\end{aligned}$$

となる．

X が最大になるのは，

$$\sin(2\alpha+\theta)=1 \to 2\alpha+\theta=\frac{\pi}{2}$$

または，

$$\frac{dX}{d\alpha}=0 \to \cos(2\alpha+\theta)=0 \to 2\alpha+\theta=\frac{\pi}{2}$$

から，

$$\alpha_m=\frac{1}{2}\left(\frac{\pi}{2}-\theta\right)$$

これより，

$$X_m=\frac{{v_0}^2}{g\cos^2\theta}(1-\sin\theta)$$

$$=\frac{{v_0}^2}{(1+\sin\theta)g}$$

(6) $t=T$ で $v_x=0$ が成り立てばよい．

$$v_0\cos\alpha-g\sin\theta\frac{2v_0\sin\alpha}{g\cos\theta}=0$$

$$\cos\alpha-2\frac{\sin\theta}{\cos\theta}\sin\alpha=0$$

$$2\tan\theta=\cot\alpha$$

$$\tan\alpha=\frac{1}{2\tan\theta}\left(=\frac{1}{2}\cot\theta\right)$$

$\theta=\dfrac{\pi}{4}$ のとき $\tan\alpha=\dfrac{1}{2}$ となる．

例題 5.7　図１のように質量 m の小球を床におき，鉛直上向きに力 F を加えて引く．引き始め（時刻 $t=0$）から F をグラフのように変化させると，時刻 $t=t_0, F=F_0$ で小球は床から離れて上昇を始めた．
重力加速度の大きさは g として，次の問いに答えよ．
(1) F_0 はいくらか．
(2) $0\leqq t\leqq 3t_0$ における $a(t)$ と $v(t)$ を求めよ．
(3) $a-t$ グラフ，$v-t$ グラフを描け．

(4) 小球の速度が鉛直上向きに最大になる時刻と速度を求めよ.

(5) 小球の速度が再び 0 になる時刻はいつか.

(6) $a(t)-t$ グラフから (4), (5) を図的に求める方法を述べよ.

図 1

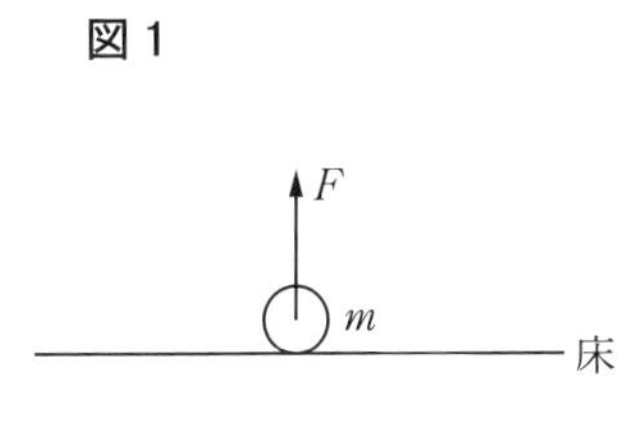

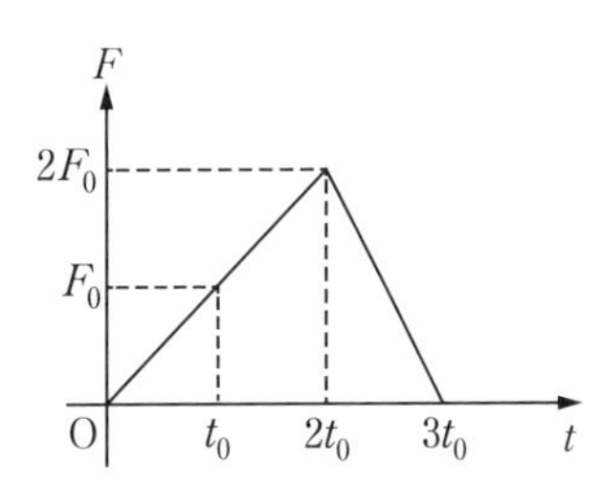

解

(1), (2), (3)

$t=0$ のときの小球の位置を原点 O として, 鉛直上向きに y 軸をとる（図 2）.

$0 \leqq t \leqq t_0$ のとき, 小球には $\vec{F}, m\vec{g}, \vec{N}$（垂直抗力）がはたらきつりあっている.

$$\vec{F}(t)+\vec{N}+m\vec{g}=\vec{0}$$

このとき, 運動方程式は, 加速度を a とすると

$$ma=F(t)+N(t)-mg=0$$

となる. グラフより

$$F(t)=\frac{F_0}{t_0}t$$

よって, $N(t)=mg-\dfrac{F_0}{t_0}t$

$t=t_0, N(t_0)=0$ より

$$F_0=mg$$

加速度 $a=0 \rightarrow$ 速度 $v=0$ が成り立つ.

$t_0<t \leqq 2t_0$ のとき

$$ma=\frac{F_0}{t_0}t-mg$$

$$a=\frac{g}{t_0}t-g$$

$$v=\frac{g}{2t_0}t^2-gt+C$$

図 2

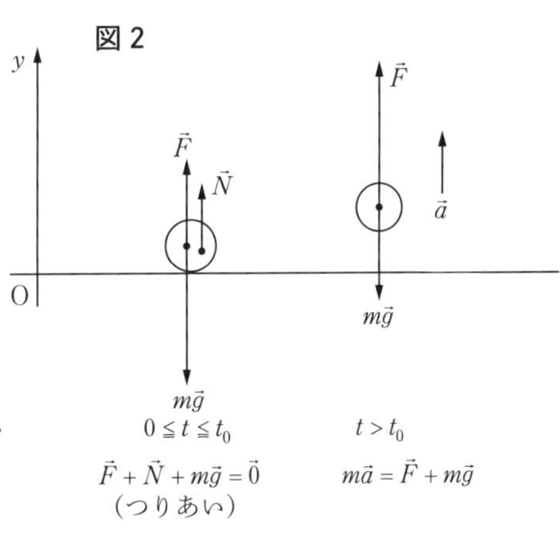

$t = t_0, v = 0$ より

$$C = \frac{1}{2}gt \qquad C = -\frac{1}{2}gt$$

$$\therefore\ v(t) = \frac{g}{2t_0}(t - t_0)^2$$

$2t_0 < t \leqq 3t_0$ のとき

$$F = -\frac{2F_0}{t_0}t + 6F_0$$

であるから,

$$ma = F - mg \to a = -\frac{2g}{t_0}t + 5g$$

$$v = -\frac{g}{t_0}t^2 + 5gt + C'$$

$t = 2t_0$, $v = \frac{1}{2}gt_0$ より

$$C' = -\frac{11}{2}gt_0$$

$$\therefore\ v(t) = -\frac{g}{t_0}\left(t - \frac{5}{2}t_0\right)^2 + \frac{3}{4}gt_0$$

$t > 3t_0$ のとき

$$F = 0$$

$$ma = 0 - mg$$

$$a = -g$$

$$v = -gt + C''$$

$t = 3t_0$, $v = \frac{1}{2}gt_0$ より

$$C'' = \frac{7}{2}gt_0$$

$$\therefore\ v(t) = -gt + \frac{7}{2}gt_0$$

以上の結果から $a-t$ グラフを図 3 に, $v-t$ グラフを図 4 に示す.

(4) 図 4 より, $t = \frac{5}{2}t_0$, $v_{\max} = \frac{3}{4}gt_0$

(5) 図 4 より, $t = \frac{7}{2}t_0$

(6) $a = \frac{dv}{dt} \to dv = adt$

図 3

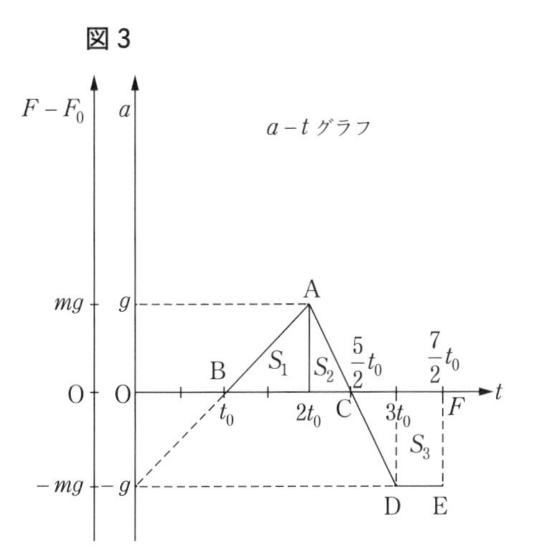

図 4

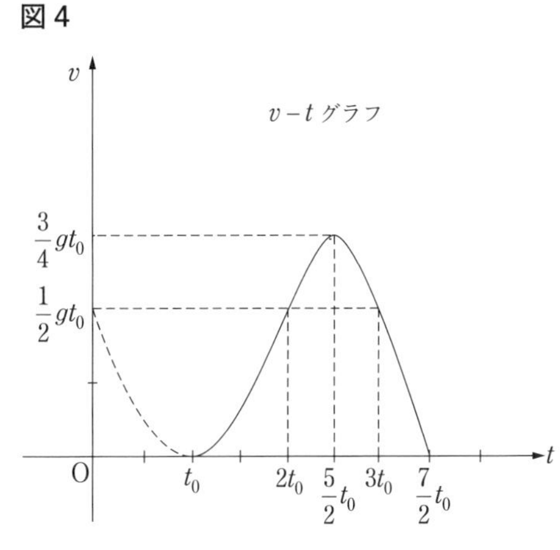

より，

$$\int_{v(t_0)}^{v(t)} dv = \int_{t_0}^{t} a dt \rightarrow v(t) - v(t_0) = \int_{t_0}^{t} a(t) dt$$

が成り立つ．これから，$a(t) - t$ グラフの面積から $v(t)$ が求まることがわかる．$v_{\max}$ になるのは加速から減速に移る瞬間 $t = \frac{5}{2}t_0$ で，△ ABC の面積 $(S_1 + S_2)$ に等しい (図 4)．

$$\therefore\ v_{\max} = S_1 + S_2 = \frac{3}{4}gt_0 \quad \text{(4) の答}$$

$v = 0$ になるのは，$S_1 + S_2$ の面積が，v が負の部分 CDEF の台形の面積 S_3 に等しければよい．

$$S_1 + S_2 - S_3 = 0$$

$$\frac{3}{4}gt_0 = \frac{1}{2}\left[\left(t - \frac{5}{2}t_0\right) + \left(t - 3t_0\right)\right]g$$

より，$t = \frac{7}{2}t_0$ （5）の答

と求まる．

補足

運動方程式

$$ma = m\frac{dv}{dt} = F - F_0$$

より,

$$\int_{v(t_0)}^{v(t)} mdv = \int_{t_0}^{t} (F - F_0)dt \to mv(t) - mv(t_0) = \int_{t_0}^{t} (F - F_0)dt$$

が成り立つ. これは運動量の変化＝その変化の間に小球が受けた力積の関係を表している.

$(F - F_0) - t$ グラフの面積から $mv(t)$ が求まる.

$v_{\max}$ は

$$mv_{\max} - m \cdot 0 = \int_{t_0}^{\frac{5}{2}t_0} (F - F_0)dt = \frac{3}{4}mgt_0$$

から求められる.

$(F - F_0) - t$ のグラフは, $F - F_0$ を定式化してもよいが, $ma = F - F_0$ なので, $a - t$ グラフの a 軸のスケールを m 倍してもえられる（図3).

例題 5.8　摩擦力があるときの運動

図1のように, 水平な床面においた質量 M の物体 A の上に質量 m の物体 B がのっている. A と B との間の静止摩擦係数を μ_0, 動摩擦係数を μ_2, A と床との間の動摩擦係数を μ_1 として, 次の問いに答えよ.

はじめに, 水平方向右向きに大きさ F の力を加えると, $F = F_{10}$ を超えると A と B は一体となって床面上を運動した（図2).

(1) A, B 共通の加速度 a を求めよ.

(2) A, B が運動し始める F_{10} はいくらか.

(3) B が A から受けている静止摩擦力の大きさ f はいくらか.

(4) さらに $F(F_{10})$ を大きくしていくと, $F = F_{20}$ より大きな力を加えると, A と B は互いにすべりながら床面上を運動した（図3). F_{20} を求めよ.

(5) このとき, A, B の床に対する加速度 a_1, a_2 を求めよ.

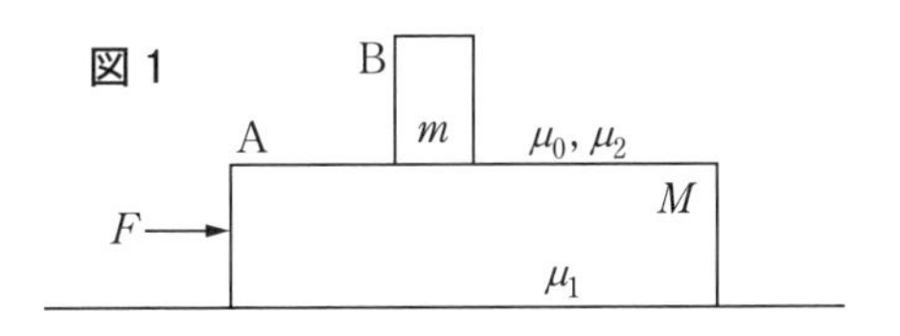

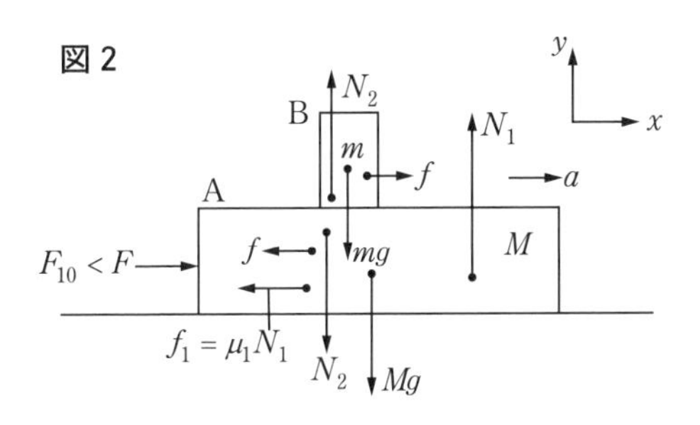

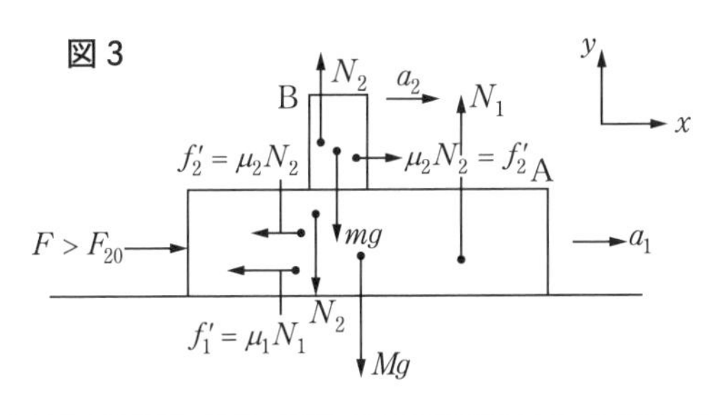

解

(1) 図 2 のように x, y 軸をとる．B にはたらく静止摩擦力の大きさを f, B が A から受ける垂直抗力の大きさを N_2, A が床面から受ける動摩擦力の大きさを f_1, A が床から受ける垂直抗力の大きさを N_1 とする．A, B それぞれの x 方向の運動方程式と y 方向のつりあいの式は，

$$\mathrm{B}\begin{cases} x : ma = f & ① \\ y : N_2 - mg = 0 & ② \end{cases} \qquad \mathrm{A}\begin{cases} x : Ma = F - f - f_1 & ③ \\ y : N_1 - Mg - N_2 = 0 & ④ \end{cases}$$

① + ③

$$(M + m)a = F - f_1 = F - \mu_1 N_1 = F - \mu_1 (M + m)g$$

$$a = \frac{F - \mu_1(M + m)g}{M + m}$$

(2) $a \geqq 0$ より，

$$F \geqq \mu_1(M+m)g$$

$$\therefore\ F_{10} = \mu_1(M+m)g$$

(3) $f = ma = \dfrac{m}{M+m}\left[F - \mu_1(M+m)g\right]$

(4) B が A に対してすべり出すのは，

$$f \geqq \mu_0 N_2 = \mu_0 mg$$

のときである．

$$F \geqq (\mu_0 + \mu_1)(M+m)g$$

$$\therefore\ F_{20} = (\mu_0 + \mu_1)(M+m)g$$

(5) AB 間にはたらく動摩擦力の大きさを f_2'，A と床面間にはたらく動摩擦力の大きさを f_1' とすると，

$$\text{B}\begin{cases} x : ma_2 = f_2' & ⑤ \\ y : N_2 - mg = 0 & ⑥ \end{cases} \qquad \text{A}\begin{cases} x : Ma_1 = F - f_2' - f_1' & ⑦ \\ y : N_1 - Mg - N_2 = 0 & ⑧ \end{cases}$$

の関係が成り立つ．

ここで $f_2' = \mu_2 N_2 = \mu_2 mg$

$$f_1' = \mu_1 N_1 = \mu_1(M+m)g (= f_1)$$

⑤より，

$$a_2 = \mu_2 g$$

⑦より，

$$a_1 = \frac{1}{M}\left[F - (\mu_2 m + \mu_1(M+m)g\right]$$

f, f_2' と F との関係を図 4 に示す．

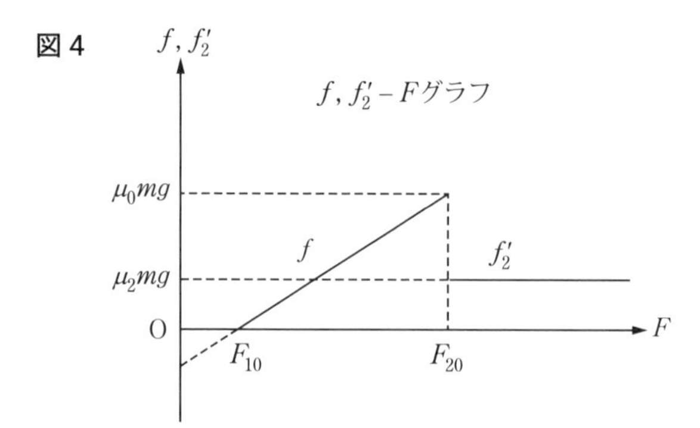

例題 5.9　図のように，質量 m の物体を，水平と角 θ をなす斜面に沿い上向きに初速 v_0 で打ち出した．物体と斜面との間の静止摩擦係数を μ，動摩擦係数を μ' とする．

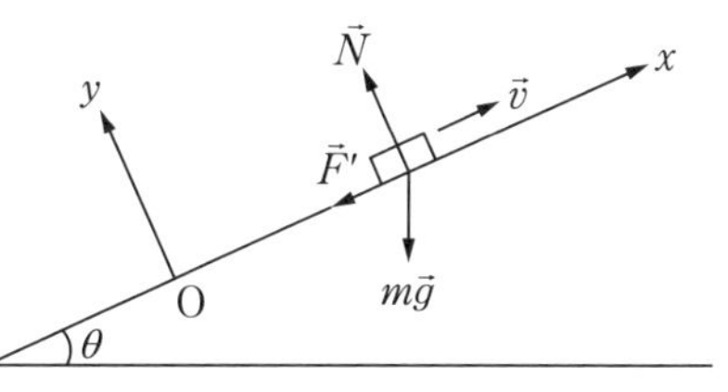

(1) 物体の運動方程式をたてよ．

(2) 時刻 t における物体の速度 $v(t)$ と位置 $x(t)$ を求めよ．

(3) 上昇し止まるまでの時間 t_1 と位置 x_1 を求めよ．

(4) 再びすべり落ちるための角 θ の条件を求めよ．

(5) 再びすべり落ちる場合，最初の位置に戻ったときの速度 v を求めよ．

解

(1) はじめの位置を原点 O として，図のように x, y 軸をとる．

垂直抗力を $\vec{N}$，動摩擦力を $\vec{F}'$ とすると，運動方程式は，

$$m\frac{d^2\vec{r}}{dt^2} = m\vec{g} + \vec{F}' + \vec{N} \quad ①$$

付加条件は，

$$F' = \mu' N \quad ②$$

と表される．

$m\vec{g} = (-mg\sin\theta, -mg\cos\theta)$，$\vec{F}' = (-F', 0)$，$\vec{N} = (0, N)$ であるから，

$$x \text{ 成分：} m\ddot{x} = -mg\sin\theta - \mu' N \quad ③$$

$$y \text{ 成分：} m\ddot{y} = -mg\cos\theta + N \quad ④$$

(2) 束縛条件：$y = 0 \rightarrow \ddot{y} = 0$ により，④から，

$$N = mg\cos\theta \quad ⑤$$

⑤を③に代入して，

$$\ddot{x} = -(\sin\theta + \mu'\cos\theta)g \quad ⑥$$

初期条件は，

$$v(0) = v_0,\ x(0) = 0 \quad ⑦$$

である．この条件を満たす⑥の解は，

$$v(t) = v_0 - (\sin\theta + \mu'\cos\theta)gt \quad ⑧$$

$$x(t) = v_0 t - \frac{1}{2}(\sin\theta + \mu'\cos\theta)gt^2 \quad ⑨$$

(3) ⑧より，

$$t_1 = \frac{v_0}{(\sin\theta + \mu' \cos\theta)g} \qquad ⑩$$

⑨．⑩より，

$$x_1 = \frac{{v_0}^2}{2(\sin\theta + \mu' \cos\theta)g} \qquad ⑪$$

(4) 止まった瞬間には静止摩擦力がはたらく．その最大値は $\mu N = \mu mg\cos\theta$ である．

$$\mu mg\cos\theta - mg\sin\theta < 0 \qquad ⑫$$

$$\therefore\ \tan\theta > \mu \qquad ⑬$$

(5) すべり落ちるときは動摩擦力は $+x$ 方向にはたらくので，加速度は，

$$\ddot{x} = -(\sin\theta - \mu' \cos\theta)g \qquad ⑭$$

になる．

初期条件は，

$$v(t_1) = 0,\ x(t_1) = x_1 \qquad ⑮$$

⑭を積分して，

$$v(t) = -(\sin\theta - \mu' \cos\theta)g(t - t_1) \qquad ⑯$$

$$x(t) = x_1 - \frac{1}{2}(\sin\theta - \mu' \cos\theta)g(t - t_1)^2 \qquad ⑰$$

$x = 0$ に達する時刻は，

$$t = t_1 + \sqrt{\frac{2x_1}{(\sin\theta - \mu' \cos\theta)g}} \qquad ⑱$$

よって，そのときの速度 v は，

$$v = -\sqrt{\frac{\sin\theta - \mu' \cos\theta}{\sin\theta + \mu' \cos\theta}}v_0 \qquad ⑲$$

例題 5.10　アトウッドの器械

図のように，滑らかに回転する軽い定滑車に軽くて伸び縮みしない糸をかけ，その両端に質 量 $m_1, m_2 (m_1 > m_2)$ のおもり A, B をつけて静かにはなす．このとき，おもりの加速度の大きさ a と糸がおもりを引く力（張力）の大きさ T を求めよ．

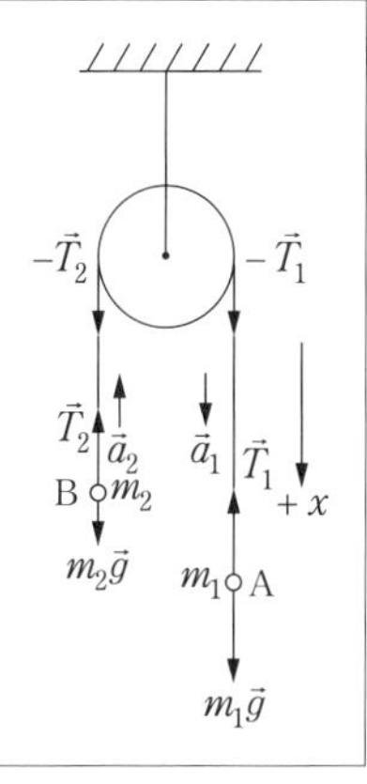

解

おもり A の運動方程式は，鉛直下向に $+x$ 軸をとり，A の加速度を $\vec{a}_1$ とすると，

$$\mathrm{A}: m_1\vec{a}_1 = m_1\vec{g} + \vec{T}_1 \rightarrow m_1 a_1 = m_1 g - T \qquad ①$$

B の運動方程式は B の加速度を $\vec{a}_2$ とすると，

$$\mathrm{B}: m_2\vec{a}_2 = m_2\vec{g} + \vec{T}_2 \rightarrow m_2 a_2 = m_2 g - T \qquad ②$$

$\vec{a}_1 + \vec{a}_2 = \vec{0} \rightarrow a_1 + a_2 = 0$（下記の「参考」を参照）より，$a_1 = -a_2$ となる．

①－②から，

$$m_1 a_1 - m_2 a_2 = (m_1 - m_2)g$$
$$(m_1 + m_2)a_1 = (m_1 - m_2)g$$

$a_1 = \left|-a_2\right| = a$ とおくと，

$$a = \frac{m_1 - m_2}{m_1 + m_2}g,\ T = \frac{2m_1 m_2}{m_1 + m_2}g$$

この方法で 1784 年イギリスのアトウッドはゆっくり落下するおもりの a を測って g の値を測定した．

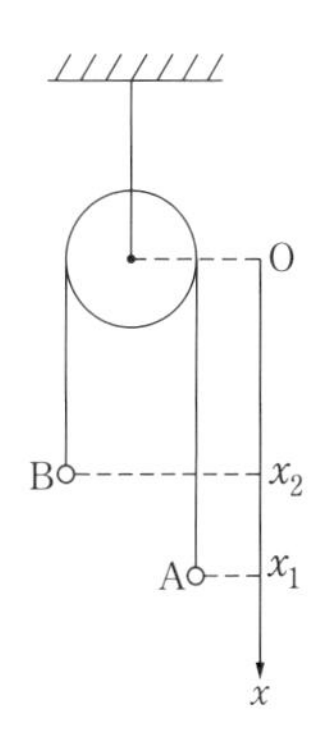

参考：$a_1 + a_2 = 0$ になるわけ

物体 A, B の位置を右図のように x 軸をとってそれぞれ x_1, x_2 とすると，糸が伸び縮みしないことを表す束薄条件は，

$$x_1 + x_2 = C\ (= 一定)$$

である．両辺を時間微分すると速度について，

$$v_1 + v_2 = 0$$

さらに時間微分すると A, B の加速度 a_1, a_2 について

$$a_1 + a_2 = 0$$

$a_1 = -a_2$ より鉛直下向きが正（$+x$ 軸）のとき $a_1 > 0, a_2 < 0$ となる．

A が $a_1 = a$ で下降するとき，B は $|-a_2| = a$ で上昇していることがわかる．

例題 5.11　加速度が一定でない運動

図のように，長さ a，質量 m のやわらかい一様なひも AB が，水平な台の上におかれ，その一部が台の右端 C から鉛直に b だけたれ下がった位置から初速 0 ですべり始める．この時を時刻 $t = 0$ とし，C を原点 O とし，鉛直下向きに x 軸をとるとき，次の問いに答えよ．

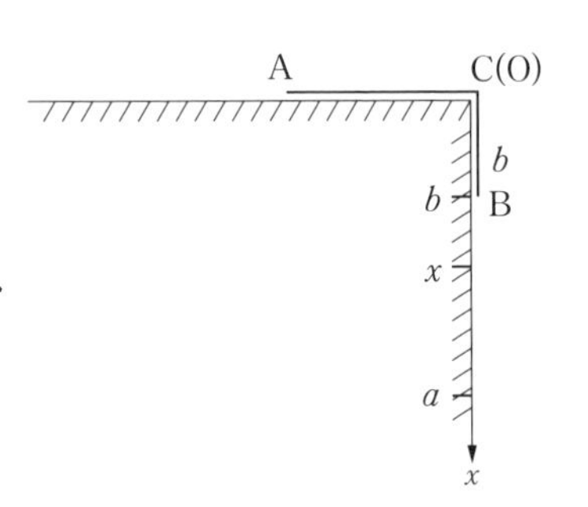

(1) ひもが x だけたれ下がったときの速さ $v(x)$ を求めよ．
ただし $b \leqq x \leqq a$ とする．

(2) ひもがすべり始めて，ひもの端 A が C を通過する瞬間の速さ $v(a)$ を求めよ．

解

(1) 線密度を $\lambda (= m / a)$ とすると，
ひもの運動方程式は，

$$\lambda a \frac{d^2 x}{dt^2} = \lambda x g$$

$$\lambda a \frac{dv}{dt} = \lambda x g$$

$v = \dfrac{dx}{dt}$ なので v を左辺に，$\dfrac{dx}{dt}$ を右辺にかけて積分し，$x = b$ で，$v = 0$ により積分定数をきめる．

$$\int \lambda a v \frac{dv}{dt} dt = \int \lambda x g \frac{dx}{dt} dt$$

$$\lambda a \int v dv = \lambda g \int x dx$$

$$\frac{1}{2}av^2 = \frac{1}{2}gx^2 + C$$

ここで，$x = b, v = 0$ とすると，

$$C = -\frac{1}{2}gb^2$$

となる．

$$\therefore\ v(x) = \sqrt{\frac{1}{a}(x^2 - b^2)g}$$

(2) (1) の結果を用いて，

$$v(a) = \sqrt{\frac{1}{a}(a^2 - b^2)g}$$

がえられる．

参考：高校物理では力学的エネルギー保存の法則を用いて求める．ひもの各パートの質量はパートの中点に重心の位置があるとし，位置エネルギーの基準点はひもの下端にとり．ひもの線密度を $\lambda\left(= \frac{m}{a}\right)$ とすると，

$$\lambda(a-b)ga + \lambda bg\left(a - \frac{b}{2}\right) = mg\frac{a}{2} + \frac{1}{2}mv(a)^2$$

が成り立つ．

これから $v(a)$ がえられる．

5.3 単振動

ある定点を原点 O とし，O からの変位 $\vec{r}$ に比例する復元力（力がつねに原点 O を向いている）を受けて運動する質量 m の物体の運動方程式は，比例定数を $k(k > 0)$ として，

$$m\frac{d^2\vec{r}}{dt^2} = -k\vec{r}$$

と書ける．復元力は中心力 $\vec{F} = f(r)\vec{r}$ の一種（$f(r) = -k$）である．中心力をうけている物体は平面運動するので，

$$\vec{r} = (x, y, 0)$$

としてよい．この場合の運動は楕円運動（2 次元単振動）になる．ここでは，

$\vec{r}=(x,0,0)$ の場合，すなわち1次元の単振動を考える．このとき，運動方程式は，

$$m\frac{d^2x}{dt^2}=-kx$$

となる．この式は $\dfrac{k}{m}={\omega_0}^2$ とおき，$\dfrac{d^2x}{dt^2}=\ddot{x}$ と表すと，

$$\ddot{x}+{\omega_0}^2x=0$$

と書き換えられる．この2階の微分方程式は単振動の微分方程式とよばれる．この方程式の解を指数関数解 $x=e^{pt}$ で求める．これを時間 t で微分し，$\dfrac{dx}{dt}=\dot{x}$ と表すと，

$$\dot{x}=pe^{pt},\ddot{x}=p^2e^{pt}$$

の関係がえられる．上式に代入すると，

$$e^{pt}(p^2+{\omega_0}^2)=0$$

になるが，$e^{pt}\neq 0$ なので，

$$p^2+{\omega_0}^2=0$$

がえられる．これをこの微分方程式の特性方程式という．この解は，

$$p=\pm i\omega_0\ (i\text{ は虚数単位で }i^2=-1)$$

である．これから，微分方程式の解は，オイラーの公式を用いると，

$$x_1=e^{i\omega_0 t}=\cos\omega_0 t+i\sin\omega_0 t$$
$$x_2=e^{-i\omega_0 t}=\cos\omega_0 t-i\sin\omega_0 t$$

となる．したがって，一般解は，C_1,C_2 を任意の定数として，

$$\begin{aligned}x&=C_1e^{i\omega_0 t}+C_2e^{-i\omega_0 t}\\&=(C_1+C_2)\cos\omega_0 t+i(C_1-C_2)\sin\omega_0 t\end{aligned}$$

と表される．右辺は一般に複素数であるが，左辺の x は本来実数であることから，C_1+C_2 が実数で，C_1-C_2 が純虚数でなければならない．$C_1={C_2}^*$（* は共役な複素数を表す）なら（このとき $C_2={C_1}^*$）この条件を満たす．そこで，

$C_1 = a + bi$（a, b は実数）と書くとき，$C_2 = a - bi$ となる．このとき，$C_1 + C_2 = 2a$, $i(C_1 - C_2) = 2bi^2 = -2b$ になる．

結局，A, B を任意の定数として，

$$x = A\sin\omega_0 t + B\sin\omega_0 t$$

が実数の一般解である．さらに，$A = C\cos\phi$, $B = C\sin\phi$ とおけば，

$$\begin{aligned} x &= C(\cos\phi\sin\omega_0 t + \sin\phi\cos\omega_0 t) \\ &= C\sin(\omega_0 t + \phi) \qquad \text{（正弦の加法定理を用いた）} \end{aligned}$$

となる．ただし，

$$C = \sqrt{A^2 + B^2}, \ \tan\phi = \frac{B}{A}$$

である．このように，物体が単振動しているときの変位 x は時刻 t の正弦（ϕ の値により余弦）関数で記述される．$C\sin(\cdots)$ は $+C$ と $-C$ の間を変動する．C[m] を振幅，ω_0 [rad/s] を角振動数，$f = \dfrac{\omega_0}{2\pi}$ [1/s]（= [Hz]（ヘルツ））を振動数，f は 1s（秒）間に物体が往復する回数を表し，その逆数 $T = \dfrac{1}{f}$[s] を周期といい，1 往復に必要な時間を表す．角振動数・振動数・周期は，それぞれ等速円運動の角速度・回転数・周期に対応している．$\omega_0 t + \phi$ を位相，ϕ は $t = 0$ における位相であるので初期位相とよぶ．2 つの任意の定数 C, ϕ は初期条件（運動開始時の条件：$t = 0$ における物体の位置や初速度など）からきめられる．

例題 5.12　水平ばね振り子

図のようになめらかな水平面上で，一端を固定したばね定数 k のばねの他端に質量 m の小球 P を取りつける．ばねが自然長のときの P の位置を原点 O として，ばねがのびる向きに $+x$ 軸をとる．ばねを a だけのばして時刻 $t = 0$ に静かに放したとき，時刻 t における P の位置 $x(t)$, 速度 $v(t)$, 加速度 $a(t)$ を求めよ．

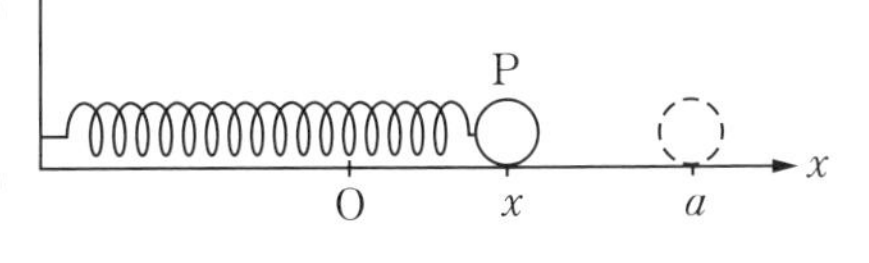

解

小球Pの運動方程式は,

$$m\frac{d^2x}{dt^2}=-kx$$

となる．この一般解は,

$$x(t)=C\sin(\omega_0 t+\phi)$$

$$v(t)=\frac{dx}{dt}=\omega_0 C\cos(\omega_0 t+\phi)$$

である．ただし，$\omega_0=\sqrt{\dfrac{k}{m}}, C, \phi$ は任意定数．初期条件は $t=0$ で $x=a$, $v=0$ であるから,

$$C\sin\phi=a,\ \ \omega_0 C\cos\phi=0$$

これより，任意定数は,

$$\phi=\frac{\pi}{2},\ \ C=a$$

と求まる．したがって,

$$x(t)=a\cos\omega_0 t$$

$$v(t)=-a\omega_0\sin\omega_0 t$$

$$a(t)=-a{\omega_0}^2\cos\omega_0 t$$

問　ばねが自然長のとき，時刻 $t=0$ で原点Oにある小球Pに $+x$ 軸方向に初速 v_0 を与えたとき，時刻 t におけるPの位置 $x(t)$ を求めよ．

解

$$x(t)=C\sin(\omega_0 t+\phi)\quad t=0,\ x(0)=0\rightarrow\phi=0$$

$$v(t)=C\omega_0\cos(\omega_0 t+\phi)\quad t=0,\ v(0)=C\omega_0\cos\phi=v_0\rightarrow C=\frac{v_0}{\omega_0}$$

$$\therefore\ x(t)=\frac{v_0}{\omega_0}\sin\omega_0 t,\ v(t)=v_0\cos\omega_0 t$$

例題 5.13　鉛直ばね振り子

図のように，ばね定数 k のばねの上端を固定し，下端に質量 m のおもりを静かにつるすと，ばねは自然長から x_0 だけのびてつりあった．おもりのつりあいの位置からさらに下方に引っぱっておもりをはなすと，おもりは上下に振動を始めた．自然長の位置Oを原点とし，鉛直下向きを x 軸の正の向きとして．次の問いに答えよ．

(1) 自然長からののび x_0 はいくらか．

(2) おもりがつりあいの位置から変位 x の状態にあるとき，おもりの運動方程式を表せ．

(3) おもりは単振動することを示し，その周期 T を求めよ．

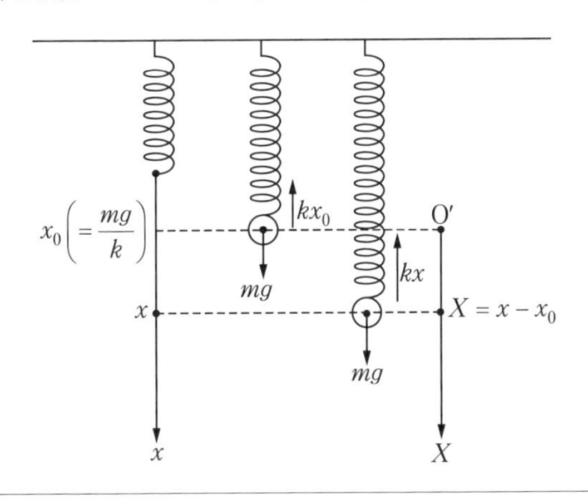

解

(1) おもりは重力とばねの弾性力でつりあっている．

$$mg - kx_0 = 0$$

$$\therefore\ x_0 = \frac{mg}{k}$$

(2) おもりの運動方程式は，

$$m\ddot{x} = mg - kx$$

(3) おもりの運動方程式を次のように変形する．

$$m\ddot{x} = -k\left(x - \frac{mg}{k}\right)$$

いま，つりあいの位置を原点 O′ とする座標軸 $X : X = x - \dfrac{mg}{k}$ を考える，$\ddot{x} = \ddot{X}$ であるから前ページの式は，

$$m\ddot{X} = -kX$$

と表され，単振動の微分方程式と一致する．したがって一般解は，

$$X = C\sin(\omega_0 t + \phi)\left(\omega_0 = \sqrt{\frac{k}{m}}\right)$$

これは，おもりがつりあいの位置を中心として単振動していることを示している．

これをもとの x で表すと，

$$x = C\sin(\omega_0 t + \phi) + \frac{mg}{k}$$

その周期 T は，

$$T = \frac{2\pi}{\omega_0} = 2\pi\sqrt{\frac{m}{k}}$$

これ（鉛直ばね振り子）は，自然長の位置を中心として振動する水平に置かれたばね（水平ばね振り子）の場合の周期と同じである．

例題 5.14　単振り子

図に示すように，長さ l の糸の上端を固定し，下端に質量 m のおもり P をつけ，鉛直面内で左右に振らせる単振り子を考える．振幅の小さい単振り子の周期 T を求めよ．

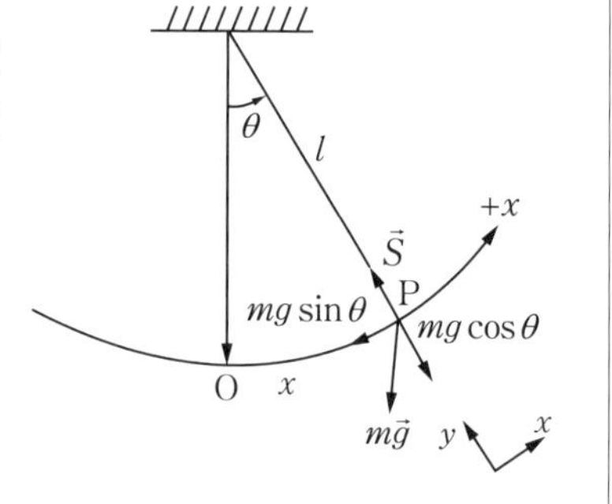

解

おもり P のつりあいの位置を原点 O にとり，半径 l の円周に沿って x 軸をとる．P の位置が x，糸と鉛直線とのなす角が θ のとき，P にはたらいている力は重力 $m\vec{g}$ と糸の張力 $\vec{S}$ である．

P の運動方程式は，

接線成分（x 方向）$m\dfrac{d^2x}{dt^2} = -mg\sin\theta$ ①

向心成分（y 方向）$m\dfrac{v^2}{l} = S - mg\cos\theta$ ②

この方程式を解くには，P が円周上に束縛されて運動することを表す束縛条件，

$$x = l\theta$$

が必要である．さらに，θ が小さいとき，$\sin\theta$ のマクローリン展開，

$$\sin\theta = \theta - \frac{\theta^3}{3!} + \frac{\theta^5}{5!} - \cdots$$

より，$\sin\theta \fallingdotseq \theta$ としてよい．

θ を消去し，x だけの式にすると，

$$m\frac{d^2x}{dt^2} = -mg\theta = -mg\frac{x}{l}$$

$$\therefore \frac{d^2x}{dt^2} = -\frac{g}{l}x$$

x を消去し θ だけの式にすると，

$$ml\frac{d^2\theta}{dt^2} = -mg\sin\theta$$

$$\frac{d^2\theta}{dt^2} = -\frac{g}{l}\theta$$

となる．

x, θ とも単振動の方程式で，${\omega_0}^2 = \dfrac{g}{l}$ とおくと一般解はそれぞれ，

$$x(t) = C\sin(\omega_0 t + \phi),\ \ \theta(t) = C'\sin(\omega_0 t + \phi')$$

$$v(t) = C\omega_0\cos(\omega_0 t + \phi),\ \ \omega(t) = \frac{d\theta}{dt} = C'\omega_0\cos(\omega_0 t + \phi')$$

となる．周期はすべて $T = \dfrac{2\pi}{\omega_0}$ になる．

$\omega(\omega_0)$ [rad/s] は角振動数とよばれる．周期 T は x, θ どちらも，

$$T = \frac{2\pi}{\omega_0} = 2\pi\sqrt{\frac{l}{g}}$$

となる．

このように周期は質量 m や振幅 C, C' には関係しない．このことを振り子の等時性という．l, T を測って g の値を知ることができる．

発展

図のように，デカルト座標の(x, y)ではなく，極座標の(r, ϕ)を用いて運動を記述する．

点Pの位置ベクトルは

$$\vec{r}=(r\cos\phi, r\sin\phi)=r(\cos\phi, \sin\phi)=r\vec{e}_r$$

と表される．$r=l$（＝一定）だから，$\dot{r}=0, \ddot{r}=0$であることを考慮すると，$\vec{e}_r=(\cos\phi, \sin\phi)$，$\vec{e}_\phi=(-\sin\phi, \cos\phi)$より

$$\vec{v}=(v_r, v_\phi)=\dot{\vec{r}}=r\dot{\vec{e}}_r=r(-\sin\phi, \cos\phi)\dot{\phi}=r\dot{\phi}\vec{e}_\phi=(0, r\dot{\phi})$$

となる．もう一度微分すると加速度は

$$\vec{a}=(a_r, a_\phi)=\dot{\vec{v}}=r\ddot{\phi}\vec{e}_\phi-r\dot{\phi}^2\vec{e}_r=(-r\dot{\phi}^2, r\ddot{\phi})$$

ここで，$\dot{\vec{e}}_\phi=-\dot{\phi}\vec{e}_r$を用いた．

運動方程式は，おもりにはたらく力$\vec{F}$は，重力$m\vec{g}=m(g\cos\theta, -g\sin\theta)$と，糸の張力$\vec{S}=(-S, 0)$であるから，

$$r\text{成分};ma_r=m(-r\dot{\phi}^2)=mg\cos\phi-S \quad ①$$
$$\phi\text{成分};ma_\phi=m(r\ddot{\phi})=-mg\sin\phi \quad ②$$

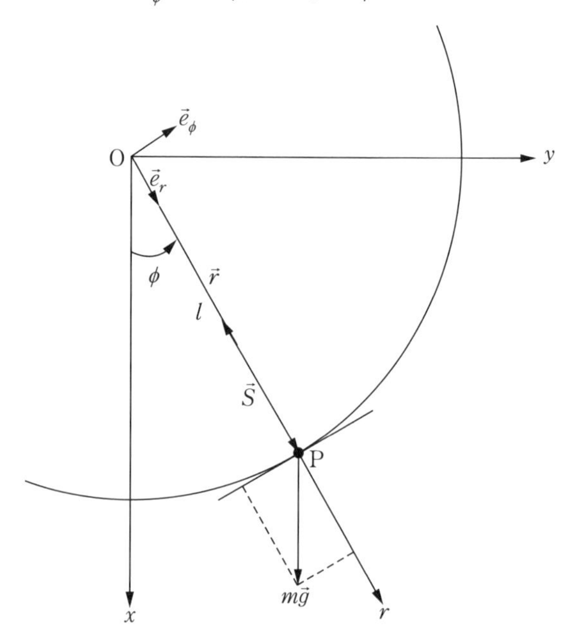

となる．振幅の小さい振動のみを考える．

$\phi << 1$ のとき $\sin\phi \fallingdotseq \phi$ を用いると，$r = l$ として，

$$ml\ddot{\phi} = -mgl \to \ddot{\phi} = -\frac{g}{l}\phi$$

となる．これ単振動と同じ微分方程式である．したがって，一般解は

$$\phi(t) = C\sin(\omega t + \alpha)$$

となる．

ただし，$\omega = \sqrt{\dfrac{g}{l}}$ である．

任意定数 C, α は，初期条件からきまる．

いま，$t = 0$ におもりを $\phi = \phi_0$ の位置から静かに（速度 $v_\phi = 0$ ）放した場合を考える．

$$t = 0,\ \ \phi(0) = C\sin\alpha = \phi_0 \qquad ③$$

$$v_\phi(0) = l\dot{\phi}(0) = lC\omega\cos\alpha = 0 \qquad ④$$

④より，$\alpha = \dfrac{\pi}{2}$，③に代入して $C = \phi_0$ である．よって，解は

$$\phi(t) = \phi_0\cos\omega t$$

ϕ が決まればおもり P の位置の極座標は

$$\mathrm{P}(r, \phi) = \mathrm{P}(l, \phi(t))$$

となる．周期は

$$T = \frac{2\pi}{\omega} = 2\pi\sqrt{\frac{l}{g}}$$

である．

①を $v_\phi = l\dot{\phi}$ を用いて変形すると

$$S(\phi) = mg\cos\phi + ml\dot{\phi}^2$$
$$= mg\cos\phi + m\frac{{v_\phi}^2}{l}$$

がえられる．とくに，$\phi(t) = 0$ のとき

$$\phi(t)=\phi_0\cos\omega t=0\rightarrow\omega t'=\frac{\pi}{2}\rightarrow\dot{\phi}(t')=-\phi_0\omega\sin\omega t'=-\phi_0\omega$$

$$S(0)=mg+m\frac{v_{\phi=0}^2}{l}$$

ここで，$v_\phi(t')=l\dot{\phi}(t')=-l\phi_0\omega=-\sqrt{gl}\phi_0=v_{\phi=0}$ としてある．

数学

関数 $f(x)$ の $x=0$ のまわりのべき級数展開（マクローリン展開）

$$f(x)=f(0)+f'(0)x+\frac{1}{2!}f''(0)x^2+\cdots$$

のいくつかの例を示す．

$$(1+x)^a=1+ax+\frac{a(a-1)}{2!}x^2+\cdots \quad ①$$

$$\sin x=x-\frac{1}{3!}x^3+\frac{1}{5!}x^5-\cdots \quad ②$$

$$\cos x=1-\frac{1}{2!}x^2+\frac{1}{4!}x^4-\cdots \quad ③$$

$$e^x=1+x+\frac{1}{2!}x^2+\cdots \quad ④$$

①の a が自然数 n に等しいときは，2 項級数に一致する．

$$(1+x)^n=\sum_{m=0}^{n}{}_nC_m x^m\left({}_nC_m=\frac{n!}{m!(n-m)!},\ {}_nC_0=1,\ {}_nC_n=1\right)$$

5.4　等速円運動

物体が半径 r の円周上を一定の速さ v で回る運動を等速円運動という．図 5.3 のように，物体が運動している平面上に円の中心を原点 O として x, y 座標軸をとる．円周上の物体の位置 P を位置ベクトル $\vec{r}=(x,y)$（大きさは半径 r に等しい）で表す．時刻 $t=0$ で $\vec{r}$ が $+x$ 軸（x 軸の正の向き）を向いていたとすると，時刻 t での $\vec{r}$ と $+x$ 軸とのなす角 θ は $\theta=\omega t$ で表される．θ は $+x$ 軸（x 軸の正の

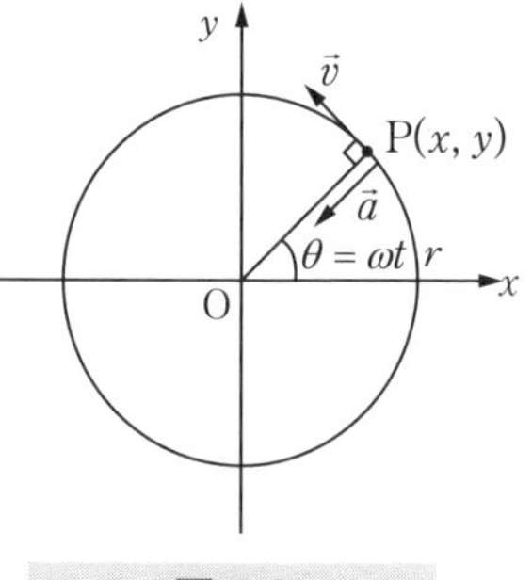

図 5.3

向き）から反時計回りに測るものとする．

ω は単位時間あたりの回転角を表し，等速円運動の場合は一定である．角 θ の単位は rad（ラジアン）を用いる．したがって，角速度 ω の単位は [rad/s] となる．物体が円周上を 1 回転するときの回転角は 2π rad なので，円周上で単位時間あたりの回転数を f とすると，

$$\omega = 2\pi f$$

という関係がある．物体が円周上を 1 回転する時間 T を等速円運動の周期という．周期は単位時間あたりの回転数 f の逆数で，

$$T = \frac{1}{f} = \frac{2\pi}{\omega}$$

である．円周の長さが $2\pi r$ の円周上を単位時間あたり f 回回転している物体の速さ v は，

$$v = 2\pi r f = r\omega$$

である．

さて，等速円運動をする物体の大きさと向きをもつ速度ベクトル $\vec{v}$ と加速度ベクトル $\vec{a}$ を求めてみよう．半径 r の等速円運動を行う物体の時刻 t での点 P の位置ベクトル $\vec{r}$ は，

$$\vec{r} = (x, y) = (r\cos\omega t, r\sin\omega t)$$

と表される．

点 P で物体そのものと物体の位置を代表させる．等速円運動をしている物体の速度 $\vec{v}(t) = (v_x, v_y)$ と加速度 $\vec{a}(t) = (a_x, a_y)$ の成分は三角関数の微分公式を用いて，

$$v_x = \frac{dx}{dt} = -r\omega\sin\omega t,\ v_y = \frac{dy}{dt} = r\omega\cos\omega t$$

$$a_x = \frac{dv_x}{dt} = -r\omega^2\cos\omega t = -\omega^2 x,\ a_y = \frac{dv_y}{dt} = -r\omega^2\sin\omega t = -\omega^2 y$$

速度 $\vec{v}$ の大きさ，すなわち速さ v は，

$$v = \sqrt{{v_x}^2 + {v_y}^2} = r\omega$$

であり，加速度 $\vec{a}$ の大きさは，

$$a = \sqrt{{a_x}^2 + {a_y}^2} = r\omega^2 = v\omega = \frac{v^2}{r}$$

であることがわかる.

速度ベクトル $\vec{v}$ と位置ベクトル $\vec{r}$ のスカラー積 $\vec{v}\cdot\vec{r}$ を計算すると

$$\vec{v}\cdot\vec{r} = -\omega r^2 \sin\omega t \cos\omega t + \omega r^2 \cos\omega t \sin\omega t = 0$$

となるので, $\vec{v}$ と $\vec{r}$ に垂直（つまり, 円の接線は半径に垂直）であることがわかる（図 5.3）.

加速度ベクトル $\vec{a}$ を次のように書き直してみる.

$$\vec{a} = (a_x, a_y) = (-\omega^2 x, -\omega^2 y) = -\omega^2 (x, y) = -\omega^2 \vec{r}$$

これから, 加速度ベクトル $\vec{a}$ は位置ベクトル $\vec{r}$ に逆向きであることがわかる（図 5.3）.

等速円運動の加速度は円の中心を向いているので, 向心加速度という.

質量 m の物体には円の中心に向かう力,

$$m\vec{a} = -m\omega^2 \vec{r}$$

がはたらく. この力を向心力という. 向心方向の等速円運動の運動方程式は,

$$m\frac{v^2}{r} = F_r \text{（向心力の大きさ）}$$

となる.

例題 5.15　円すい振り子

長さ l の糸の端に質量 m の小球をつけ, 図のように小球を水平面内で等速円運動させる. 糸が鉛直線となす角を θ として, 次の各問いに答えよ.

(1) 糸の引く力の大きさ S はいくらか.

(2) 円運動の周期 T はいくらか.

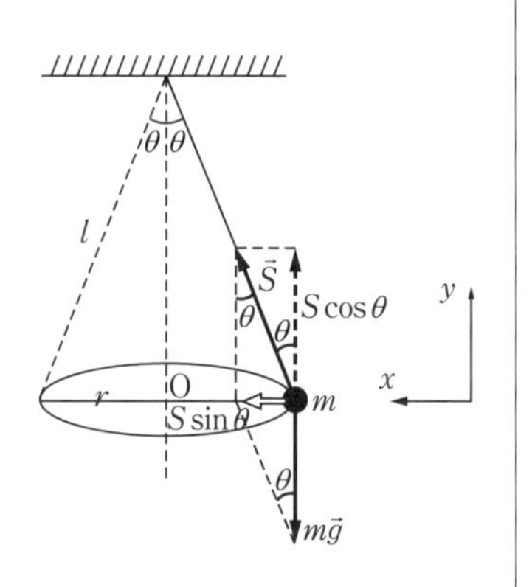

解

(1) 図からわかるように，糸の引く力 $\vec{S}$ と重力 $m\vec{g}$ との合力は，水平 (x) 方向を向いており，小球が等速円運動をするための向心力となっている．この2力の鉛直 (y) 方向の成分はつりあっていること，鉛直上向きを正の向きとして，

$$y : S\cos\theta - mg = 0 \quad ①$$

$$\therefore\ S = \frac{mg}{\cos\theta} \quad ①'$$

(2) 合力は $\vec{S}$ の水平 (x) 成分である $S\sin\theta$ に等しい．
よって，等速円運動の運動方程式は，

$$x : mr\omega^2 = S\sin\theta \quad ②$$

①′, ②より，$\omega^2 = \dfrac{g\tan\theta}{r}$ また，図より $r = l\sin\theta$ である．

$$\therefore\ \omega^2 = \frac{g\tan\theta}{l\sin\theta} = \frac{g\sin\theta}{l\sin\theta\cos\theta} = \frac{g}{l\cos\theta} \quad よって，T = \frac{2\pi}{\omega} = 2\pi\sqrt{\frac{l\cos\theta}{g}}$$

例題 5.16 図1のように，長さ l のひもの一端を軸が鉛直で半頂角が θ のなめらかな円すい面の頂点に固定し，もう一端に質量 m の小球Pがとりつけてある．いま，円すい面上で小球を角速度 ω で等速円運動をさせた．
円すい面からPが受ける垂直抗力を $\vec{N}$，糸の張力を $\vec{S}$ とする．

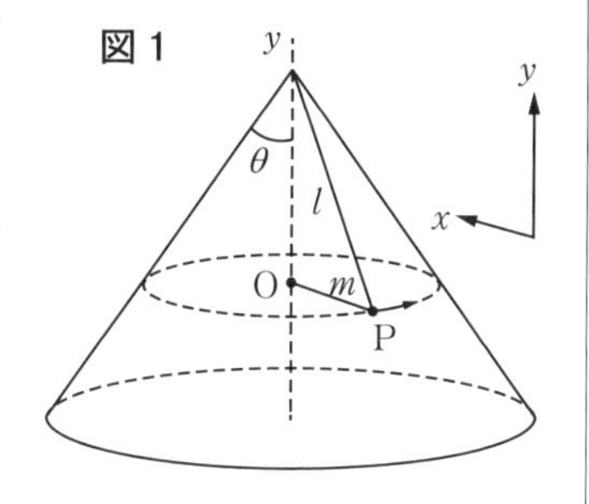

(1) 円運動の運動方程式を書け．

(2) 鉛直成分のつりあいの式を書け．

(3) $\vec{N}$ の大きさ N を求めよ．

(4) ω を大きくしていくと $\omega = \omega_0$ で $N = 0$ となる．ω_0 を求めよ．このとき，ひもの張力の大きさ S_0 はいくらか．

解

図2を参照して，

(1) 向心成分（x 方向）: $m(l\sin\theta)\omega^2 = S\sin\theta - N\cos\theta \quad ①$

(2) 鉛直成分（y 方向）$N\sin\theta + S\cos\theta = mg$ ②

(3) ①×$\cos\theta$＋②×$\sin\theta$

$$
\begin{array}{rl}
 & ml\sin\theta(\cos\theta)\omega^2 = S\sin\theta\cos\theta - N\cos^2\theta \\
+) & N\sin^2\theta + S\sin\theta\cos\theta = mg\sin\theta \\
\hline
\to & N(\sin^2\theta + \cos^2\theta) = m(g\sin\theta - l\sin\theta(\cos\theta)\omega^2) \\
 & \therefore\ N = m\sin\theta(g - l(\cos\theta)\omega^2)
\end{array}
$$

(4) $N = 0$ として，

$$\omega_0 = \sqrt{\frac{g}{l\cos\theta}}$$

周期は，

$$T_0 = \frac{2\pi}{\omega_0} = 2\pi\sqrt{\frac{l\cos\theta}{g}}$$

となる．

②より，

$$S_0 = \frac{mg}{\cos\theta}$$

図 2

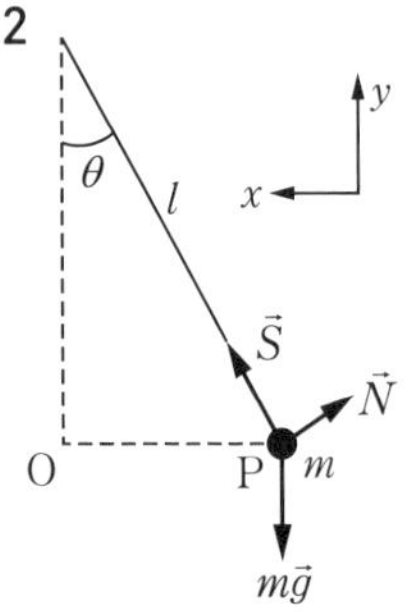

$\omega \geqq \omega_0$ のとき，おもりは空中で円運動する円すい振り子となる．

6　力学的エネルギー

夜間にダム下の水をくみ上げダムに貯える.
昼間にこの水がダム下に流れ落ちて
発電機のタービンを回す仕事をする.
流れる水のもつエネルギーは,
ダムに貯えられているときすでに持っていた
潜在的能力（ポテンシャル・エネルギー）とみなす
ことができる.
保存力の判定条件, 保存力のポテンシャル・エネルギー,
保存力や非保存力がはたらく場合の
普遍的なエネルギー保存の法則について学ぶ.

6.1　仕事

物体が力 $\vec{F}$ を受けながら点 A から点 B まで経路曲線 C に沿って移動する間に, 力 $\vec{F}$ のする仕事は

$$W_{\mathrm{AB}} = \int_{\mathrm{A(C)}}^{\mathrm{B}} \vec{F} \cdot d\vec{s} = \int_{\mathrm{A(C)}}^{\mathrm{B}} \vec{F} \cdot d\vec{r}$$

と表される.

微小であるから, 経路ベクトル $d\vec{s}$ を変位ベクトルにおきかえてもよい.

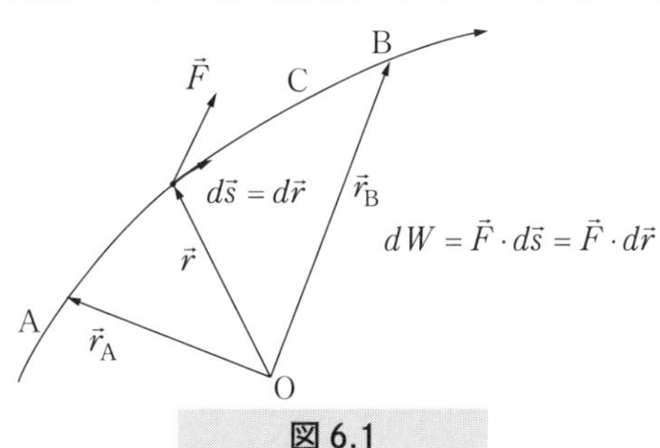

図 6.1

例題 6.1　仕事

図 1 のように，力 $\vec{F}=-k\vec{r}$，$\vec{r}=(x, y, z)$ が点 P から点 O まで経路 C_1, C_2, C_3 に沿ってする仕事を求めよ．経路 C_3 は半径 a の円周である．

例題 6.7 で学ぶように，

$$\vec{F}=(F_x, F_y, F_z)=(-kx, -ky, -kz)$$

の回転（rotation）を計算すると

$$\mathrm{rot}\vec{F}=(0, 0, 0)=\vec{0}$$

となるので，$\vec{F}$ は保存力である．したがって，経路 C_1, C_2, C_3 に沿った仕事はいずれも同じ値になることが予想される．

解

経路 C_1 の場合

PB 間と BO 間の微小変位はそれぞれ

$$d\vec{s}=(dx, dy)=(0, dy),\ \ d\vec{s}=(dx, 0)$$

である．C_1 に沿って $\vec{F}$ がする仕事は

$$W_1=\int_{\mathrm{P}}^{\mathrm{B}}\vec{F}\cdot d\vec{s}+\int_{\mathrm{B}}^{\mathrm{O}}\vec{F}\cdot d\vec{s}=\int_{\mathrm{P}}^{\mathrm{B}}(-kx, -ky)\cdot(0, dy)+\int_{\mathrm{B}}^{\mathrm{O}}(-kx, -ky)\cdot(dx, 0)$$

$$=\int_a^0(-ky)dy+\int_a^0(-kx)dx=ka^2$$

$$\therefore\ W_1=ka^2$$

経路 C_2 の場合

$$W_2=\int_{C_2}\vec{F}\cdot d\vec{s}=\int_{C_2}-k(x, y)\cdot(dx, dy)=-\int_{(a, a)}^{(0, 0)}(kxdx+kydy)$$

$$=-\int_a^0 kxdx-\int_a^0 kydy=ka^2$$

$$\therefore\ W_2=ka^2$$

経路 C_3 の場合

C_3 上の点 P′ の座標は $\angle \mathrm{P'BP}=\phi$（積分変数にとる）を用いて

$$x=a-a\sin\phi,\ \ y=a\cos\phi$$

と表される（図 2）.

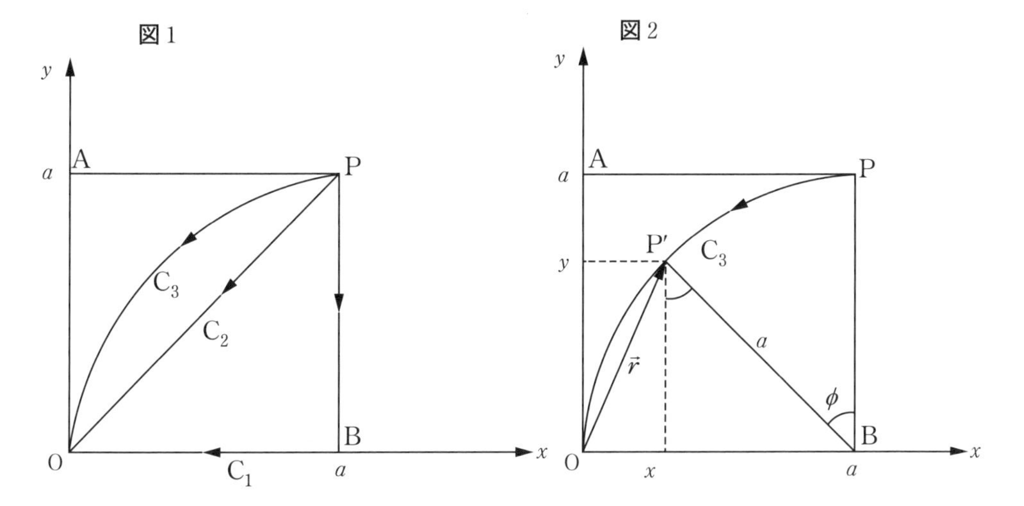

$$\frac{dx}{d\phi}=-a\cos\phi,\ \frac{dy}{d\phi}=-a\sin\phi \text{ より}$$

$$d\vec{s}=(dx,dy)=(-a\cos\phi d\phi,-a\sin\phi d\phi)$$

が成り立つ．

$$W_3=\int_{C_3}\vec{F}\cdot d\vec{s}=\int_{C_3}-k(a-a\sin\phi,a\cos\phi)\cdot(-a\cos\phi d\phi,-a\sin\phi d\phi)$$

$$=\int_0^{\frac{\pi}{2}}k\left[a^2(1-\sin\phi)\cos\phi+a^2\cos\phi\sin\phi\right]d\phi$$

$$=ka^2\int_0^{\frac{\pi}{2}}\cos\phi d\phi=ka^2\left[\sin\phi\right]_0^{\frac{\pi}{2}}=ka^2$$

補足

$\vec{F}=m\vec{g}$ の場合について考える．

C_3 の場合

$$s=a\phi,\ ds=ad\phi,\ d\vec{s}=ds\vec{e}_t$$

$\vec{F}=(0,-mg)=-mg\vec{j}$, $\vec{e}_t$ は単位接線ベクトル

$$dW=\vec{F}\cdot d\vec{s}=mg\,ds(-\vec{j}\cdot\vec{e}_t)=mg\,ds\cos(\frac{\pi}{2}-\phi)$$

$$=mga\sin\phi d\phi$$

$$W_3=\int_0^{\frac{\pi}{2}}mga\sin\phi d\phi=\left[-mga\cos\phi\right]_0^{\frac{\pi}{2}}=mga$$

C_2 の場合

$$dW_2 = \vec{F} \cdot d\vec{s} = m\vec{g} \cdot d\vec{s} = mg\,ds\cos\frac{\pi}{4}$$

$$W_2 = \frac{1}{\sqrt{2}} mg\int_0^{\sqrt{2}a} ds = mga$$

C_1 の場合

$$W_1 = mga + m\vec{g} \cdot d\vec{s} = mga + mg\,ds\cos\frac{\pi}{2} = mga$$

$$\therefore\ W_1 = W_2 = W_3 = mga$$

6.2 保存力とポテンシャル・エネルギー

■保存力の判定法

保存力に逆らってする仕事がポテンシャル・エネルギー U_P であった.

$$U_\mathrm{P} = -\int_{\mathrm{O(C)}}^{\mathrm{P}} \vec{F} \cdot d\vec{s}$$

U_P は経路Cによらず始点Oと終点Pの位置だけできる. CをO→P→Oと1周する経路にとると $U_\mathrm{P} + (-U_\mathrm{P}) = 0$ なので,

$$\oint_\mathrm{C} \vec{F} \cdot d\vec{s} = 0 \quad (\oint \text{は1周積分を表す})$$

が導かれる. 数学に, 閉曲線Cに沿ってあるベクトルの線積分を面積分に（面積分を線積分に）変えるストークスの定理がある. これを用いると,

$$\oint_\mathrm{C} \vec{F} \cdot d\vec{s} = \int_\mathrm{S} \mathrm{rot}\vec{F} \cdot d\vec{S} = 0$$

が成り立つ. $d\vec{s}$ はCの線要素, $d\vec{S}$ はCを縁（周）とする任意の面Sの面要素を表す（図6.2）.

保存力の判定は,

$$\mathrm{rot}\vec{F} = \vec{0}$$

であるかどうかを調べるとよい.

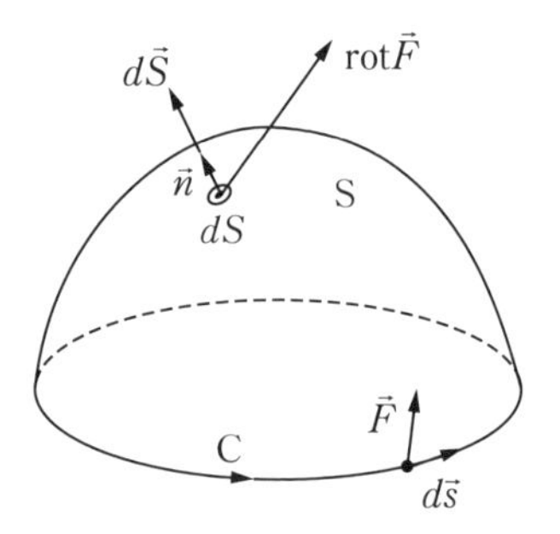

$d\vec{S} = \vec{n}d\vec{S}$（$\vec{n}$：法線ベクトル）

図6.2

$\mathrm{rot}\vec{A}$ はベクトル $\vec{A}$ の回転（rotation）とよばれる. ナブラ∇というベクトルの演算子を用いると, ∇と $\vec{A}$ のベクトル積として書くことができる.

$$\mathrm{rot}\vec{A} = \nabla \times \vec{A} = \left(\vec{i}\frac{\partial}{\partial x} + \vec{j}\frac{\partial}{\partial y} + \vec{k}\frac{\partial}{\partial z}\right) \times \left(A_x\vec{i} + A_y\vec{j} + A_z\vec{k}\right)$$
$$= \left(\frac{\partial A_z}{\partial y} - \frac{\partial A_y}{\partial z}\right)\vec{i} + \left(\frac{\partial A_x}{\partial z} - \frac{\partial A_z}{\partial x}\right)\vec{j} + \left(\frac{\partial A_y}{\partial x} - \frac{\partial A_x}{\partial y}\right)\vec{k}$$

形式的に行列式でも表せる．

$$\mathrm{rot}\vec{A} = \begin{vmatrix} \vec{i} & \vec{j} & \vec{k} \\ \frac{\partial}{\partial x} & \frac{\partial}{\partial y} & \frac{\partial}{\partial z} \\ A_x & A_y & A_z \end{vmatrix}$$

$\frac{\partial}{\partial x}$ は偏微分とよばれ，y, z を変化させないで x のみを変化させたときの微分である．$\frac{\partial}{\partial y}, \frac{\partial}{\partial z}$ も同様に考える．

逆に U が知れていると $\vec{F}$ が求められる．

$$U_{\mathrm{P}} = -\int_{\mathrm{O(C)}}^{\mathrm{P}} \vec{F} \cdot d\vec{s},\ \ d\vec{s} = (dx, dy, dz)$$

より微小変位は，

$$-\vec{F} \cdot d\vec{s} = dU$$

と書ける．ここで，位置の関数 $U(x, y, z)$ の全微分は，

$$dU = \frac{\partial U}{\partial x}dx + \frac{\partial U}{\partial y}dy + \frac{\partial U}{\partial z}dz$$

一方，スカラー積 $\vec{F} \cdot d\vec{s}$ を成分で表すと，

$$\vec{F} \cdot d\vec{s} = F_x dx + F_y dy + F_z dz$$

である．これら 2 式から，

$$F_x = -\frac{\partial U}{\partial x},\ \ F_y = -\frac{\partial U}{\partial y},\ \ F_z = -\frac{\partial U}{\partial z}$$

この式は，

$$F = -\left(\frac{\partial}{\partial x}, \frac{\partial}{\partial y}, \frac{\partial}{\partial z}\right)U$$

と書ける．

∇（ナブラ）$=\left(\frac{\partial}{\partial x}, \frac{\partial}{\partial y}, \frac{\partial}{\partial z}\right)$という演算子を用いると，

$$\vec{F} = -\nabla U$$

∇U は grad$U$ とも書かれる．

∇U を U の勾配（gradient）ともいう．

この式で U から $\vec{F}$ を求めることができる．

例題 6.2　$A_x = x^2 + xy + y^2$ の偏微分 $\frac{\partial A_x}{\partial x}, \frac{\partial A_x}{\partial y}$ を求めよ．

解

y を定数と考えて，たとえば $y = c$ とおくと，$A_x = x^2 + cx + c^2$，これを x で微分したものが $\frac{\partial A_x}{\partial x}$ であるから，

$$\frac{\partial A_x}{\partial x} = 2x + c = 2x + y \text{，同様にして } \frac{\partial A_x}{\partial y} = x + 2y$$

例題 6.3　$\vec{A} = (A_x, A_y, A_z) = (-y^2, x^2, 0)$ のとき $\vec{B} = \mathrm{rot}\vec{A}$ を求めよ．

解

$$B_x = \frac{\partial A_z}{\partial y} - \frac{\partial A_y}{\partial z} = 0,\ B_y = \frac{\partial A_x}{\partial z} - \frac{\partial A_z}{\partial x} = 0$$

$$B_z = \frac{\partial A_y}{\partial x} - \frac{\partial A_x}{\partial y} = 2x + 2y$$

となる．

$$\therefore\ \vec{B} = (0, 0, 2x + 2y)$$

例題 6.4　力 F がポテンシャル U から導かれ $\vec{F} = -\nabla U$ が成り立てば，rot$\vec{F} = \vec{0}$ であることを証明せよ．

解

rot$\vec{F}$ の x 成分は，

$$(\mathrm{rot}\vec{F})_x = \frac{\partial F_z}{\partial y} - \frac{\partial F_y}{\partial z} = -\frac{\partial^2 U}{\partial y \partial z} + \frac{\partial^2 U}{\partial z \partial y} = 0$$

となる．y, z 成分も同様である．

ここで，$\nabla U = -\left(\frac{\partial U}{\partial x}, \frac{\partial U}{\partial y}, \frac{\partial U}{\partial z}\right)$ を用いている．

$\mathrm{rot}\vec{F} = \vec{0}$ は力 $\vec{F}$ が保存力であるための条件であるから，$\vec{F} = -\nabla U$ はポテンシャル U がわかっているとき保存力 $\vec{F}$ を求める式であることを意味している．まとめると，力 $\vec{F}$ が保存力か非保存力か判定するには，$\mathrm{rot}\vec{F} = \vec{0}$ なら保存力，$\mathrm{rot}\vec{F} \neq \vec{0}$ なら非保存力とする．

保存力 $\vec{F}$ に対してポテンシャル・エネルギーは，

$$U_{\mathrm{P}} = -\int_{\mathrm{O}}^{\mathrm{P}} \vec{F} \cdot d\vec{s}$$

で計算する．U がわかっているときは力 $\vec{F}$ は，

$$\vec{F} = -\nabla U$$

で求める．

例題 6.5　$U(x, y, z) = -\frac{1}{3}(x^3 + y^3 + z^3)$ は，力 $\vec{F} = (F_x, F_y, F_z) = (x^2, y^2, z^2)$ のポテンシャルであることを，$\vec{F} = -\nabla U$ を用いて確かめよ．

解

$$\nabla(=\mathrm{grad})U = \left(\frac{\partial U}{\partial x}, \frac{\partial U}{\partial y}, \frac{\partial U}{\partial z}\right) = (-x^2, -y^2, -z^2)$$

$$\therefore\ -\nabla U = (x^2, y^2, z^2) = \vec{F}$$

例題 6.6　図のように，点 O にある質量 m の物体を経路 $\mathrm{C_1(O \to P)}$ に沿って点 P まで移動させる仕事を W_1 とする．

(1) 仕事 W_1 と，経路 $\mathrm{C_2(O \to P' \to P)}$ に沿って点 P まで移動させる仕事 W_2 を求めよ．

$\angle \mathrm{POP'} = \theta$, $\mathrm{PP'} = h$ とする．

(2) $\vec{F} = m\vec{g}$ が保存力であることを示せ．

(3) 重力による位置エネルギーを求めよ．ただし，点Oを通る水平面を基準にとる．

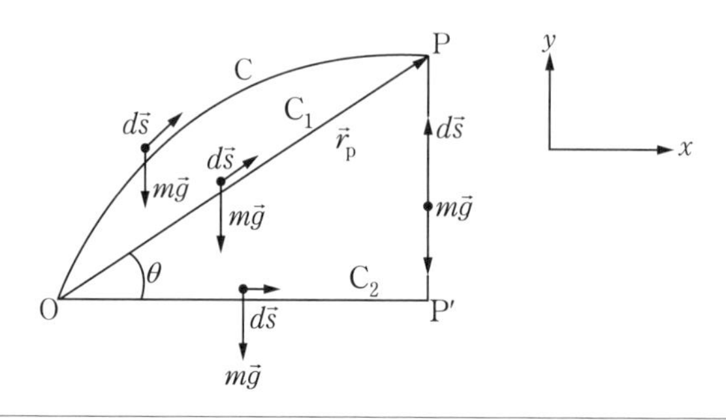

解

(1) はたらいている力 $\vec{F}$ は重力 $m\vec{g}$ だけである．

$$W_1 = -\int_{O(C_1)}^{P} \vec{F}\cdot d\vec{s} = -mg\int_{O}^{P} ds\cos\left(\frac{\pi}{2}+\theta\right) = +mg\sin\theta\int_{O}^{h/\sin\theta} ds = mgh$$

$$W_2 = -\int_{O(C_2)}^{P} \vec{F}\cdot d\vec{s} = -\int_{O}^{P'} mgds\cos\frac{\pi}{2} - \int_{P'}^{P} mgds\cos\pi = +mg\int_{O}^{h} ds = mgh$$

$$W_1 = W_2$$

経路によらないので保存力といえる．

(2) 図のように x, y 軸をとる．

$$\vec{F} = (F_x, F_y, F_z) = (0, -mg, 0)$$

$$\mathrm{rot}\vec{F} = (0, 0, 0) = \vec{0}$$

よって保存力である．

(3) $$U(\vec{r}_\mathrm{p}) = -\int_{O(C)}^{P} \vec{F}\cdot d\vec{s} = -\int_{O(C)}^{P} (F_x dx + F_y dy + F_z dz)$$

$$\vec{F} = (0, -mg, 0)$$

とあわせると

$$U(\vec{r}_\mathrm{p}) = -\int_{O(C)}^{P} F_y dy = \int_{O}^{h} mgdy = mgh$$

最後の積分はOとPの y 座標だけできまり，経路Cによらない（任意にとれる）．したがって，これからも重力は保存力であることがわかる．

$$\therefore\ U(\vec{r}_\mathrm{p}) = mgh$$

例題 6.7　ばねの弾性力 $\vec{F}=-k\vec{r}$, $\vec{r}=(x, y, z)$ は保存力か.
保存力なら, 点 P における弾性力によるポテンシャル・エネルギー $U(\vec{r}_{\mathrm{p}})$ を求めよ.

解

$$\vec{F}=-k\vec{r},\ \vec{r}=(x, y, z)$$

$$\mathrm{rot}\vec{F}=\left(\frac{\partial F_z}{\partial y}-\frac{\partial F_y}{\partial z}, \frac{\partial F_x}{\partial z}-\frac{\partial F_z}{\partial x}, \frac{\partial F_y}{\partial x}-\frac{\partial F_x}{\partial y}\right)=(0, 0, 0)$$

よって, 保存力である. $d\vec{s}=(dx, dy, dz)$ なので,

$$U(\vec{r}_{\mathrm{p}})=-\int_{\mathrm{O(C)}}^{\mathrm{P}}(-k\vec{r})\cdot d\vec{s}=k\int_{\mathrm{O(C)}}^{\mathrm{P}}(xdx+ydy+zdz)$$

最後の積分は基準点 O と終点 P の位置 $\vec{r}_{\mathrm{p}}=(x_{\mathrm{p}}, y_{\mathrm{p}}, z_{\mathrm{p}})$ だけできまり途中の経路 C に無関係である（図 6.3).

したがって, これからも弾性力は保存力であることがわかる. 弾性力によるポテンシャル・エネルギーは,

$$U(\vec{r}_{\mathrm{p}})=k\frac{1}{2}({x_{\mathrm{p}}}^2+{y_{\mathrm{p}}}^2+{z_{\mathrm{p}}}^2)=\frac{1}{2}k{\vec{r}_{\mathrm{p}}}^2$$

と求められる. ベクトルチェック,

$${\vec{r}_{\mathrm{p}}}^2=\vec{r}_{\mathrm{p}}\cdot\vec{r}_{\mathrm{p}}=|\vec{r}_{\mathrm{p}}||\vec{r}_{\mathrm{p}}|\cos 0=|\vec{r}_{\mathrm{p}}|^2={r_{\mathrm{p}}}^2$$

$$r_{\mathrm{p}}=\sqrt{{x_{\mathrm{p}}}^2+{y_{\mathrm{p}}}^2+{z_{\mathrm{p}}}^2}$$

基準点 $\mathrm{O}(\vec{r}_{\mathrm{p}}=\vec{0})$ をばねの自然長の位置にとることが多い. このとき, $U(\vec{0})=0$ である.

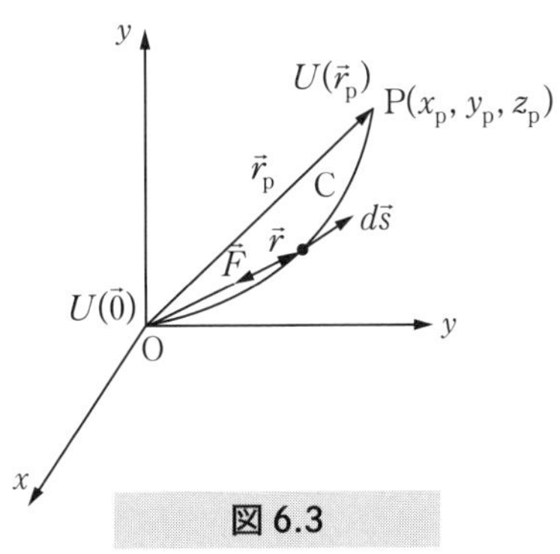

図 6.3

参考　成分表示を用いない方法

弾性力は $\vec{F}(\vec{r}) = -k\vec{r} = -kr\vec{e}_r$ と書ける．

$\vec{e}_r = \dfrac{\vec{r}}{r}$ は $\vec{r}$ 方向の単位ベクトルである．

$F(\vec{r}) = F(r)\vec{e}_r$，$F(r) = -kr$ となり中心力の条件を満たす．

$d\vec{s} = d\vec{r}$，$\vec{e}_r \cdot d\vec{r} = dr$ の関係より，$\vec{F} \cdot d\vec{s} = F(r)\vec{e}_r \cdot d\vec{r} = F(r)dr$ となる．

$$U(\vec{r}_{\mathrm{P}}) = -\int_{\mathrm{O(C)}}^{\mathrm{P}} \vec{F} \cdot d\vec{s} = -\int_{\mathrm{O(C)}}^{\mathrm{P}} (-kr)dr = \frac{1}{2}kr_{\mathrm{P}}{}^2$$

等方的な中心力は保存力であることがわかる．

万有引力は

$$\vec{F} = F(r)\vec{e}_r,\ F(r) = -G\frac{mM}{r^2},\ \vec{e}_r = \frac{\vec{r}}{r}\ (\text{単位ベクトル}),\ r = \sqrt{x^2 + y^2 + z^2}$$

と表されるので，弾性力 $-kr\vec{e}_r$ と同様等方的な中心力であるので保存力である．保存力の判定条件

$$\mathrm{rot}\vec{F} = -GmM \begin{vmatrix} \vec{i} & \vec{j} & \vec{k} \\ \dfrac{\partial}{\partial x} & \dfrac{\partial}{\partial y} & \dfrac{\partial}{\partial z} \\ \dfrac{x}{r^{3/2}} & \dfrac{y}{r^{3/2}} & \dfrac{z}{r^{3/2}} \end{vmatrix}$$

を調べる．x 成分について，

$$\begin{aligned} \frac{\partial F_z}{\partial y} - \frac{\partial F_y}{\partial z} &= -GmM\left[\frac{\partial}{\partial y}\left(\frac{z}{r^{3/2}}\right) - \frac{\partial}{\partial z}\left(\frac{y}{r^{3/2}}\right)\right] \\ &= -GmM\left[z\frac{-\frac{3}{2}\cdot 2y}{r^{5/2}} - y\frac{-\frac{3}{2}\cdot 2z}{r^{5/2}}\right] = 0 \end{aligned}$$

同様に，y, z 成分も 0 になる．

よって $\mathrm{rot}\vec{F} = (0, 0, 0) = \vec{0}$ が成り立っている．

例題 6.8　万有引力によるポテンシャル・エネルギーを求めよ．

解

図のように，原点 O に質量 M の物体があり，そこから $\vec{r}$ の位置 P にある質量 m の物体の受ける万有引力は，

$$\vec{F} = -G\frac{mM}{r^2}\left(\frac{\vec{r}}{r}\right) = -G\frac{mM}{r^2}\vec{e}_r$$

と表される．$\vec{e}_r$ は $+r$ 方向を向いた単位ベクトルである．

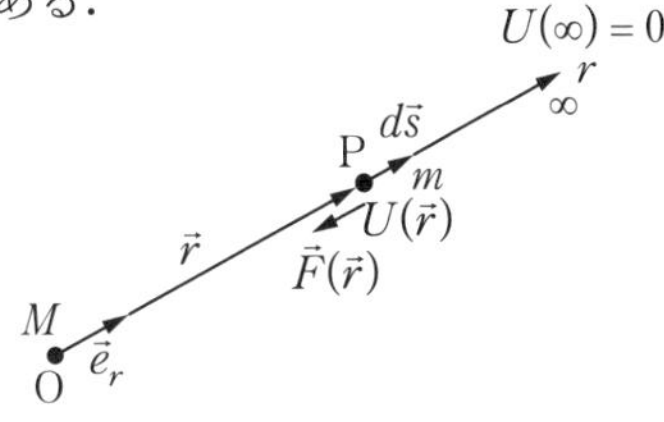

$$\vec{F}(\vec{r}) = f(r)\vec{r} = F(r)\vec{e}_r,\ f(r) = -G\frac{mM}{r^3}$$

$$F(r) = -G\frac{mM}{r^2}$$

と表される．等方的な中心力の条件を満たしているので保存力である

$$d\vec{s} = d\vec{r},\ \vec{r}\cdot d\vec{s} = \vec{r}\cdot d\vec{r} = rdr,\ \vec{e}_r\cdot d\vec{s} = \vec{e}_r\cdot d\vec{r} = dr$$

に注意すると，ポテンシャル・エネルギーは，基準点は原点 O ではなく無限遠 $r\to\infty$ にとると，

$$U(\vec{r}) = -\int_{\mathrm{O}}^{\mathrm{P}} F(r)\vec{e}_r\cdot d\vec{s} = -\int_{\infty}^{r} F(r)dr$$

$$= GmM\int_{\infty}^{r}\frac{1}{r^2}dr = GmM\left[-\frac{1}{r}\right]_{\infty}^{r} = -G\frac{mM}{r}$$

$$\therefore\ U(\vec{r}) = -G\frac{mM}{r}$$

6.3　力学的エネルギー保存の法則

右図 6.4 に示すように，基準水平面上の点 O から h だけ上方の点 P から，質量 m の物体を放すと自由落下する．

水平基準面の点 O に達したときの速さを v_{O} とする．

この間に重力 $m\vec{g}$ が物体に対してした仕事は，

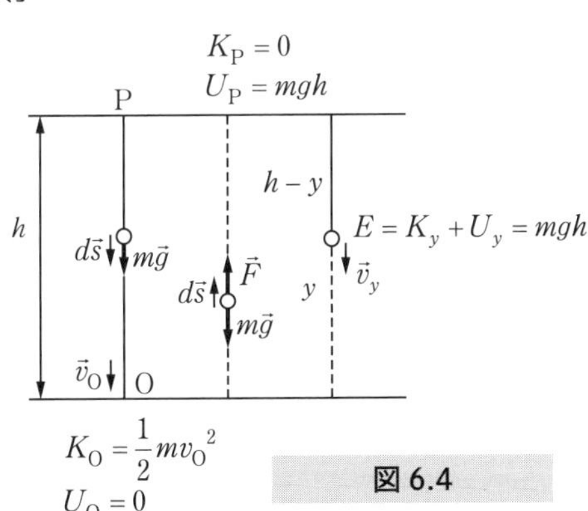

図 6.4

$$W_{\mathrm{PO}} = \int_{\mathrm{P}}^{\mathrm{O}} m\vec{g}\cdot d\vec{s} = \int_{\mathrm{P}}^{\mathrm{O}} mgds\cos 0$$
$$= mg\int_0^h ds = mgh$$

仕事をされた物体は他の物体に仕事をする能力（エネルギー）をもつ．この場合，運動していることによるエネルギーなので運動エネルギーとよぶ．単位は仕事と同じくJ（ジュール）である．

運動エネルギーは，

$$K_{\mathrm{O}} = \frac{1}{2}m{v_{\mathrm{O}}}^2$$

と表されるので，

$$W_{\mathrm{PO}} = K_{\mathrm{O}} \qquad ①$$

が成り立つ．

次に，物体を点Oに静止させて重力 $m\vec{g}$ につりあう（仮想的に）外力 $\vec{F}$ を加えて点Pまで重力に逆らって移動させる．このとき，$\vec{F}$ のした仕事は，$\vec{F}+m\vec{g}=\vec{0}$ なので，

$$W_{\mathrm{OP}} = \int_{\mathrm{O}}^{\mathrm{P}} \vec{F}\cdot d\vec{s} = \int_{\mathrm{O}}^{\mathrm{P}} (-m\vec{g})\cdot d\vec{s} = \int_{\mathrm{O}}^{\mathrm{P}} (-mg)ds\cos\pi$$
$$= mg\int_0^h ds = mgh$$

となる．この仕事は点Pにエネルギーとして蓄えられ静止していても他の物体に対して仕事をする能力（エネルギー）をもつ．この場合，物体の位置Pによってきまるエネルギーなので，重力によるポテンシャル・エネルギー（位置エネルギー）とよぶ．

$$W_{\mathrm{OP}} = U_{\mathrm{P}} \qquad ②$$

が成り立つ．

①，②より，

$$U_{\mathrm{P}} = K_{\mathrm{O}}$$

の関係がある．

点Pでの物体の運動エネルギーを $K_{\mathrm{P}}(=0)$，点Oでの物体の位置エネルギーを $U_{\mathrm{P}}(=0)$ とすると，

$$E = K_{\mathrm{P}}(=0) + U_{\mathrm{P}}(=mgh) = K_{\mathrm{O}}\left(=\frac{1}{2}mv_{\mathrm{O}}{}^{2}\right) + U_{\mathrm{O}} = mgh \text{（一定）}$$

が成り立っている．ここで，E は運動エネルギー K と位置エネルギー U の和で，力学的エネルギーを表す．点Pと点Oの間での E はどうなっているだろうか．

物体が自由落下し高さ y の位置にあるときの物体の速さ，運動エネルギー，位置エネルギーをそれぞれ v_y, K_y, U_y すると，

$$\text{②より } U_y = mgy, \quad \text{①より } K_y = \frac{1}{2}mv_y{}^2 = mg(h-y)$$

が成り立つので，

$$E = K_y + U_y = mgh \text{（一定）}$$

が導かれる．

これから自由落下している物体の力学的エネルギー $E(=K+U)$ はつねに一定に保たれていることがわかる．

一般に，物体に保存力だけがはたらくとき，または保存力以外の力（垂直抗力や張力など）がはたらいても仕事をしないとき，力学的エネルギーは一定に保たれる．これを力学的エネルギー保存の法則という．

参考

図6.5のように，点Oが基準水平面上の点 O′ にあるとき，仕事の経路を O′P にとると，重力に逆らって $\vec{F}$ のする仕事は，$\mathrm{O'P} = l$ とすると，

$$\begin{aligned} W_{\mathrm{O'P}} &= \int_{\mathrm{O'}}^{\mathrm{P}} \vec{F}\cdot d\vec{s} = \int_{\mathrm{O'}}^{\mathrm{P}} F ds\cos\alpha \\ &= mg\cos\left(\frac{\pi}{2}-\theta\right)\int_{\mathrm{O'}}^{\mathrm{P}} ds = mg(\sin\theta)l \\ &= mgh(=U_{\mathrm{P}}) \end{aligned}$$

になる．

$\angle \mathrm{PO'O} = \theta$ によらず，$\mathrm{OP} = h$ のときの位置エネルギー U_{P} に等しいことがわかる．

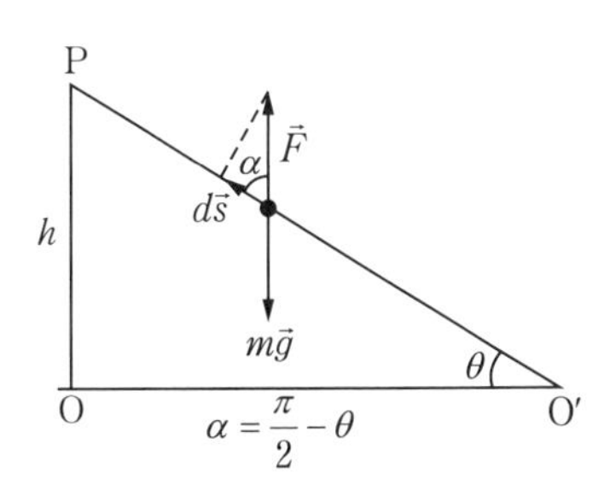

図 6.5

例題 6.9　図のように，質量 m のおもりを長さ l の糸でつるした単振り子がある．糸が鉛直線と角 θ_0 をなす位置 P_1 からおもりを静かに放したとき，おもりが θ の位置 P_2 にきたときの速さ v_2 を求めよ．

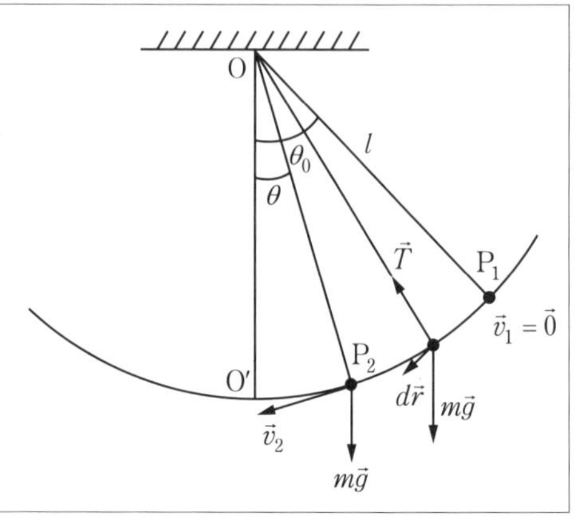

解

おもりにかかる糸の張力 $\vec{T}$ は非保存力であるが，おもりの運動方向とすべての瞬間に $\vec{T} \perp d\vec{r}$ だから $\vec{T} \cdot d\vec{r} = 0$ となる．したがって $\int_{P_1}^{P_2} \vec{T} \cdot d\vec{r} = 0$ となり，$\vec{T}$ は仕事をしない．よって P_1 と P_2 に力学的エネルギー保存の法則を適用できる．振り子の最下点 O′ を重力による位置エネルギーの基準点にすると，

$$0 + mgl(1 - \cos\theta_0) = \frac{1}{2}m{v_2}^2 + mgl(1 - \cos\theta)$$

$$\frac{1}{2}m{v_2}^2 = mgl(\cos\theta - \cos\theta_0)$$

$$\therefore\ v_2 = \sqrt{2gl(\cos\theta - \cos\theta_0)}$$

例題 6.10　図に示すように，半径 r のなめらかな半円柱が水平面上におかれている．質量 m の小球を最高点 A に静かにおいたところ，小球は円柱面をすべり始めた．この小球が P 点（$\angle\mathrm{AOP} = \theta$）に達したときの速度を $\vec{v}$，円柱からの垂直抗力を $\vec{N}$ とする．

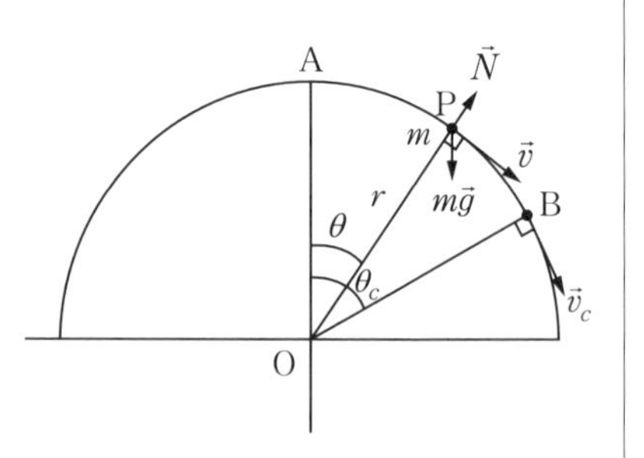

(1) P 点における小球の運動方程式を向心成分，接線成分に分けて求めよ．

(2) 点 A を位置エネルギーの基準点にとって，AP 間で成り立つ力学的エネルギー保存の法則を点 A と点 P に適用せよ．

(3) 点 P における小球の速さ v と円柱面から受ける垂直抗力の大きさ N を求めよ.

(4) 小球が円柱面を離れる点 B（$\angle AOP = \theta_c$）の $\cos\theta_c$ の値と離れる瞬間の速さ v_c を求めよ.

(5) 接線成分の運動方程式から，A 点と P 点を結ぶ力学的エネルギー保存の法則を導け.

解

(1) 向心成分：$m\dfrac{v^2}{r} = mg\cos\theta - N$ ①

接線成分：$m\dfrac{dv}{dt} = mg\sin\theta$ ②

(2)
$$\underbrace{0}_{点A} = \underbrace{\frac{1}{2}mv^2 - mgr(1-\cos\theta)}_{点P} \quad ③$$

(3) ③より，

$$v = \sqrt{2(1-\cos\theta)gr} \quad ④$$

④, ①より，

$$N = (3\cos\theta - 2)mg \quad ⑤$$

(4) $N = 0$ として，

$$3\cos\theta - 2 = 0 \rightarrow \cos\theta_c = \frac{2}{3}$$

④より $v_c = \sqrt{2\left(1-\dfrac{2}{3}\right)gr} = \sqrt{\dfrac{2}{3}gr}$

(5) 等速円運動ではないので，

$$v = r\omega \rightarrow v = r\frac{d\theta}{dt} \quad ⑥$$

と変える．②×⑥を左辺，右辺について行う．

$$mv\frac{dv}{dt} = mgr\sin\theta\frac{d\theta}{dt}$$

$$\int mv\frac{dv}{dt}dt = \int mgr\sin\theta\frac{d\theta}{dt}dt$$

$$m\int_0^{v^2}\frac{1}{2}d(v^2)=mgr\int_0^{\theta}\sin\theta d\theta$$

$$\frac{1}{2}mv^2-0=mgr\Big[-\cos\theta\Big]_0^{\theta}=mgr(1-\cos\theta)$$

$$\frac{1}{2}mv^2=mgr(1-\cos\theta)$$

力学的エネルギー保存の法則は運動方程式の接線成分から導かれることがわかる．

例題 6.11　図に示すように，AB はなめらかな水平面，BCD は中心が O，半径が r のなめらかな円筒面であり，点 B と点 D はいずれも点 O を通る鉛直線上にあり，点 C は水平面からの高さが r の点である．質量 m の小球が AB 上を速さ v_0 で点 B に進入した場合を考える．

(1) 小球が円筒面を上昇し，$\angle\mathrm{BOP}=\phi$ である点 P を通過した．このとき，点 P における速さ v_P と小球が円筒面から受けている抗力の大きさ N_P を求めよ．

(2) 小球が円筒面に沿って上昇し，点 D を通過できるためには，AB 上での速さ v_0 はどんな条件を満たさなければならないか．

(3) ある速さで小球を進入させると，$\angle\mathrm{BOP}=\phi=90^\circ+\theta$ である点 Q で円筒面を離れ，放物運動して，点 B に落下した．角 θ は何度か．小球が点 Q を離れてから点 B に落下するまでの時間 t_QB を求めよ．進入するときの速さ v_0 はいくらであったか．

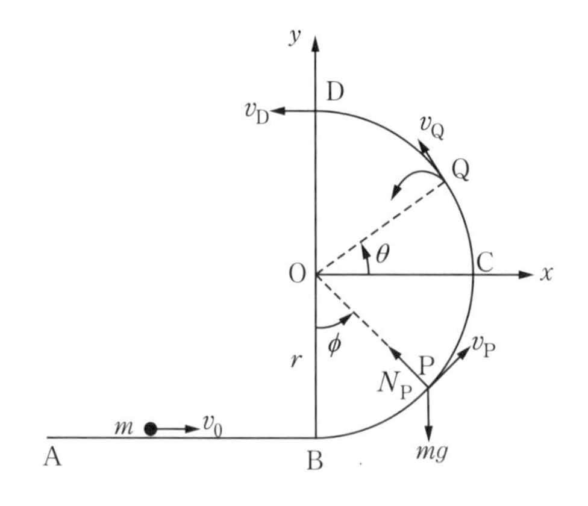

解

(1) B 点と P 点に力学的エネルギー保存の法則を適用する．

$$\frac{1}{2}m{v_0}^2=\frac{1}{2}m{v_\mathrm{P}}^2+mgr(1-\cos\phi) \quad ①$$

$$\therefore\ v_\mathrm{P}=\sqrt{{v_0}^2-2gr(1-\cos\phi)} \quad ②$$

円運動の運動方程式より，

$$m\frac{{v_\mathrm{P}}^2}{r}=N_\mathrm{P}-mg\cos\phi \quad \text{（向心力）} \quad ③$$

②，③より，

$$\therefore\ N_\mathrm{P}=m\frac{{v_0}^2}{r}+mg(3\cos\phi-2) \quad ④$$

(2) ④で，$\phi=180^\circ$ のとき $N_\mathrm{P}\geqq 0$ として，

$${v_0}^2\geqq 5gr \quad ⑤$$

$$\therefore v_0\geqq\sqrt{5gr} \quad ⑥$$

(3) 点 Q で小球が円筒面を離れるときの速さは，②，④にて $\mathrm{P}\to\mathrm{Q}$，$\phi\to 90^\circ+\theta$ とし，$N_\mathrm{Q}=0$ より，

$$v_\mathrm{Q}=\sqrt{gr\sin\theta} \quad ⑦$$

である．図のように x，y 座標軸をとり，小球が点 Q を離れる時の時刻を $t=0$ とすると時刻 t における小球 P の位置（x, y）は，

$$x=r\cos\theta-v_\mathrm{Q}\sin\theta\cdot t \quad ⑧$$

$$y=r\sin\theta+v_\mathrm{Q}\cos\theta\cdot t-\frac{1}{2}gt^2 \quad ⑨$$

点 B の座標は $(x,y)=(0,-r)$ である．⑧，⑨より t を消去し，⑦を用いると θ についての方程式 $2\sin^3\theta+3\sin^2\theta-1=0$ をえる．

関数 $f(x)$ が，

$f(x)=2x^3+3x^2-1$ のとき，

$f(-1)=0$ になる．

因数定理より $f(x)$ は $x+1$ で割り切れる．

$$(x+1)(2x^2+x-1)=0$$

$$(x+1)^2(2x-1)=0$$

$$(\sin\theta+1)^2(2\sin\theta-1)=0 \quad ⑩$$

これより，

$$\sin\theta = \frac{1}{2} \qquad ⑪$$

$$\therefore\ \theta = 30^\circ \qquad ⑫$$

このとき，⑦より，$v_Q = \sqrt{\frac{1}{2}gr}$

⑧，⑨より $t=0$ として点 Q の座標は $\left(\frac{\sqrt{3}}{2}r, \frac{1}{2}r\right)$ となる．

④，⑫より，進入するときの速さ v_0 は，$\phi = 90^\circ + \theta = 120^\circ$ として，

$$v_0 = \sqrt{\frac{7}{2}gr} \qquad ⑬$$

⑦，⑧，⑫より，小球が落下している時間 t_{QB} は，

$$t_{QB} = \sqrt{\frac{6r}{g}} \qquad ⑭$$

6.4　非保存力の仕事と力学的エネルギー

4.2 で学んだように，非保存力がはたらくときは，力学的エネルギー保存の法則は，「力学的エネルギーの変化量 ＝ 非保存力のした仕事」と，すべてのタイプのエネルギーを含めたエネルギー保存の法則に拡張して適用することができる．

例題 6.12　図のように，傾きの角 θ，動摩擦係数 μ' の斜面上に質量 m の物体をおいたところ，物体は静かにすべり出した．斜面上を A 点から距離 s だけ下の B 点まですべり降りたときの速さ v_B はいくらか．

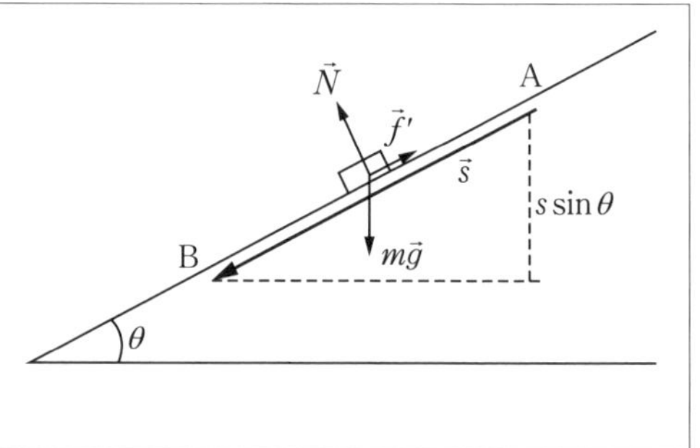

解

物体にはたらいている力は $\vec{N}$（垂直抗力），$m\vec{g}$（重力），$\vec{f}'$（動摩擦力）である．$\vec{N}$ は変位 $\vec{s}$ に垂直なので仕事をしない．

$m\vec{g}$ は保存力で，$\vec{f}'$ は非保存力であることに着目する．力学的エネルギーの変化量 ＝ 非保存力のした仕事の式，

$$\left(\frac{1}{2}mv_B{}^2 + U_B\right) - \left(\frac{1}{2}mv_A{}^2 + U_A\right) = \vec{f}' \cdot \vec{s} = f's\cos 180^\circ = -f's$$

を用いる．B 点を重力による位置エネルギーの基準点とすると，

$$U_A = mgs\sin\theta,\ U_B = 0$$

となる．また，$v_A = 0$ である．

$\vec{f}'$ の大きさは $\vec{f}' = \mu' N = \mu' mg\cos\theta$

よって，

$$\left(0 + \frac{1}{2}mv_B{}^2\right) - (0 + mgs\sin\theta) = \mu'(mg\cos\theta)s\cos 180^\circ$$

$$= -\mu' mgs\cos\theta\ (< 0)$$

$$\therefore\ v_B = \sqrt{2g(\sin\theta - \mu'\cos\theta)s}$$

例題 6.13 図に示すように，あらい水平面上で，ばねの一端を固定し他端には質量 m の物体 P をとりつけた．ばねの自然の長さの位置から距離 s だけ引いて放すと，物体はちょうどばねの自然長の位置まで移動して止まった．距離 s を，動摩擦係数 μ'，重力加速度 g の大きさ，ばね定数 k および物体の質量 m を使って表せ．

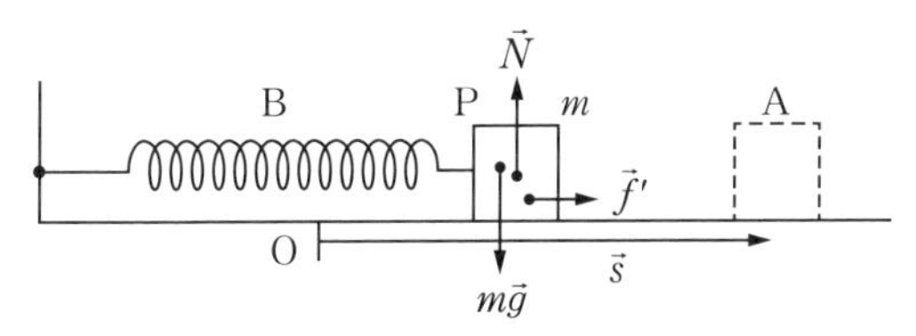

解

物体を放した位置 A と自然長の位置 B で，

$\left(\frac{1}{2}mv_B{}^2 + U_B\right) - \left(\frac{1}{2}mv_A{}^2 + U_A\right) = \vec{f}' \cdot \vec{s}$（非保存力のした仕事）が成り立つ．ここで，$\vec{f}'$ は動摩擦力を表す．

$$v_A = v_B = 0,\ U_A = \frac{1}{2}ks^2,\ U_B = 0,\ f' = \mu' N = \mu' mg\cos\theta$$

だから，

$$\frac{1}{2}(m \cdot 0^2 + 0) - \left(\frac{1}{2}m \cdot 0^2 + \frac{1}{2}ks^2\right) = \mu'(mg\cos\theta)s\cos 180^\circ$$

$$= -\mu' mgs\cos\theta$$

$$\frac{1}{2}ks^2 = \mu' mgs$$

$$\therefore \ s = \frac{2\mu' mg}{k}$$

7　運動量と力積

同じ速度で運動している物体でも
それを受けとめたときの衝撃は，
質量の大きなものほど大きい．
そこで，運動の勢いを表す量として，運動量を考える．
運動量を変化させるには，物体に力を加える必要がある．
大きな力でも，短い時間加えるだけでは
その効果が小さく，小さな力でも長時間はたらけば効果は大きい．
力が物体の運動におよぼす効果の大きさを表す物理量として
力積を導入する．

7.1　運動量と力積

4.3 で学んだ「運動量の変化 = 力積」の関係を以下の例題（7.1, 7.2）で理解する．

例題 7.1　力積

図 1 のように，20 m/s の速さで飛んできた質量 0.15kg のボールをバットで打ちかえしたところ，ボールは水平から 60° 上向きに同じ速さ 20 m/s でバットを離れて飛んでいった．ボールがバットから受けた力積の大きさと向きを求めよ．

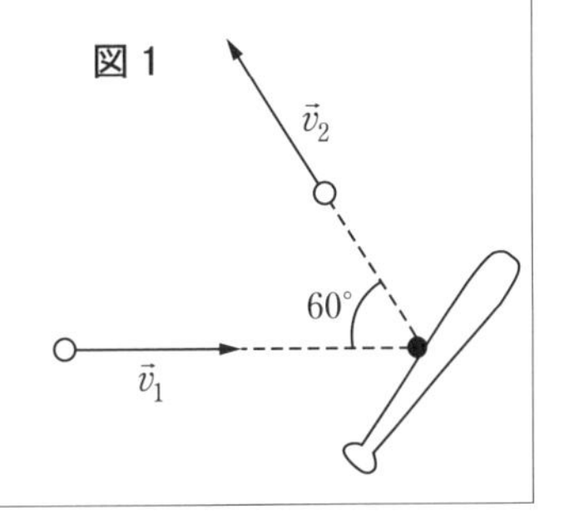

解

ボールの始めの速度を $\vec{v}_1$，後の速度を $\vec{v}_2$ とする．ただし $|\vec{v}_1| = |\vec{v}_2| = v = 20$ m/s.
4.3 で学んだ「運動量の変化はその間に物体が受けた力積に等しい」ことを用いる．

$\vec{p}_2 - \vec{p}_1 = \int_{t_1}^{t_2} \vec{F}(t)dt = \vec{I}$ は（$t_1 - t_2$ は力がはたらいたボールとバットとの接触時間）

より，力積 $\vec{I}$ は，

$$\vec{I} = \vec{p}_2 - \vec{p}_1 = m(\vec{v}_2 - \vec{v}_1) = m\Delta\vec{v}$$

で求められる（図 2）．速度変化 $\Delta\vec{v} = \vec{v}_2 - \vec{v}_1$ の大きさは，余弦定理を用いて，$v_1 = v_2 = 20$ を代入すると，

図 2

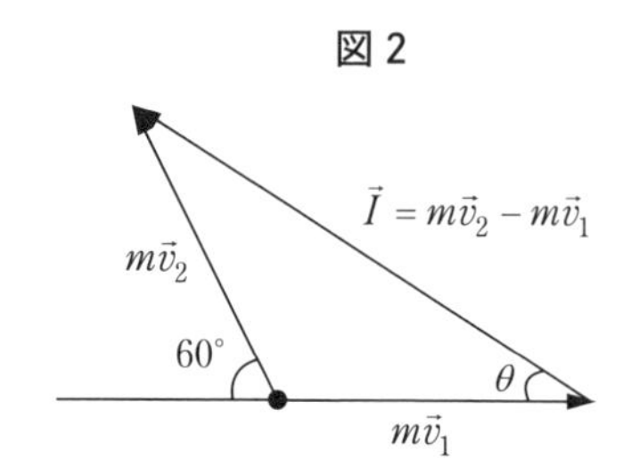

$$\left|\Delta\vec{v}\right| = \sqrt{{v_1}^2 + {v_2}^2 - 2v_1v_2\cos 120^\circ} = 20\sqrt{3}$$

$$\therefore\ I = 0.15 \times 20\sqrt{3} = 3\sqrt{3}\ \text{N}\cdot\text{s}$$

と求まる．

ここで $\cos 120^\circ = \cos(90^\circ + 30^\circ) = -\sin 30^\circ = -\dfrac{1}{2}$ を用いた．力積 $\vec{I}$ の向きは，水平面からの仰角 $\theta\,(=30^\circ)$ の向きである．

例題 7.2　正三角形 ABC の辺に沿って，その周囲を質量 m の質点が一定の速さ v で回っている．

(1) 質点の運動量が変化するのは，質点がどの部分を通過するときであるか．

(2) 質点の運動量が変化するとき，力積の向きはどの向きであるか．

(3) その力積の大きさを求めよ．

解

右図において，

(1) 運動量 $\vec{p} = m\vec{v}$ の向きが変わるのは頂点 A, B, C を通過するときである．

(2) 各頂角の二等分線の方向（内側の向き）．

(3) 力積 $\vec{I}$ は $\vec{I} = \Delta\vec{p} = \vec{p}_2 - \vec{p}_1$ で求められる．$p_2 = p_1 = p$ ＝一定であるから $\vec{I}$ の大きさは，それぞれ，

$$I = p\cos 30^\circ \times 2 = \sqrt{3}mv$$

となる．

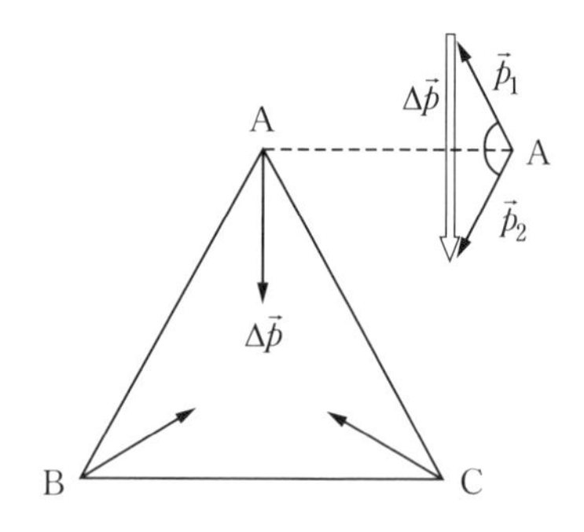

例題 7.3　なめらかな水平面上に，ばね定数 k の軽いばねの一端を固定してある．いま，質量 m の物体が速さ v_0 で飛んできてこのばねに衝突し，一体になって運動した後，はじめと同じ速さ v_0 で逆向きにはね返された．この間に物体がばねから受ける力積を，物体がばねから受ける力を時間積分することにより求めよ．また，物体がばねから受ける平均の力はいくらか．

解

図1のようにばねの自然長の位置Oを原点とし，左向きに x 軸をとる．物体が位置 x にあるとき，物体にはたらく力 F は，

$$F=-kx$$

となるので，物体は次の運動方程式に従う．

$$m\frac{d^2x}{dt^2}=-kx$$

この方程式の解は，

$$x(t)=C\sin(\omega_0 t+\phi)\quad\left(\omega_0=\sqrt{\frac{k}{m}}\right)$$

で与えられ，$t=0$ のとき，$x(0)=0$，$v(0)=v_0$ なので，

$$\phi=0,\ C=\frac{v_0}{\omega_0}$$

となる．よって，

$$x(t)=\frac{v_0}{\omega_0}\sin\omega_0 t$$

また，この周期 T は，

$$T=\frac{2\pi}{\omega_0}$$

となる．

図 1

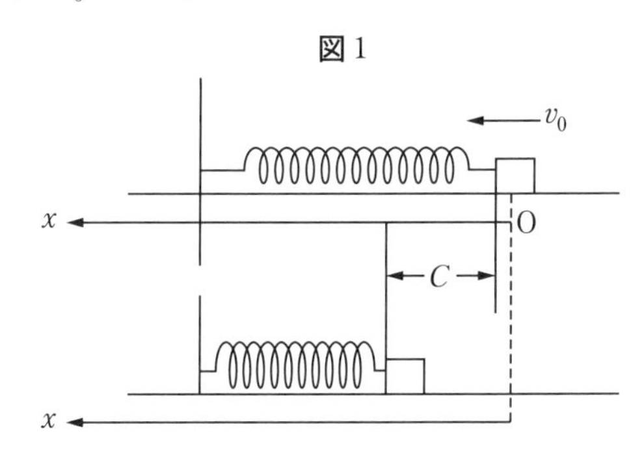

力を受けている時間は $\dfrac{T}{2}=\dfrac{\pi}{\omega_0}$．よって，物体がばねから受ける力積 I は，

$$I=\int_0^{T/2}Fdt=\int_0^{T/2}(-kx)dt=-k\frac{v_0}{\omega_0}\int_0^{\pi/\omega_0}\sin\omega_0 tdt=-2k\frac{v_0}{{\omega_0}^2}=-2mv_0$$

となる．よって，物体がばねから受ける力積の向きは運動していた向きと逆向きで，大きさは $2mv_0$ である．これは，物体の衝突前後での運動量の変化 Δp，

$$\Delta p=-mv_0-mv_0=-2mv_0$$

と一致している．物体がばねから受ける平均の力 $\bar{F}$ は，

$$I=-2k\frac{v_0}{{\omega_0}^2}=\bar{F}\frac{T}{2}$$

より，

$$\bar{F}=-\frac{2}{\pi}\left(k\frac{v_0}{\omega_0}\right)=-\frac{2v_0}{\pi}\sqrt{km}$$

となる．$F(t)-t$ グラフと $\bar{F}$ との関係を図 2 に示す．

図 2

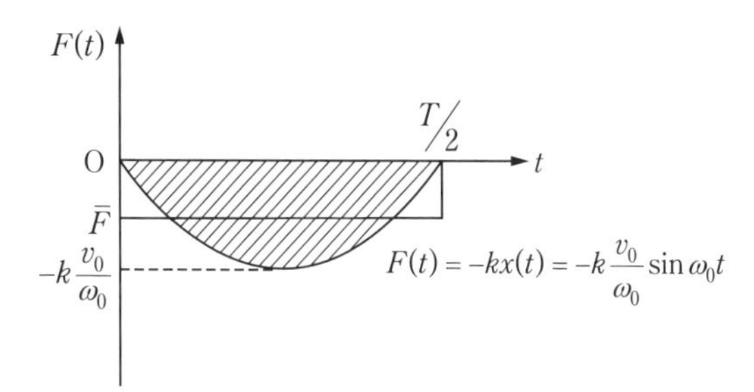

7.2 運動量保存の法則

4.3 で学んだ運動量保存の法則は物体の衝突の場合に適用することができる．

例題 7.4　2 物体の衝突における運動量保存の法則を示せ．

解

図に示すように，質量 m_1, m_2 の 2 物体 A, B が速度 $\vec{v}_1, \vec{v}_2$ で衝突し，短い時間 $\Delta t=t_2-t_1$ の間に力 $\vec{F}(t)$ をおよぼしあい，速度 v_1', v_2' で離れたとする．B が A から受ける力 $+\vec{F}(t)$ と，A が B から受ける力は，作用反作用の法則から $-\vec{F}(t)$ である．運動量変化と力積の関係より，

$$\mathrm{A}: m_1\vec{v}_1'-m_1\vec{v}_1=-\int_{t_1}^{t_2}\vec{F}(t)dt \quad ①$$

$$\mathrm{B}: m_2\vec{v}_2'-m_2\vec{v}_2=+\int_{t_1}^{t_2}\vec{F}(t)dt \quad ②$$

①, ②を辺々加えて整理すると，

$$m_1\vec{v}_1+m_2\vec{v}_2=m_1\vec{v}_1'+m_2\vec{v}_2'$$

AとBの系全体にはたらく力が0（はたらいていても合力が0）ならば，衝突前後における2物体系全体の運動量の総和は一定に保たれ，運動量保存の法則が成り立っていることを示している．

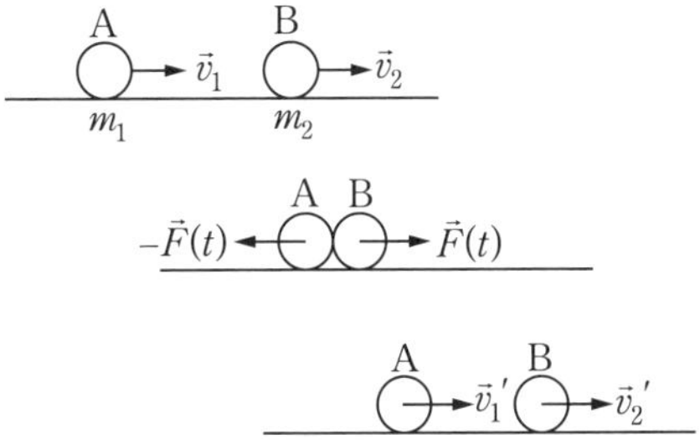

■反発係数（はねかえり係数）

物体A, Bの1次元（一直線上）衝突を考える．A, Bの衝突前後の$+x$方向の速度をそれぞれ$\vec{v}_1, \vec{v}_2$および$\vec{v}_1{}', \vec{v}_2{}'$とする．衝突前後のAに対するBの相対速度はそれぞれ，$\vec{v}_{21} = \vec{v}_2 - \vec{v}_1 = (v_2 - v_1, 0)$，$\vec{v}_{21}{}' = \vec{v}_2{}' - \vec{v}_1{}' = (v_2{}' - v_1{}', 0)$となる．それらの相対速度の大きさの比，

$$e = \frac{\left|\vec{v}_{21}{}'\right|}{\left|\vec{v}_{21}\right|} = \frac{\left|\vec{v}_2{}' - \vec{v}_1{}'\right|}{\left|\vec{v}_2 - \vec{v}_1\right|}$$

を反発係数という．AがBに近づく速さ$= v_1 - v_2 (> 0)$と，AがBから遠ざかる速さ$= v_2' - v_1' (> 0)$との比をベースにとると，$e = \dfrac{v_2{}' - v_1{}'}{v_1 - v_2} = -\dfrac{v_1{}' - v_2{}'}{v_1 - v_2}$と表される．

eは物体の質量や速さには無関係で，2物体の材質だけできまる一定値をとる．

■反発係数の範囲

eは$0 \leqq e \leqq 1$の値をとる，$e = 1$の衝突を（完全）弾性衝突，$0 \leqq e < 1$の衝突を非弾性衝突，とくに$e = 0$の衝突を，完全非弾性衝突（衝突後2物体はくっついてしまう）という．

$e = 1$の場合，衝実の前後で2物体系の力学的エネルギーは保存されるが，$0 \leqq e < 1$の場合は保存されず，熱や光・音などのエネルギーに変換され失われる．

例題 7.5　1 次元（一直線上）の衝突

なめらかな水平面上に質量 M の物体 B を静止 $(v_2 = 0)$ させておき，左から質量 m の物体 A を速さ v_1 で進ませて B と衝突させる．右向きを速度の正の向きとして，次の問いに答えよ．A, B 間の反発係数が e のとき，

(1) 衝突後の A, B の速さ v_1', v_2' をそれぞれ求めよ．

(2) A が衝突後，はじめ進んできた向きと反対向きに進む条件は何か．

(3) 衝突後，2 物体系から失われた力学的エネルギー（ここでは運動エネルギー）ΔE はいくらか．

解

(1) 運動量保存の法則より，

$$m\vec{v}_1{}' + M \cdot \vec{0} = m\vec{v}_1{}' + M\vec{v}_2{}' \qquad ①$$

1 次元なので x 成分のみ $\rightarrow mv_1 = mv_1{}' + Mv_2{}'$

この式の $v_1{}'$ と $v_2{}'$ は正負の符号がつく．

反発係数の式より，

$$e = -\frac{v_1{}' - v_2{}'}{v_1 - 0} \qquad ②$$

①，②より，

$$v_1{}' = \frac{m - eM}{m + M}v_1,\quad v_2{}' = \frac{(1+e)m}{m+M}v_1 \qquad ③$$

(2) $v_1{}' < 0$ より，

$m < eM$

$e = 1$（完全弾性衝突）のとき，

$m < M$ なら反対向きに進む．

(3) $\Delta E = \left(\frac{1}{2}mv_1{}'^2 + \frac{1}{2}Mv_2{}'^2\right) - \frac{1}{2}mv_1{}^2$

に③を代入すると，

$$\Delta E = -\frac{(1-e^2)mM}{2(m+M)}v_1{}^2$$

$e = 1$（完全弾性衝突）のときのみ $\Delta E = 0$，つまり運動エネルギーは保存される．

$e = 0$（完全非弾性衝突）のときは，

$$v_1{}' = v_2{}' = \frac{m}{m+M} v_1$$

となり，A, B は一体となって運動し，運動エネルギーははじめにくらべ，

$$\Delta E = -\frac{mM}{2(m+M)} v_1{}^2$$

だけ減少する．

作用・反作用の法則は，力がどんな力（保存力，非保存力）でも成り立つので，運動量保存の法則は非保存力（摩擦力など）がはたらく場合にも成り立つ．一方，力学的エネルギー保存の法則は保存力の場合のみ成り立つ．衝突に際し，物体間に非保存力がはたらくので運動量保存の法則は成り立っているが，力学的エネルギー保存の法則は成り立っていない例をあげる．

例題 7.6 図のように，静止している質量 M の物体に，質量 m の小球が速さ v で飛んできてめりこんだ．物体が動き出す速さ v' を求めよ．物体の力学的エネルギーはどのように変化するか．

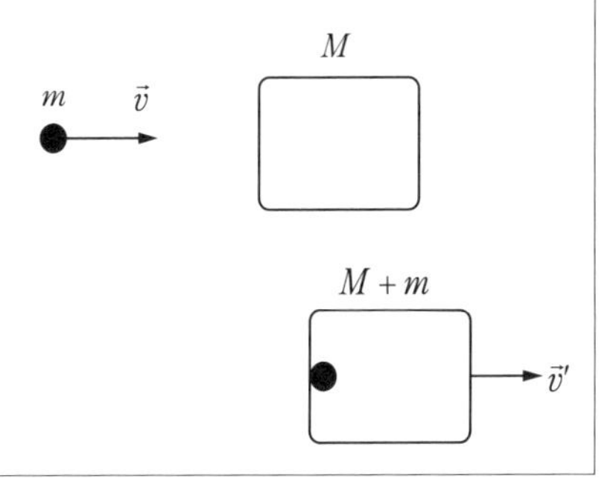

解

運動量保存の法則により，右向きを正とすると，

$$mv = (M+m)v'$$

$$\therefore\ v' = \frac{m}{M+m} v$$

めりこむ前と後における運動エネルギーの差は，

$$\Delta E = \frac{1}{2}(M+m)v'^2 - \frac{1}{2}mv^2 = -\frac{1}{2}\frac{mM}{M+m}v^2 < 0$$

よって，力学的エネルギーはこれだけ減少する．

はねかえり係数は，

$$e = -\frac{v' - v'}{v - 0} = 0$$

なので，完全非弾性衝突である．次に，力学的エネルギー保存の法則が成り立っている例をあげる．

例題 7.7　右図のように，ばね定数 k のばねが一端に質量 M のおもりをつけ，他端は固定されて，摩擦のない水平な床の上に置かれて静止している．ばねの置かれている直線上を質量 m の小球が速さ v で運動してきて，おもりに正面衝突し，はね返った．衝突後の小球の速さ v'，おもりの速さ V'，小球の失った力学的エネルギー，ばねの最大の縮み x_M を求めよ．小球とおもりの衝突は完全弾性衝突であるとする．

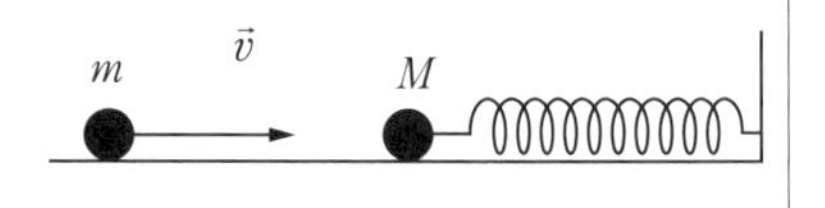

解

衝突の間，2 物体（小球とおもり）の間にはたらく力は作用反作用の関係にある内力である．したがって，全体の運動量は保存される．

$$m\vec{v} + \vec{0} = m\vec{v}' + M\vec{V}'$$

1 次元なので右向きを正として成分表示すると，

$$mv = mv' + MV' \qquad ①$$

反発係数は，

$$e = -\frac{v' - V'}{v - 0} = 1 \text{（完全弾性衝突）}$$

これを解いて，

$$v' = -\frac{M - m}{M + m}v,\ V' = \frac{2m}{M + m}v$$

小球の失ったエネルギーは，

$$\Delta E_1 = \frac{1}{2}mv'^2 - \frac{1}{2}mv^2 = -\frac{2Mm^2}{(M + m)^2}v^2 \ \ (< 0)$$

このエネルギーはおもりのえたエネルギー $\Delta E_2 = \dfrac{1}{2}MV'^2$ に等しい．このエネルギーがばねの弾性力による位置エネルギーに等しくなる．

$$\frac{2Mm^2}{(M+m)^2}v^2 = \frac{1}{2}k{x_M}^2$$

$$\therefore\ x_M = \frac{2mv}{M+m}\sqrt{\frac{M}{k}}$$

2物体系のエネルギー変化は $e=1$ なので

$$\Delta E = \Delta E_1 + \Delta E_2 = 0$$

となり，力学的エネルギーは保存されていることがわかる．

■2次元（平面内）の衝突―散乱―

例題 7.8 図のように，なめらかな水平面上を速さ v_1 で運動している質量 m の小球Aが，前方に静止している $(v_2=0)$ 質量 M の小球Bに弾性衝突した．衝突後，Aは速さが v_1' で角 θ の向きに，Bは速さ v_2' で角 ϕ の向きに運動した．ただし，角 θ, ϕ はAがはじめに運動していた方向から測った角とする．

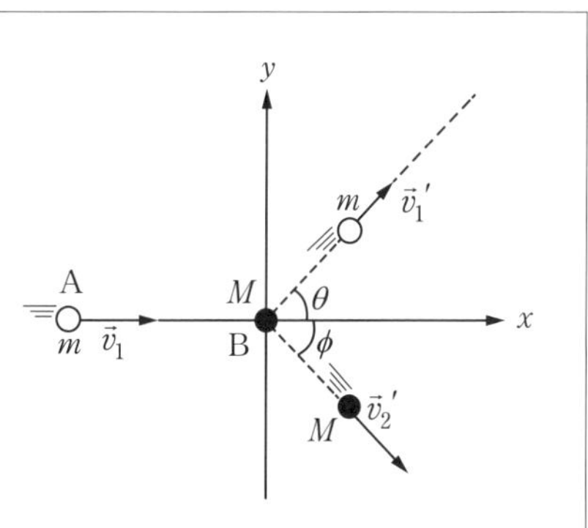

(1) v_1', v_2' を求めよ．

(2) $\dfrac{m}{M}$ を θ, ϕ で表せ．

(3) $M=m$ のとき，$\theta+\phi=\dfrac{\pi}{2}$ になることを示せ．

解

(1) 衝突前後のA,Bの速度をそれぞれ $\vec{v}_1, \vec{v}_2, \vec{v}_1', \vec{v}_2'$ とすれば，運動量保存の法則より，

$$m\vec{v}_1 + M\vec{v}_2 = m\vec{v}_1' + M\vec{v}_2' \qquad ①$$

が成り立つ．成分で書くと，

$$x\text{成分：}mv_1 + 0 = mv_1'\cos\theta + Mv_2'\cos\phi \qquad ②$$

$$y\text{成分：}0 + 0 = mv_1'\sin\theta - Mv_2'\sin\phi \qquad ③$$

弾性衝突であるから，運動エネルギーが保存される．

$$\frac{1}{2}mv_1{}^2 = \frac{1}{2}mv_1{}'^2 + \frac{1}{2}Mv_2{}'^2 \quad ④$$

②, ③を $v_1{}', v_2{}'$ について解くと,

$$v_1{}' = \frac{\sin\phi}{\sin(\theta+\phi)}v_1 \quad ⑤$$

$$v_2{}' = \frac{m}{M}\frac{\sin\theta}{\sin(\theta+\phi)}v_1 \quad ⑥$$

(2) ⑤, ⑥を④に代入し, 変形すると,

$$\frac{m}{M}\frac{\sin^2\theta}{\sin^2(\theta+\phi)} = \frac{\sin^2(\theta+\phi)-\sin^2\phi}{\sin^2(\theta+\phi)} \quad ⑦$$

$$\therefore\ \frac{m}{M} = \frac{\sin(\theta+2\phi)}{\sin\theta} \quad ⑧$$

(3) $M=m$ のとき, ⑧より,

$$\sin(\theta+2\phi)-\sin\theta = 0 \rightarrow 2\cos(\theta+\phi)\sin\phi = 0 \quad ⑨$$

$\phi \neq 0$ として,

$$\cos(\theta+\phi) = 0 \quad ⑩$$

$$\therefore\ \theta+\phi = \frac{\pi}{2} \quad ⑪$$

ここで, 式変形で数学公式（三角関数）

加法定理　$\sin(x+y) = \sin x\cos y + \cos x\sin y$

上式で $x \rightarrow \frac{x}{2}$, $y \rightarrow \frac{x}{2}$ とすると, $\sin x = 2\sin\frac{x}{2}\cos\frac{x}{2}$

和 → 積　$\sin x + \sin y = 2\sin\frac{x+y}{2}\cos\frac{x-y}{2}$

差 → 積　$\sin x - \sin y = 2\cos\frac{x+y}{2}\sin\frac{x-y}{2}$

を用いた.

問　例題 7.8 において,

$\tan\theta = \dfrac{\sin 2\phi}{m/M - \cos 2\phi}$ となることを示せ.

解

⑧の右辺の分子を $\sin\theta\cos 2\phi + \cos\theta\sin 2\phi$ と展開し，分母と分子を $\sin\theta$ で割り，$\tan\theta$ について解いてえられる．

> **問**　例題 7.8 の結果を用いて，
> 小球 A と小球 B からなる 2 物体系の重心の衝突前の速度 $\vec{v}_C$ と衝突後の速度 $\vec{v}_C{}'$ を求めよ．

解

10.2 で学ぶ，衝突前後の重心速度の定義式，

$$\vec{v}_C = \frac{m\vec{v}_1 + M\vec{v}_2}{m + M}$$

$$\vec{v}_C{}' = \frac{m\vec{v}_1{}' + M\vec{v}_2{}'}{m + M}$$

を成分表示し，$\vec{v}_1{}'$ と $\vec{v}_2{}'$ に例題 7.8 の結果（⑤，⑥）を代入すると，

$$\vec{v}_C = \frac{1}{m+M}(mv_1, 0) = \left(\frac{m}{m+M}v_1, 0\right)$$

$$\vec{v}_C{}' = \frac{1}{m+M}(mv_1{}'\cos\theta + Mv_2{}'\cos\phi, mv_1{}'\sin\theta - Mv_2{}'\sin\phi)$$

$$= \left(\frac{m}{m+M}v_1, 0\right)$$

がえられる．これは $\vec{v}_C = \vec{v}_C{}'$ であることを示している．この結果から，2 物体衝突のように，外力がはたらかず運動量保存の法則が成り立つときには，系の重心の速度は一定（定ベクトル）に保たれ，重心は等速度運動することがわかる．

> **例題 7.9　一直線上の 2 物体の衝突のまとめ**
>
> 一直線上を速度 v_1, v_2 で運動する，質量 m_1, m_2 の物体 1, 2 がある．
>
> (1) これが衝突した後の速度 $v_1{}', v_2{}'$ を求めよ（図 1）．
>
> 　ただし，はね返り係数を e とする．また，どの物体にも外力ははたらいていないとする．

(2) 衝突のとき物体間にはたらく力が保存力と非保存力（摩擦力など）の場合とでは，衝突前後の力学的エネルギーはどのように変化するか．

解

(1) 衝突する2物体間にはたらく力は保存力でも非保存力でも作用・反作用の法則が成り立つから，運動量保存の法則が 成り立つ．

$$m_1v_1 + m_2v_2 = m_1v_1' + m_2v_2'$$

これだけでは，v_1', v_2' を求めるには関係式が足りない．

物体の速さによらない，衝突する2物体の性質だけできまる経験的事実として見出されたはね返り係数．

$$e = -\frac{v_1' - v_2'}{v_1 - v_2}$$

を用いる．

2式を連立させると

$$v_1' = v_1 - \frac{(1+e)m_2}{m_1 + m_2}(v_1 - v_2)$$

$$v_2' = v_2 + \frac{(1+e)m_1}{m_1 + m_2}(v_1 - v_2)$$

(2) 物体1, 2全体の衝突前後の実験室に固定した実験室系（L系）における力学エネルギーの変化は，

$$\Delta E = E' - E = \left(\frac{1}{2}m_1v_1'^2 + \frac{1}{2}m_2v_2'^2\right) - \left(\frac{1}{2}m_1v_1^2 + \frac{1}{2}m_2v_2^2\right)$$

$$= -\frac{1}{2}\frac{m_1m_2}{m_1 + m_2}(1-e^2)(v_1 - v_2)^2 \leqq 0$$

となる．

この式から次の結果がえられる．

$0 \leqq e < 1$ のとき $\Delta E < 0$ で非弾性衝突，とくに，$e = 0$ のとき完全非弾衝突する．このとき

$$v_1' = v_2' = \frac{m_1v_1 + m_2v_2}{m_1 + m_2}$$

となり，2物体はくっついて運動する．

$e=1$ のとき $\Delta E=0$ で完全弾性衝突する．

$e=1$ の場合以外，衝突で物体間にはたらく力は非保存力で力学的エネルギーは減少する($\Delta E<0$)．

$e=1$ のときは物体間にはたらく力は保存力で力学的エネルギーは保存する($\Delta E=0$)．

展開

この衝突を重心とともに動く重心系（質量中心系：CM 系）で見てみよう（図 2）．重心（質量中心）の速度は，運動量が保存されているので，

$$v_{\mathrm{C}}=\frac{m_1v_1+m_2v_2}{m_1+m_2}=\frac{m_1v_1'+m_2v_2'}{m_1+m_2}=v_{\mathrm{C}}'$$

が成り立ち，($v_{\mathrm{C}}=v_{\mathrm{C}}'=$一定) となる．

重心系で見た物体 1, 2 の衝突前の速度は，それぞれ

$$u_1=v_1-v_{\mathrm{C}}=\frac{m_2}{m_1+m_2}(v_1-v_2)\ \ (>0)$$

$$u_2=v_2-v_{\mathrm{C}}=-\frac{m_1}{m_1+m_2}(v_1-v_2)\ \ (<0)$$

衝突後の速度は，それぞれ

$$u'_1=v'_1-v_{\mathrm{C}}=-\frac{m_2}{m_1+m_2}e(v_1-v_2)=-eu_1\ \ (<0)$$

$$u'_2=v'_2-v_{\mathrm{C}}=\frac{m_1}{m_1+m_2}e(v_1-v_2)=-eu_2\ \ (>0)$$

一直線上の衝突

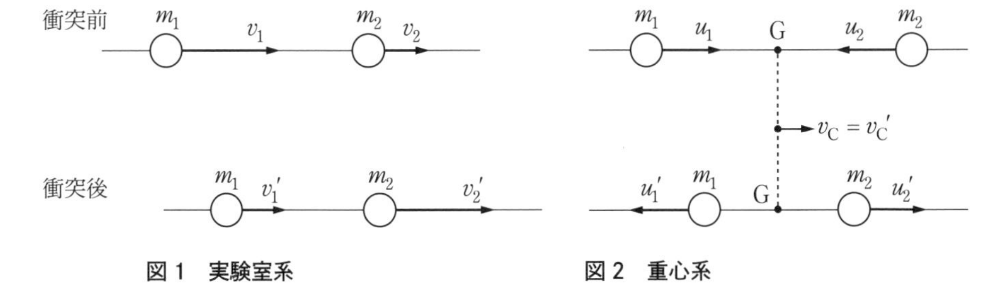

図 1　実験室系　　**図 2　重心系**

となる．これから２物体の衝突前後の重心系における力学的エネルギーは，それぞれ

$$E_C = \frac{1}{2}m_1{u_1}^2 + \frac{1}{2}m_2{u_2}^2 = \frac{1}{2}\mu(v_1 - v_2)^2$$

$$E_C{}' = \frac{1}{2}m_1{u_1}'^2 + \frac{1}{2}m_2{u_2}'^2 = \frac{1}{2}e^2\mu(v_1 - v_2)^2$$

となる．ただし，$\mu = \dfrac{m_1 m_2}{m_1 + m_2}$とした

これから

$$E_C{}' = e^2 E_C$$

の関係がえられる．これから

$$\Delta E_C = E_C{}' - E_C = (e^2 - 1)E_C = \Delta E \ \ (< 0)$$

の関係が成り立つ．

$$E' = E_C{}' + E_G,\ E = E_C + E_G,\ E_G = \frac{1}{2}(m_1 + m_2){v_C}^2$$

の関係から

$$\Delta E = E' - E = E_C{}' - E_C = \Delta E_C$$

を導くこともできる．ここで，E_Gは重心（質量中心）の運動エネルギーを表す．

8　角運動量と回転運動

軽い棒の一端におもりをつけて，
他端に軸を通し回転運動させる．
回転するおもりの質量，
速さは同じでも棒が長いほど運動は止めにくい．
回転運動の勢いを表すベクトル量として
角運動量を導入する．
角運動量を変化させるものは，
回転させるはたらきをする力のモーメントである．
角運動量の保存の法則から
ケプラーの第 2 法則（面積速度一定の法則）が
導けることを理解する．

8.1　角運動量保存の法則

4.4 で回転運動の運動方程式は，回転運動の「勢い」を表す角運動量 $\vec{L}$ と，それを変化させようとする力のモーメント $\vec{N}$ を用いて，

$$\frac{d\vec{L}}{dt} = \vec{N} \quad (\vec{L} = \vec{r} \times \vec{p}, \vec{N} = \vec{r} \times \vec{F})$$

と表されることを学んだ．とくに，$\vec{N} = 0$ のときは，$\vec{L} = \vec{C} =$ 一定となり，角運動量は一定に保たれる．これを，角運動量保存の法則という．

例題 8.1　図のように，質量 m の物体が xy 平面上で $y=d$ の直線上を等速 v で運動している．原点 O のまわりの角運動量の大きさと向きを求めよ．

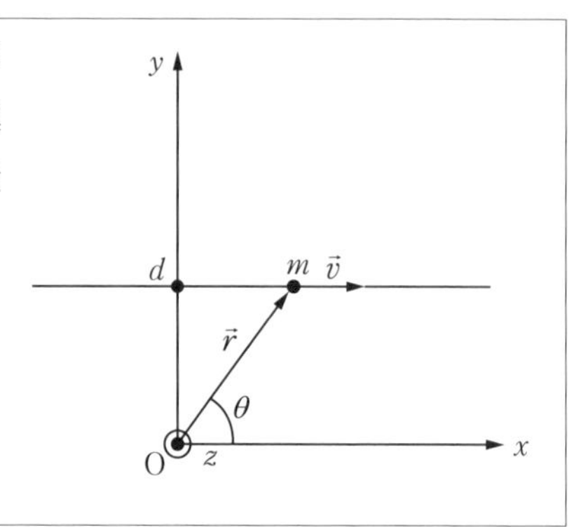

解

等速直線運動なので物体にはたらいている力は 0 であることに着目する．回転運動の運動方程式,

$$\frac{d\vec{L}}{dt}=\vec{N}$$

において，$\vec{F}=\vec{0}$ なので $\vec{N}=\vec{r}\times\vec{F}=\vec{0}$ となる．

したがって $\dfrac{d\vec{L}}{dt}=\vec{0}$ より $\vec{L}=\vec{C}=$ 一定となる．

向きは $\vec{L}=\vec{r}\times\vec{p}=\vec{r}\times m\vec{v}$ より $-z$ 方向（$\vec{r}$ から $\vec{v}$ の向きに右ねじを回すときねじの進む向き）

$$\vec{L}=(0, 0, L_z)$$

大きさは $L_z=rp\sin\theta=rmv\sin\theta=mvd\quad(\because r\sin\theta=d)$

$$\therefore\ L=L_z=mvd=\text{一定}$$

問　角運動量 $\vec{L}$ が一定のとき，物体は $\vec{L}$ に垂直な平面内で運動することを示せ．

解

$\vec{L}$ の向きに z 軸をとる．$\vec{L}=\vec{C}=(0, 0, C)$ とする．

$$\vec{L}=(L_x, L_y, L_z),\ \vec{p}=(p_x, p_y, p_z),\ \vec{r}=(x, y, z)$$

$$\vec{L}=\vec{r}\times\vec{p}\rightarrow(L_x, L_y, L_z)=(yp_z-zp_y, zp_x-xp_z, xp_y-yp_x)$$

$$=(0, 0, C)$$

$$\vec{L}\cdot\vec{r}=xL_x+yL_y+zL_z=0+0+z(xp_y-yp_x)=zC$$

ここで，$\vec{A}=\vec{B}=\vec{r}$, $\vec{C}=\vec{p}$としてベクトル公式（スカラー3重積）

$$\vec{A}\cdot(\vec{B}\times\vec{C})=\vec{B}\cdot(\vec{C}\times\vec{A})=\vec{C}\cdot(\vec{A}\times\vec{B})$$

を用いると，$\vec{L}\cdot\vec{r}=(\vec{r}\times\vec{p})\cdot\vec{r}=\vec{p}\cdot(\vec{r}\times\vec{r})=0 \quad (\because \vec{r}\times\vec{r}=\vec{0})$より，

$$zC=0\,(C\neq 0)$$

$$\therefore\ z=0$$

これは，運動が$z=0$の平面（xy面）で起きていることを示している．

例題 8.2　質量mの物体Pが半径rの円の周上を角速度ω（一定）で等速円運動している．この物体Pの円の中心Oと円周上の点O′のまわりの角運動量$\vec{L}, \vec{L}'$をそれぞれ求めよ．

解

$\omega=$一定なので，$v=r\omega=$一定より，物体は等速円運動をしている．

円運動がxy平面で起こっているとし，それに垂直にz軸をとる．中心Oから見た物体Pの位置ベクトル$\vec{r}$と運動量ベクトル$\vec{p}$は，時刻$t=0$で$\vec{r}=(r,0,0)$とすると，時刻tでは

$$\vec{r}=(x,y,z)=(r\cos\omega t, r\sin\omega t, 0),\ \vec{v}=(-r\omega\sin\omega t, r\omega\cos\omega t, 0)$$

$$\vec{p}=(p_x,p_y,p_z)=m\vec{v}=m\frac{d\vec{r}}{dt}=(-mr\omega\sin\omega t, mr\omega\cos\omega t, 0)$$

となる．

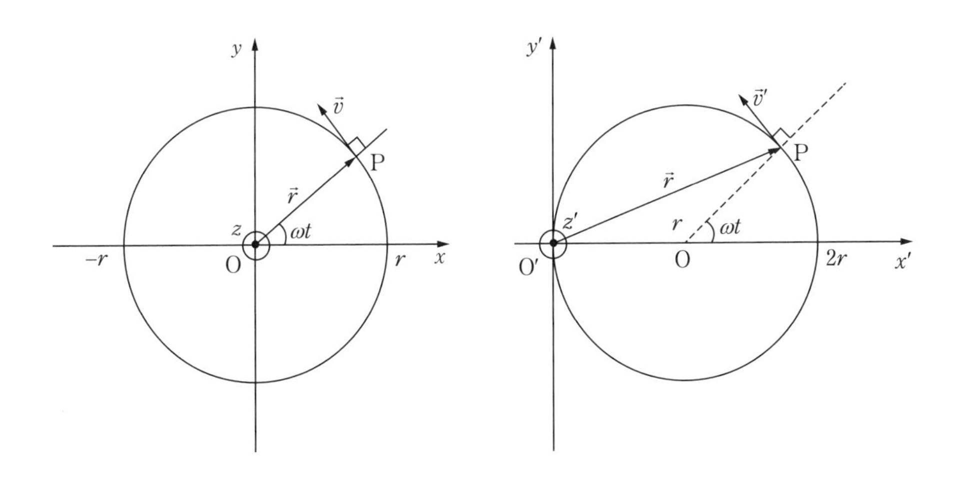

よって，物体Pの中心Oのまわりの角運動量$\vec{L}$は

$$\vec{L} = \vec{r} \times \vec{p} = (yp_z - zp_y, zp_x - xp_z, xp_y - yp_x)$$

$$= (0, 0, mr^2\omega) = \vec{C} \ = 一定$$

点O′から見た時刻tでの物体Pの位置ベクトル$\vec{r}'$は

$$\vec{r}' = \overrightarrow{\mathrm{O'O}} + \overrightarrow{\mathrm{OP}} = (r, 0, 0) + (r\cos\omega t, r\sin\omega t, 0)$$

$$= (r + r\cos\omega t, r\sin\omega t, 0)$$

速度$\vec{v}'$は

$$\vec{v}' = (-r\omega\sin\omega t, r\omega\cos\omega t, 0)$$

よって，

$$\vec{L}' = \vec{r}' \times \vec{p}' = \vec{r}' \times m\vec{v}'$$

$$= (0, 0, mr^2\omega(1 + \cos\omega t))$$

余弦の半角公式を用いて

$$1 + \cos\omega t = 2\cos^2\frac{\omega t}{2}$$

としてもよい．$\vec{v} = \vec{v}'$ であることに注意する．$\vec{L}$は保存するが，$\vec{L}'$はtと共に変化し，保存しない．

例題 8.3　図のように，水平な板にあけた小さな穴Oに糸を通し，その一端に質量mの小物体を結んで板の上におき，半径r_0，速さv_0の等速円運動をさせる．糸と穴や板の間に摩擦はないものとする．

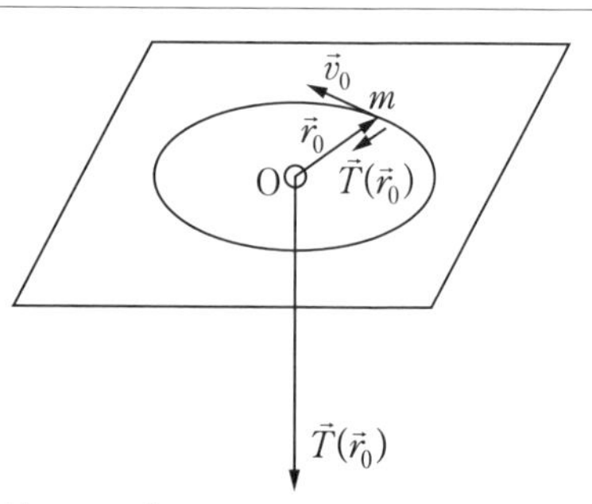

この糸をゆっくり引っ張って，円運動の半径をr_1に縮めたときの小物体の速度をv_1とする．

(1) v_1をr_0，r_1，v_0で表せ．

(2) 円運動の半径がrのときの小物体の速さをvとすると，糸の張力の大きさ$T(r)$をm, r, Lを用いて表せ．ただし，$L = mrv$は小物体の穴Oに関する角運動量の大きさである．

(3) 半径をr_0からr_1に縮めるために糸の張力のする仕事Wをm, v_1, v_0用いて表せ．

解

(1) 小物体にはたらく張力は中心力なので，小物体の角運動量 $\vec{L}$ の大きさ L は保存される．$\vec{L}$ の向きは穴 O から上向きで，

$$L = mr_0v_0 = mr_1v_1$$

が成り立つ．

したがって $v_1 = \dfrac{r_0}{r_1}v_0 \ (> v_0)$

なお，対応する角速度は $v = r\omega$ の関係より，

$$\omega_1 = \left(\frac{r_0}{r_1}\right)^2 \omega_0 \ (> \omega_0)$$

となる．

(2) 張力 $\vec{T}(\vec{r})$ が円運動の向心力である．

$$T(r) = m\frac{v^2}{r}, L = mrv$$

から $T(r) = m\dfrac{1}{r}\left(\dfrac{L}{mr}\right)^2 = \dfrac{L^2}{mr^3}$

(3) 張力のする微小な仕事は，

$$dW = \vec{T}\cdot d\vec{r} = -Tdr$$

である．

$$W = \int_{r_0}^{r_1}\vec{T}\cdot d\vec{r} = \int_{r_0}^{r_1}(-T)dr = -\frac{L^2}{m}\int_{r_0}^{r_1}\frac{1}{r^3}dr$$
$$= \frac{L^2}{2m}\left(\frac{1}{{r_1}^2} - \frac{1}{{r_0}^2}\right)$$

ここで，$\vec{T}$ と $d\vec{r}$ とは逆向きなので $\vec{T}\cdot d\vec{r} = -Tdr$ の関係を用いた．

$L = mr_0v_0 = mr_1v_1$ より，

$$W = \frac{1}{2}m{v_1}^2 - \frac{1}{2}m{v_0}^2$$

と表せる．張力のした仕事は運動エネルギーの増加に等しくなる．

8.2 回転運動の運動方程式

4.4 で示した回転運動の運動方程式を適用する例を次に掲げる．

例題 8.4　図のように，x 軸上の $x=b$ にある点 P_0 に静止している質量 m の物体が y 軸に平行に落下し，時刻 t で点 P に達した．

(1) 時刻 t における原点 O のまわりの力のモーメント $\vec{N}$ を求めよ．

(2) 時刻 t における点 O のまわりの角運動量 $\vec{L}$ を求めよ．

(3) 回転運動の運動方程式 $\dfrac{d\vec{L}}{dt}=\vec{N}$ が成り立つことを示せ．

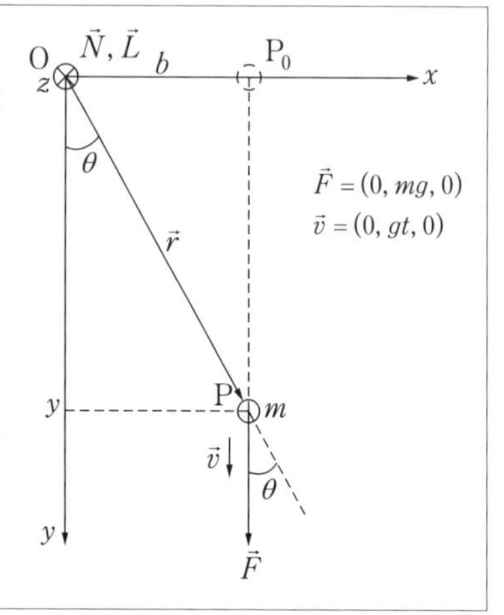

解

(1) 時刻 t での点 P の位置を（b, y）とすると，位置ベクトルは $\vec{r}(\overrightarrow{\mathrm{OP}})=(b, y, 0)$ と書ける．

$\vec{F}=(0, mg, 0)$ より，

$$\vec{N}=\vec{r}\times\vec{F}=(b, y, 0)\times(0, mg, 0)=(0, 0, mgb)$$

$$\therefore\ N_z=mgb=\text{一定}$$

別解

$\vec{r}$ と $\vec{F}$ とのなす角を θ として，$\vec{N}$ の大きさ N は，

$$\vec{N}=\vec{r}\times\vec{F}\rightarrow N=rF\sin\theta=mgb$$

となる．向きは，$\vec{r}$ の向きから $\vec{F}$ の向きに回転させたときに右ねじの進む向き（$+z$ 方向：紙面の表から裏向き）である．

$\vec{N}$ は t に関係なく定ベクトルとなる．

(2) 物体の運動方程式は

$$ma_y=mg$$

これから

$v_y=gt$ となる．時刻 t での運動量は

$$\vec{p}=(0, mgt, 0)$$

$$\vec{L}=\vec{r}\times\vec{p}=(b, y, 0)\times(0, mgt, 0)=(0, 0, mgbt)$$

$$\therefore\ L_z=mgbt$$

別解

$\vec{N}$ と同様にして

$$\vec{L} = \vec{r} \times \vec{p} \rightarrow L_z = rp\sin\theta = mgbt$$

と求まる．

向きは $\vec{N}$ と同じく $+z$ 方向であるが，大きさは $\vec{N}$ と異なり t に依存する．

(3) $\dfrac{d}{dt}(mgbt) = mgb \rightarrow \dfrac{dL_z}{dt} = N_z \rightarrow \dfrac{d\vec{N}}{dt} = \vec{N}$

回転の運動方程式（回転運動の「勢い」を表す角運動量を変化させるものが力のモーメントである）が成り立っている．

上式の両辺から b を消すと

$$\frac{d}{dt}(mv_y) = mg \rightarrow \frac{d}{dt}p_y = F_y \rightarrow \frac{d\vec{p}}{dt} = \vec{F}$$

ニュートンの第 2 法則（運動の「勢い」を表わす運動量の変化をさせるものが力である）も導かれる．

> **例題 8.5**　質量 m の小球 P を長さ l の糸でつるした単振り子の周期を回転運動の運動方程式を用いて求めよ．

解

図のように，固定点を原点 O とし，水平方向右向きに y 軸，鉛直下向きに x 軸，xy 平面に垂直に z 軸をとる．z 軸のまわりを小球 P が回転運動する運動方程式は，

$$\frac{dL_z}{dt} = N_z = (\vec{r} \times m\vec{g})_z$$

と表される．

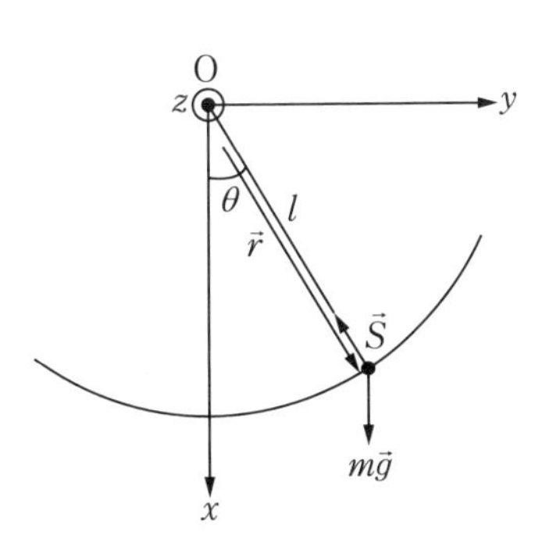

$$\vec{r} = (l\cos\theta, l\sin\theta, 0),\ m\vec{g} = (mg, 0, 0),$$

$$\vec{L} = (0, 0, L_z),\ L_z = \left(\vec{r} \times m\frac{d\vec{r}}{dt}\right)_z = ml^2\frac{d\theta}{dt}$$

であるから，

$$ml^2\frac{d^2\theta}{dt^2} = -mgl\sin\theta$$

$\vec{r}$ と $\vec{S}$（糸の張力）は反平行なので，$(\vec{r} \times \vec{S})_z = 0$ となり，N_z に寄与しないことに

注意する．

　$\theta \fallingdotseq 0$ のとき，

$$\frac{d^2\theta}{dt^2} = -\frac{g}{l}\theta \quad \left(\omega_0 = \sqrt{\frac{g}{l}}\right)$$

となり，

$$\theta = \theta_0 \sin(\omega_0 t + \phi)$$

がえられる．よって $T = \dfrac{2\pi}{\omega_0} = 2\pi\sqrt{\dfrac{l}{g}}$

8.3　面積速度

　図 8.1 において $\vec{r}$ の位置 P にあった質量 m の物体が中心力を受けて dt 時間後に $\vec{r} + d\vec{r}$ の位置 Q に移動したとする．d は，きわめて小さいということを表す．

　この間に力の中心 O と物体を結ぶ直線が掃く扇形 OPQ の面積 dS は，dt が小のとき $d\vec{r}$ も小となるので△ OPQ の面積と見なしてよい．このとき，dS は $\vec{r}$ と変位 $d\vec{r}$ がつくる平行四辺形の面積 $|\vec{r} \times d\vec{r}|$ の半分に等しいとするか，$\vec{r}$ と $d\vec{r}$ のなす角を θ とし，△ OPQ の面積を直接求めてもよい．

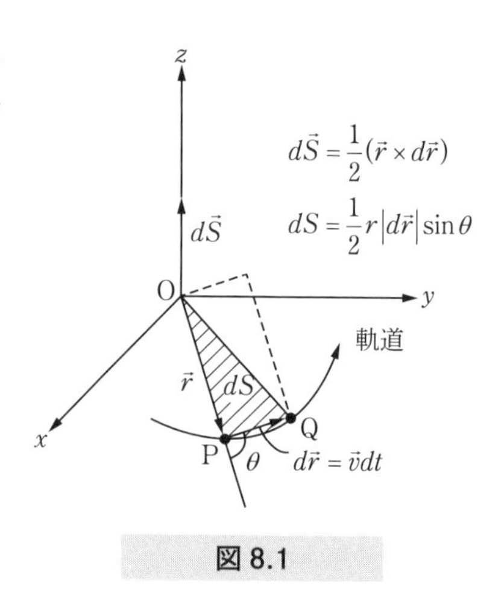

図 8.1

$$dS = \frac{1}{2}|\vec{r} \times d\vec{r}| = \frac{1}{2}r|d\vec{r}|\sin\theta$$

　物体の速度 $\vec{v}$ とすると，

$$\vec{p} = m\vec{v} = m\frac{d\vec{r}}{dt}$$

の関係から

$$dS = \frac{1}{2m}|\vec{r} \times \vec{p}|dt$$

$$\rightarrow \frac{dS}{dt} = \frac{1}{2m}|\vec{r} \times \vec{p}|$$

と変形できる．角運動量 $\vec{L}=\vec{r}\times\vec{p}$ を用いて書き直すと，

$$\frac{dS}{dt}=\frac{1}{2m}\left|\vec{L}\right|$$

がえられる．

中心力による物体の運動では $\vec{N}$（力のモーメント）$=\vec{0}$ より $\vec{L}=\vec{C}=$ 一定になるので，

$$\frac{dS}{dt}=\frac{L}{2m}=\text{一定}$$

となる．$\dfrac{dS}{dt}$ を面積速度という．

惑星の運動では，万有引力が中心力なので面積速度一定が成り立つ．これをケプラーの第 2 法則という．

参考　微小面積ベクトル $d\vec{S}=\dfrac{1}{2}(\vec{r}\times d\vec{r})$ を，向きは $+z$ 方向で，大きさが $dS=\dfrac{1}{2}\left|\vec{r}\times d\vec{r}\right|$ のベクトルと考えると，面積速度はベクトルの形で，

$$\frac{d\vec{S}}{dt}=\frac{1}{2m}\vec{L}$$

と表される．

例題 8.6　図に示すように，位置 $\vec{r}=(x,y)$ の点 P にある質量 m の物体が中心力 $\vec{F}(\vec{r})=-k\vec{r}$ $(k>0)$ を受けて xy 平面内を周回運動している．時刻 $t=0$ で点 A を通過するものとする．

(1) 物体の軌道を表す式を求めよ．

(2) 角運動量は一定になることを示せ．

(3) (2) の結果から面積速度を求めよ．

(4) 周期は軌道によらず一定であることを示せ．

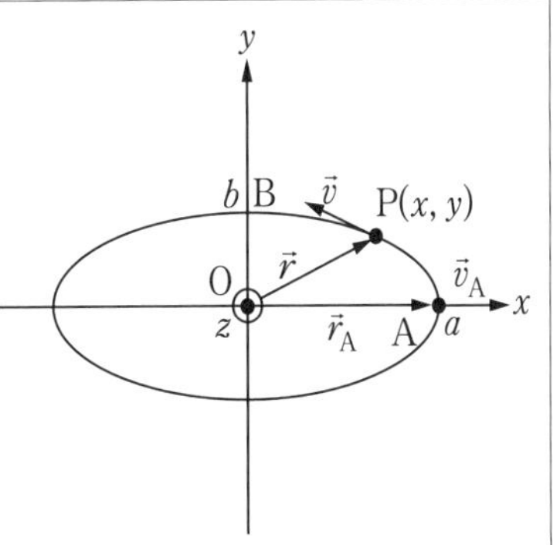

解

(1) 運動方程式は，

x 方向 : $m\dfrac{d^2x}{dt^2}=-kx$

y 方向 : $m\dfrac{d^2y}{dt^2}=-ky$

運動は x 方向と y 方向とも単振動する．初期条件を満たすそれぞれの解は，

$$x=a\cos\omega t,\ y=b\sin\omega t \quad \left(\omega=\sqrt{\frac{k}{m}}\right) \qquad ①$$

b は点 B の y 座標を表す．

$\sin^2\omega t+\cos^2\omega t=1$ より，

$$\frac{x^2}{a^2}+\frac{y^2}{b^2}=1$$

となる．これは $a>b$ とすると，力の中心を原点 O とする x 軸を長軸，y 軸を短軸とする楕円軌道を表す式である．

(2) 中心力を受ける運動なので原点 O のまわりの角運動量の大きさ L は一定になることが予想される．

$$v_x=-a\omega\sin\omega t,\ v_y=b\omega\cos\omega t \qquad ②$$

である．

$$\begin{aligned}\vec{L}&=\vec{r}\times\vec{p}=m\vec{r}\times\vec{v}=m(x,y,0)\times(v_x,v_y,0)\\&=m(0,0,xv_y-yv_x)\\&=m(0,0,a\cos\omega t(b\omega\cos\omega t)-b\sin\omega t(-a\omega\sin\omega t))\\&=m(0,0,ab\omega)\end{aligned}$$

$$L_z=mab\omega=\text{一定}$$

となる．$\vec{L}$ の向きは $+z$ 方向．

(3) $\dfrac{dS}{dt}=\dfrac{|\vec{L}|}{2m}=\dfrac{L_z}{2m}=\dfrac{m}{2m}ab\omega=\dfrac{1}{2}ab\omega=\text{一定}$

$\vec{r}$ と $\vec{v}$ が直交する場合は，$\vec{r}$ と $\vec{v}$ の大きさがわかれば簡単に求められる．

たとえば，軌道と x 軸との交点を A とすると $\vec{r}_{\mathrm{A}}=(a,0)$

速度は $\vec{v}_{\mathrm{A}}=(0,b\omega)$ なので，

面積速度の一定値は $\dfrac{1}{2}|\vec{r}_{\mathrm{A}}\times\vec{v}_{\mathrm{A}}|=\dfrac{1}{2}r_{\mathrm{A}}v_{\mathrm{A}}\sin 90^\circ=\dfrac{1}{2}r_{\mathrm{A}}v_{\mathrm{A}}=\dfrac{1}{2}ab\omega$

と直ちに求められる．$\vec{r}_{\mathrm{A}}$ と $\vec{v}_{\mathrm{A}}$ の成分は①，②で $\omega t=0$ としてえられる．同

様に軌道と y 軸との交点 B$(0, b)$ からも $\omega t = \dfrac{\pi}{2}$ として $\dfrac{1}{2}ab\omega$ が求められる.

(4) x, y 方向いずれも単振動（ω は共通）するので，周期は

$$T = \frac{2\pi}{\omega} = 2\pi\sqrt{\frac{m}{k}} = \text{一定}$$

となる．振幅 a, b によらないことがわかる．$a = b$ のとき等速円運動になる．

楕円の面積は T がわかると

$$S = \int_0^T \frac{dS}{dt}dt = \int_0^T \frac{1}{2}ab\omega dt = \frac{1}{2}ab\omega T = \pi ab$$

と求まる.

発展 1

$$\mathrm{rot}\vec{F} = -k\mathrm{rot}\vec{r},\ \ \vec{r} = (x, y, z)$$

$$\mathrm{rot}\vec{r} = \begin{vmatrix} \vec{i} & \vec{j} & \vec{k} \\ \dfrac{\partial}{\partial x} & \dfrac{\partial}{\partial y} & \dfrac{\partial}{\partial z} \\ x & y & z \end{vmatrix}$$

$$= \left(\frac{\partial F_z}{\partial y} - \frac{\partial F_y}{\partial z}, \frac{\partial F_x}{\partial z} - \frac{\partial F_z}{\partial x}, \frac{\partial F_y}{\partial x} - \frac{\partial F_x}{\partial y}\right) = (0, 0, 0) = \vec{0}$$

$$\therefore\ \mathrm{rot}\vec{F} = \vec{0}$$

これから，$\vec{F}$ は保存力であり，ポテンシャル・エネルギーをもつことがわかる．点 A を基準にした点 P におけるポテンシャル・エネルギーは

$$U_{\mathrm{P}} = -\int_a^r \vec{F}\cdot d\vec{s} = k\int_a^r \vec{r}\cdot d\vec{r}$$

で計算できる.

経路上の微小変位 $d\vec{s}$ は，位置ベクトルの微小変位 $d\vec{r}$ に等しい $(d\vec{s} = d\vec{r})$ ことを用いた.

ところで，$\vec{r}^2 = \vec{r}\cdot\vec{r}$ の微分をとると

$$d(\vec{r}\cdot\vec{r}) = d\vec{r}\cdot\vec{r} + \vec{r}\cdot d\vec{r} = 2\vec{r}\cdot d\vec{r}$$

$$d(\vec{r}\cdot\vec{r}) = dr^2 = 2rdr$$

$$\to \vec{r}\cdot d\vec{r} = rdr$$

が成り立つ.

したがって，

$$U_{\mathrm{P}}(r)=k\int_a^r rdr=\frac{1}{2}k\Big[r^2\Big]_a^r=\frac{1}{2}k(r^2-a^2)$$

$r=a$ のとき，$U_{\mathrm{P}}=0$ となる

運動エネルギー K の計算

速度は

$$\vec{v}=\dot{\vec{r}}=(\dot{x},\dot{y})=(-\omega a\sin\omega t,\omega b\cos\omega t)$$

運動エネルギーは

$$K_{\mathrm{P}}=\frac{1}{2}mv^2=\frac{1}{2}m\omega^2(a^2\sin^2\omega t+b^2\cos^2\omega t)$$

力学的エネルギーは $r^2=a^2\cos^2\omega t+b^2\sin^2\omega t$ を用いると

$$E_{\mathrm{P}}=K_{\mathrm{P}}+U_{\mathrm{P}}=\frac{1}{2}m\omega^2(a^2+b^2-a^2)=\frac{1}{2}kb^2=\text{一定}$$

となる．K_{P} を r の関数で表わすと

$$K_{\mathrm{P}}(r)=E_{\mathrm{P}}-U_{\mathrm{P}}=\frac{1}{2}kb^2-\frac{1}{2}k(r^2-a^2)=\frac{1}{2}k(a^2+b^2-r^2)$$

となる．

点 $\mathrm{A}(r=a)$ で $U_{\mathrm{P}}(a)=0,\ K_{\mathrm{P}}(a)=\frac{1}{2}kb^2=E_{\mathrm{P}}$

点 $\mathrm{B}(r=b)$ で $U_{\mathrm{P}}(b)=\frac{1}{2}k(b^2-a^2)$ (最小)

$K_{\mathrm{P}}(b)=\frac{1}{2}ka^2$ (最大)

が成り立つ．

発展 2

ある定まった中心を極座標の原点として，r 成分しかもたない力を中心力という．位置 $\vec{r}$ にある点にはたらく等方的な中心力は

$$\vec{F}(\vec{r})=F(r)\vec{e}_r$$

と書ける．$F(r)>0$ ならば斥力，$F(r)<0$ ならば引力である．

原点Oにある質量Mの物体から$\vec{r}$の位置にある質量mの物体にはたらく万有引力は

$$\vec{F}(\vec{r}) = -G\frac{mM}{r^2}\frac{\vec{r}}{r} = F(r)\vec{e}_r,\ F(r) = -\frac{GmM}{r^2}$$

と表されるので，中心方向を向いている中心力（引力）である．

中心力の場で運動する物体の角運動量$\vec{L}$は保存する．なぜならば，$\vec{L} = \vec{r} \times \vec{p}$，$\vec{p} = m\vec{v}$より

$$\begin{aligned}\frac{d\vec{L}}{dt} &= \frac{d}{dt}(\vec{r} \times \vec{p}) = \frac{d}{dt}(\vec{r} \times m\vec{v}) \\ &= \frac{d\vec{r}}{dt} \times m\vec{v} + \vec{r} \times m\frac{d\vec{v}}{dt} = \vec{v} \times m\vec{v} + \vec{r} \times \vec{F} = \vec{0}\end{aligned}$$

すなわち，

$$\vec{L} = \text{時間的に一定}$$

$$\frac{dS}{dt} = \frac{1}{2m}\left|\vec{L}\right|$$

の関係より

$$\frac{dS}{dt} = \text{一定}$$

となり，面積速度（単位時間に「掃く」面積）は一定（ケプラーの第2法則）が成り立っている．

ところで，$\vec{L}$は$\vec{r}$に垂直なベクトルであるから，$\vec{r}$がいつも，原点を通り$\vec{L}$に垂直な平面上にあることになる．

したがって，$\vec{L}$が保存する場合，物体はつねに平面上を運動している．

例題 8.7　楕円軌道上を動く人工衛星の近地点Aの地球の中心Eからの距離はr_1，遠地点A′のEからの距離はr_2である．Aでの速さがv_1であるとき，A′での速さv_2と中間点Bでの速さv_3はv_1の何倍か．
地球と人工衛星の間には万有引力（中心力）がはたらいているので，角運動量は保存される（= 面積速度が一定 = ケプラーの第2法則）．このとき，人工衛星は地球を一つの焦点とする楕円軌道（= ケプラーの第1法則）を描くことは知られているものとする．

数学的準備

2 定点 $F(c, 0)$, $F'(-c, 0)$（焦点という）からの距離の和が $2a$（一定）である点 P の軌跡を楕円という（図 1）.

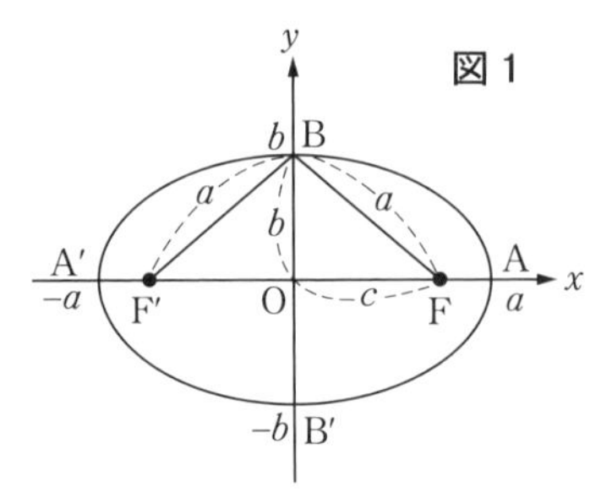

楕円の方程式は,

$$\frac{x^2}{a^2}+\frac{y^2}{b^2}=1$$

となる．ここで $b=\sqrt{a^2-c^2}$ とおいた.

楕円と x, y 軸との交点（頂点）は, $A(a, 0)$, $A'(-a, 0)$, $B(0, b)$, $B'(0, -b)$ である.

解

図 2 のように, x, y 軸をとり, A, A′, B, B′ の座標を $A(a, 0)$, $A'(-a, 0)$, $B(0, b)$, $B'(0, -b)$ とおく.

図より,

$$\overline{OA}=a=\frac{1}{2}(r_1+r_2),$$

$$\overline{OE}=a-r_1=\frac{1}{2}(r_2-r_1)$$

さらに楕円の性質より $\overline{BE}=a$, したがって,

$$\overline{BO}=b=\sqrt{\overline{BE}^2-\overline{OE}^2}=\sqrt{r_1r_2}$$

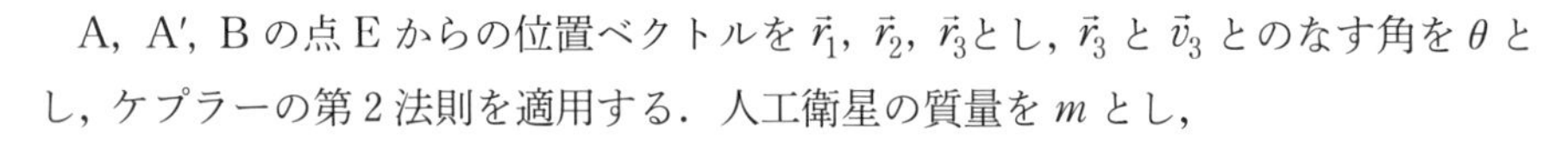

A, A′, B の点 E からの位置ベクトルを $\vec{r}_1$, $\vec{r}_2$, $\vec{r}_3$とし, $\vec{r}_3$ と $\vec{v}_3$ とのなす角を θ とし, ケプラーの第 2 法則を適用する．人工衛星の質量を m とし,

$$\text{面積速度}\ \frac{dS}{dt}=\frac{1}{2m}\left|\vec{L}\right|=\frac{1}{2}\left|\vec{r}\times\vec{v}\right|=\text{一定}$$

を点 A, A′, B に適用する.

$$\frac{1}{2}(r_1v_1)=\frac{1}{2}(r_2v_2)=\frac{1}{2}(r_3v_3\sin\theta),\ \sin\theta=\frac{b}{r_3}\quad \text{より},$$

$$\frac{v_2}{v_1}=\frac{r_1}{r_2},\ \frac{v_3}{v_1}=\frac{r_1}{b}=\sqrt{\frac{r_1}{r_2}}\quad \text{となる}.$$

$$\therefore\ v_2=\frac{r_1}{r_2}v_1,\ v_3=\sqrt{\frac{r_1}{r_2}}v_1$$

9　非慣性系と見かけの力

運動の第 1 法則（慣性の法則）が成り立つ座標系を
慣性系（慣性座標系），
成り立たない座標系を非慣性系（非慣性座標系）という．
運動の第 2 法則を表現する運動方程 $m\vec{a} = \vec{F}$ は
慣性系でのみ成り立つ．
慣性系に対して加速度をもつ座標系は
すべて非慣性系である．
この系では，$m\vec{a} = \vec{F}$ がこのままでは成り立たず
見かけの力が現れる．
非慣性系で現れる見かけの力を慣性力という．
非慣性系には並進座標系と回転座標系がある．

9.1　並進座標系と見かけの力（慣性力）

慣性系 $(\mathrm{O}-xyz)$（S 系とよぶ）に対して，それぞれ x, y, z 軸に平行な x', y', z' 軸をもつ並進座標系 $(\mathrm{O}'-x'y'z')$（S′ 系とよぶ）を考える（図 9.1）．質量 m の質点 P の位置ベクトルと加速度の S 系での値をそれぞれ $\vec{r}, \vec{a}$，S′ 系での値をそれぞれ $\vec{r}', \vec{a}'$，S 系の原点 O から見たときの S′ 系の原点 O′ の位置ベクトルを $\vec{r}_0$ とすれば，これらの間には，

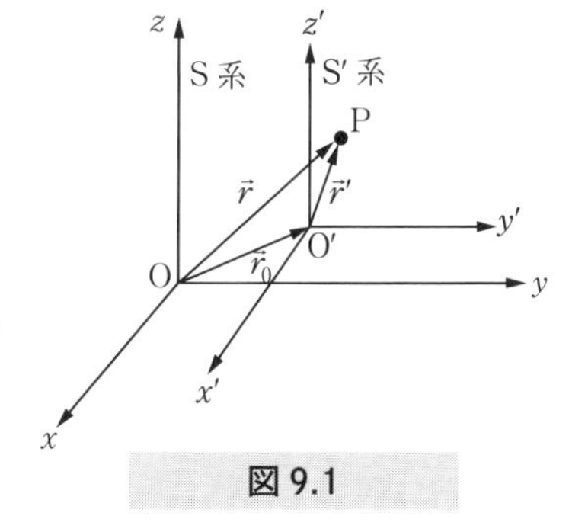

図 9.1

$$\vec{r} = \vec{r}_0 + \vec{r}'$$
$$\vec{a} = \vec{a}_0 + \vec{a}'$$

が成り立つ．ここに $\vec{a}_0$ は S′ 系の S 系に対する加速度である．運動の第 2 法則は S 系で成り立つが，S′ 系ではまったく違った形になる．すなわち，質点 P に力 $\vec{F}$ がは

たらいているとき，S 系では，

$$m\vec{a} = \vec{F}$$

であり，S′ 系では，

$$m(\vec{a}_0 + \vec{a}') = \vec{F} \rightarrow m\vec{a}' = \vec{F} - m\vec{a}_0$$

となる．このように，S′ 系では真の力 $\vec{F}$ のほかにもう 1 つの力 $-m\vec{a}_0$ がはたらいているように見える．このような力を見かけの力（慣性力）という．とくに $\vec{a}_0 = \vec{c}$（定ベクトル）の場合．すなわち S′ 系が S 系に対して等加速度運動している時には，（並進）慣性力は時間によらず一定の力になる．

> **例題 9.1**　等加速度 $\vec{a}_0$ で水平に動いている電車がある．電車の中で，質量 m の小球がひもでつりさげられ静止している．ひもと鉛直線とのなす角 θ を S 系（地上）と S′ 系（電車）の両方の立場で求めよ．また，ひもの張力 $\vec{T}$ の大きさ T はいくらか．

解

S 系で見た場合，x, y 軸を図 1 のようにとる．小球には重力 $m\vec{g} = (0, -mg)$，

図 1

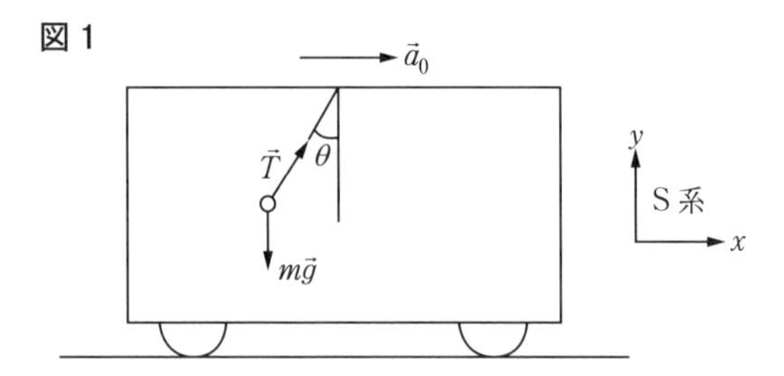

張力 $\vec{T} = (T\sin\theta, T\cos\theta)$ の 2 力がはたらいている．運動方程式は，

$m\vec{a} = \vec{T} + m\vec{g}$，$\vec{a} = \vec{a}_0 + \vec{a}' \rightarrow \vec{a} = \vec{a}_0 = (a_0, 0)$ に注意する．

成分で書くと，$\vec{a} = (a_0, 0)$ であるから，

x 方向：$ma_x = ma_0 = T\sin\theta$

y 方向：$ma_y = 0 = T\cos\theta - mg$

両式より，T を消去すると，

$$\tan\theta = \frac{a_0}{g} \to \theta = \tan^{-1}\frac{a_0}{g}$$

が求まる．

張力 $\vec{T}$ の大きさ T は，

$$T = m\sqrt{{a_0}^2 + g^2}$$

である．

S′ 系で見た場合，x', y' 軸を図 2 のようにとる．小球には $m\vec{g}, \vec{T}$ の他に見かけの力 $-m\vec{a}_0$ がはたらいてつりあっている．

$$\vec{T} + m\vec{g} + (-m\vec{a}_0) = \vec{0}$$

成分で書くと，

x' 方向：$T\sin\theta - ma_0 = 0$

y' 方向：$T\cos\theta - mg = 0$

図 2

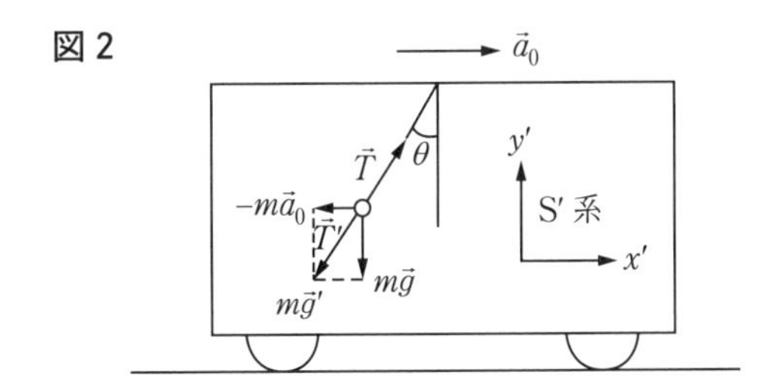

両式より，

$$\tan\theta = \frac{a_0}{g}\ \left(\theta = \tan^{-1}\frac{a_0}{g}\right),\ T = m\sqrt{{a_0}^2 + g^2}$$

が求まる．

参考

重力と慣性力の合力

$$\vec{T}' = -\vec{T} = m\vec{g} + (-m\vec{a}_0) = m(\vec{g} + (-\vec{a}_0)) = m\vec{g}'$$

は S′ 系で小球にはたらく見かけの重力とみなすことができる．

この場合，見かけ上の重力加速度 $\vec{g}'$ は鉛直下方（$-y'$ 方向）と θ の角をなし，大きさは，

$$g' = \sqrt{g^2 + {a_0}^2}$$

となる.

例題 9.2 図に示すように，加速度 a_0 で加速している電車の天井からぶらさげた長さ l の糸の先端に質量 m の小球をとりつけると，糸は $-y'$ 方向と θ の角をなして静止した．θ の近くで微小振動させる．この場合の周期を求めよ．

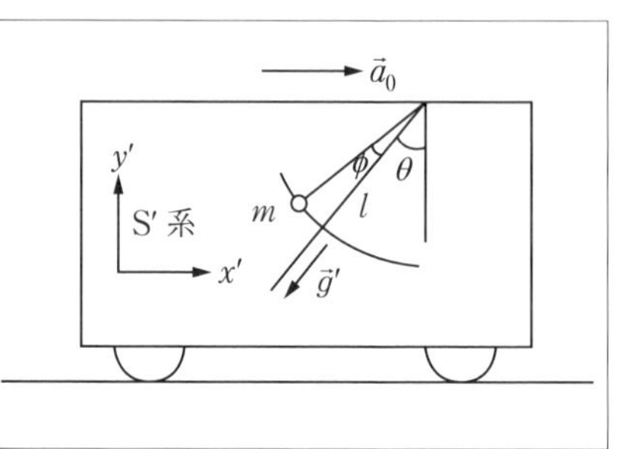

解

S′ 系（電車内の座標系）で糸の方向を電車内の「鉛直方向」と見なし，この方向に見かけの重力 $m\vec{g}'$ がはたらいていると考えると，重力 $m\vec{g}$ がはたらいている単振り子と同様の単振動をする．

単振り子の周期，

$$T = 2\pi\sqrt{\frac{l}{g}}$$

の g を $g' = \sqrt{g^2 + {a_0}^2}$ に変更して，

$$T' = 2\pi\sqrt{\frac{l}{g'}} = 2\pi\sqrt{\frac{l}{\sqrt{g^2 + {a_0}^2}}}$$

と求められる．

θ からのふれの角を ϕ として，接線方向の運動方程式から，

$$\frac{d^2\phi}{dt^2} = -\frac{g'}{l}\sin\phi \fallingdotseq -\frac{g'}{l}\phi = -\omega'^2\phi \quad \left(\omega' = \sqrt{\frac{g'}{l}}\right)$$

がえられる．

これから周期が，

$$T' = \frac{2\pi}{\omega'} = 2\pi\sqrt{\frac{l}{g'}} = 2\pi\sqrt{\frac{l}{\sqrt{g^2 + {a_0}^2}}}$$

と求められる．

9.2 回転座標系と見かけの力（遠心力，コリオリの力）

図 9.2 のように，慣性系（静止系）$S(O-xyz)$ の z 軸のまわりを角速度 ω で回転している回転座標系 $S'(O'-x'y'z')$ を考える．

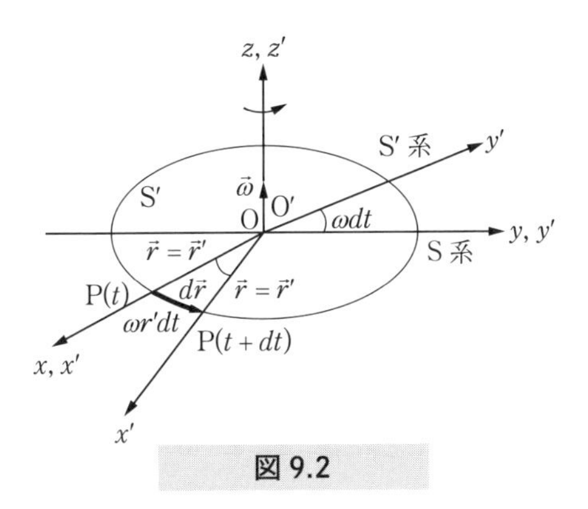

図 9.2

両系の原点 O, O' は同じで，z, z' 軸は平行であるとする．このとき，両系で見た動いている点 P の位置ベクトル $\vec{r}, \vec{r}'$ は，つねに等しく，

$$\vec{r} = \overrightarrow{OP} = \overrightarrow{O'P} = \vec{r}',\ d\vec{r} = d\vec{r}' \text{（微小変位）}$$

の関係が成り立っている．

時刻 t に x 軸と x' 軸が一致していたとする．

このとき，S' 系の $x' = r'$, $y' = 0$ の位置に固定した点 P は時刻 $t + dt$ には，S' 系で見ると同一点であるが，S 系から見ると $r\omega dt$ だけ半径 r の円上を移動している．

大きさが ω で，回転している向きに右ねじを回したとき，右ねじの進む向きを向いている角速度ベクトル $\vec{\omega}$ を用いると，移動距離を向きまで含めた微小変位は，

$$d\vec{r} = (\vec{\omega} \times \vec{r})dt,\ \vec{\omega} = (0, 0, \omega)$$

と表される．

点 P の速度は，

$$\vec{v} = \frac{d\vec{r}}{dt} = \vec{\omega} \times \vec{r}$$

となる．大きさは ωr で向きが半径 r の円の接線方向である（図 9.3）．

次に S' 系で点 P が固定されていなく，時間 dt の間に点 P の位置が $x'y'$ 平面内を $d'\vec{r}'$ だけ，動いた場合を考える．

　このとき，S系から見た点Pの全変位は固定されていたときの点Pの変位分 $(\vec{\omega}\times\vec{r})dt$ に $d'\vec{r}'$ が加わる（図9.4）．

$$d\vec{r} = d'\vec{r}' + (\vec{\omega}\times\vec{r})dt$$

　$d\vec{r} = d\vec{r}'$ であるが，$d\vec{r}' \neq d'\vec{r}'$ であることに注意する．

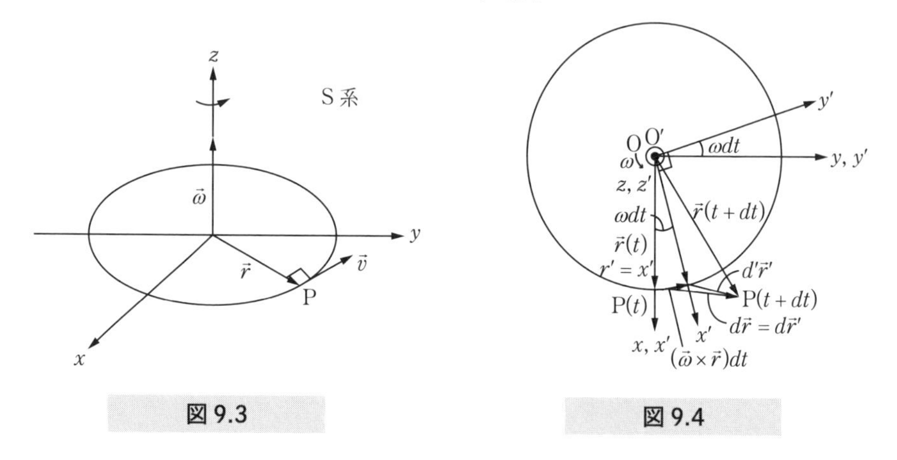

図9.3　　図9.4

　上式の両辺を dt で割り $\vec{r} = \vec{r}'$ を用いると，

$$\vec{v} = \frac{d\vec{r}}{dt} = \frac{d\vec{r}'}{dt} = \frac{d'\vec{r}'}{dt} + \vec{\omega}\times\vec{r} \qquad ①$$

$$= \vec{v}' + \vec{\omega}\times\vec{r} \qquad ②$$

の関係がえられる．$\vec{v}$ はS系で見た点Pの速度を，$\vec{v}'$ はS′系で見た速度を表す．

$$\vec{v}' = \vec{0}\ （点Pが固定）のとき，\vec{v} = \vec{\omega}\times\vec{r}$$

となる．

　上の②を t で微分するとS系で見た点Pの加速度を求めることができる．

$$\vec{a} = \frac{d\vec{v}}{dt} = \frac{d\vec{v}'}{dt} + \frac{d}{dt}(\vec{\omega}\times\vec{r}) \qquad ③$$

　右辺の第1項は，

$$\vec{v} = \frac{d\vec{r}}{dt} = \frac{d\vec{r}'}{dt} = \frac{d'\vec{r}'}{dt} + \vec{\omega}\times\vec{r} \quad (= \vec{\omega}\times\vec{r}')$$

の式の $\vec{r}'$ を $\vec{v}'$ に置き換えると，

$$\frac{d\vec{v}'}{dt} = \frac{d'\vec{v}'}{dt} + \vec{\omega} \times \vec{v}'$$
$$= \vec{a}' + \vec{\omega} \times \vec{v}'$$

となる．ここで $\vec{a}'$ は S′ 系で見た点 P の加速度である．

③の右辺の第 2 項は②を用いると，

$$\frac{d(\vec{\omega} \times \vec{r})}{dt} = \vec{\omega} \times \frac{d\vec{r}}{dt} = \vec{\omega} \times \vec{v}$$
$$= \vec{\omega} \times (\vec{v}' + \vec{\omega} \times \vec{r}')$$

となる．

よって，

$$\vec{a} = (\vec{a}' + \vec{\omega} \times \vec{v}') + \vec{\omega} \times (\vec{v}' + \vec{\omega} \times \vec{r}')$$

質量 m の物体に力 $\vec{F}$ がはたらくとき，S 系が成り立つ運動方程式 $m\vec{a} = \vec{F}$ に代入すると，

$$m\left[\vec{a}' + 2\vec{\omega} \times \vec{v}' + \vec{\omega} \times (\vec{\omega} \times \vec{r}')\right] = \vec{F}$$

これから，S′ 系から見た「運動方程式」は，

$$m\vec{a}' = \vec{F} - 2m\vec{\omega} \times \vec{v}' - m\vec{\omega} \times (\vec{\omega} \times \vec{r}')$$

となる．

右辺の第 2，3 項は回転しているために現れる見かけの力で，第 2 項の力 $\vec{f}_1$ をコリオリの力，第 3 項の力 $\vec{f}_2$ を遠心力とよぶ．

遠心力 $\vec{f}_2$ は，ベクトル 3 重積の公式，

$$\vec{A} \times (\vec{B} \times \vec{C}) = (\vec{A} \cdot \vec{C})\vec{B} - (\vec{A} \cdot \vec{B})\vec{C} \ \ (= \vec{B}(\vec{A} \cdot \vec{C}) - \vec{C}(\vec{A} \cdot \vec{B}))$$

を用いると，

$$\vec{f}_2 = -m\vec{\omega} \times (\vec{\omega} \times \vec{r}')$$
$$= -m(\vec{\omega} \cdot \vec{r}')\vec{\omega} + m(\vec{\omega} \cdot \vec{\omega})\vec{r}'$$
$$= m\omega^2 \vec{r}' \ \ (\because \vec{\omega} \perp \vec{r}')$$

と表すこともできる．

遠心力は S′ 系に対して静止している物体にも運動している物体にもはたらくのに対して，コリオリの力は運動している物体にしかはたらかない．

遠心力の大きさは回転軸と物体との距離に比例するが，コリオリの力は物体の位置とは無関係である．

S′ 系で現れるこれら 2 つの力 $\vec{f}_1, \vec{f}_2$ は並進座標系で現れる $-m\vec{a}_0$ と同様に見かけの力である．

S 系に対して加速度運動していたり，回転している S′ 系に現れる見かけの力を慣性力という．

慣性力はあくまで数学的に出てきた見かけ上のもので，実体的なものではない．ニュートンの運動の法則が成り立つ S 系においては現れないことに注意する．

例題 9.3　図のように，慣性系に対して角速度 $\vec{\omega}$ で回転している座標系 S′ 系 $(O' - x'y'z')$ を考える．$x'y'$ 面を回転面とし，z' 軸を $\vec{\omega}$ の向きにとる．質量 m の物体がこの面内で位置ベクトル $\vec{r}'$ の点 P を速度 $\vec{v}'$ で運動しているとき，

$$\vec{r}' = (x', y', 0),\ \vec{v}' = (\dot{x}', \dot{y}', 0),$$
$$\vec{\omega} = (0, 0, \omega)$$

と表される．

(1) 遠心力は $\vec{f}_2 = m\omega^2\vec{r}'$ となることを定義から求めよ．

(2) コリオリの力 $\vec{f}_1 = 2m\vec{v}' \times \vec{\omega}$ は $\vec{v}'$ と直交することを示せ．

解

(1)
$$\begin{aligned}\vec{f}_2 &= -m\vec{\omega} \times (\vec{\omega} \times \vec{r}') \\ &= -m(0, 0, \omega) \times (-\omega y', \omega x', 0) \\ &= -m(-\omega^2 x', -\omega^2 y', 0) = m\omega^2(x', y', 0) \\ &= m\omega^2\vec{r}'\end{aligned}$$

(2) $\vec{f}_1$ と $\vec{v}'$ のスカラー積をとる．

$$\begin{aligned}
\vec{f}_1 \cdot \vec{v}' &= (2m\vec{v}' \times \vec{\omega}) \cdot \vec{v}' \\
&= (2m(\dot{x}', \dot{y}', 0) \times (0, 0, \omega)) \cdot (\dot{x}', \dot{y}', 0) \\
&= 2m(\dot{y}'\omega, -\dot{x}'\omega, 0) \cdot (\dot{x}', \dot{y}', 0) \\
&= 2m\omega(\dot{y}', -\dot{x}', 0) \cdot (\dot{x}', \dot{y}', 0) \\
&= 2m\omega(\dot{y}'\dot{x}' - \dot{x}'\dot{y}' + 0) = 0
\end{aligned}$$

よって，$\vec{f}_1$ と $\vec{v}'$ は直交する．

例題 9.4 図1のように，慣性系（静止系）$\mathrm{S}(\mathrm{O}-xyz)$ の，z 軸のまわりに角速度 ω で回転しているなめらかな水平面上に回転座標系 $\mathrm{S}'(\mathrm{O}'-x'y'z')$ をとる．ここで，原点 O, O' は一致し，z, z' は平行であるとする．

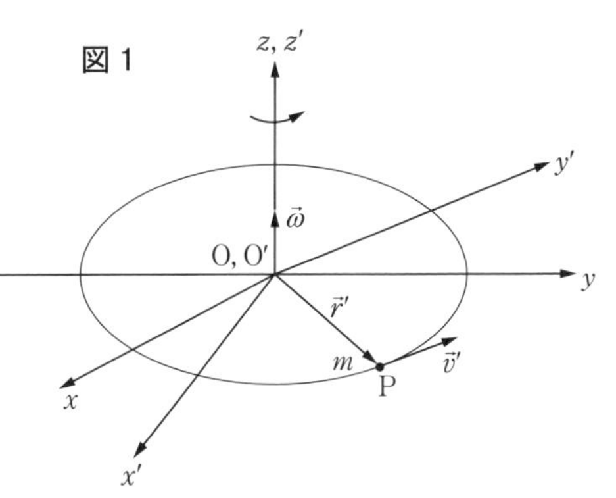

(1) $x'y'$ 面上において，長さ r' の糸の一端Pに質量 m の小球を結び，他端を原点 O' に結んだとする．$x'y'$ 面上で，小球が速さ v' で等速円運動しているとき，コリオリの力 $\vec{f}_1$，遠心力 $\vec{f}_2$ の大きさと向きを図に示せ．また，糸の張力の大きさ T を m, r', ω で表せ．

(2) 次に，糸をとりはずし，$\mathrm{O}'\mathrm{P} = r'$ の位置に小球をおき，O' からPの方向に速さ v' を与えたとき，小球にはたらくコリオリの力 $\vec{f}_1'$，遠心力 $\vec{f}_2'$ の大きさと向きを図に示せ．$\vec{f}_1'$ と $\vec{f}_2'$ の大きさの比 $\vec{f}_1' / \vec{f}_2'$ を求めよ．

解

図2からわかるように，

$\vec{f}_1 = -2m\vec{\omega} \times \vec{v}' = 2m\vec{v}' \times \vec{\omega}$ より，

$$大きさ: f_1 = 2mv'\omega \sin\frac{\pi}{2} = 2mv'\omega$$

向き：$\vec{v}'$ から $\vec{\omega}$ へ右ねじを回すとき，ねじの進む向き $\rightarrow$ O' からPへの向き

$$\vec{f}_2 = -m\vec{\omega}(\vec{\omega} \cdot \vec{r}') + m\omega^2 \vec{r}'$$

より，

$\vec{\omega} \perp \vec{r}'$ に注意すると $\vec{\omega} \cdot \vec{r}' = 0$ となる．

大きさ：$f_2 = m\omega^2 r'$

向き：O′からPへの向き

S′系における円の運動方程式は，

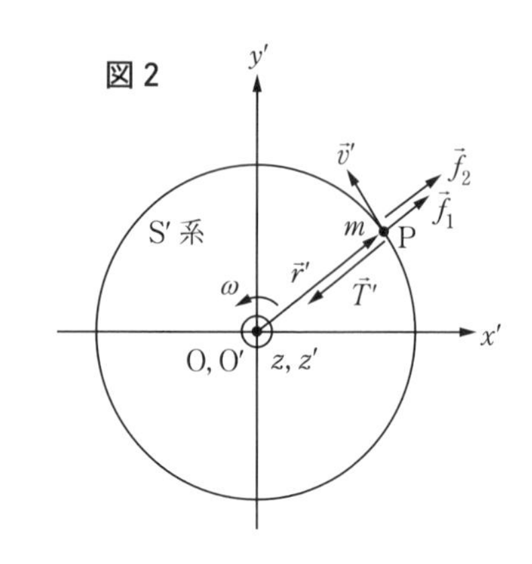

$$m\frac{v'^2}{r'} = T - f_1 - f_2$$
$$= T - 2mv'\omega - m\omega^2 r'$$

$$T = m\frac{v'^2}{r'} + 2mv'\omega + m\omega^2 r'$$

$v' = r'\omega$ とあわせて，

$$T = m\frac{1}{r'}r'^2\omega^2 + 2mr'\omega^2 + m\omega^2 r'$$
$$= mr'\omega^2 + 2mr'\omega^2 + mr'\omega^2$$
$$= 4mr'\omega^2$$

(2) 図3に示すように，$\vec{f}_2{}'$ の向きはO′→Pの方向で，大きさは，

$$f_2{}' = m\omega^2 r'$$

$f_1{}'$ の向きは $\vec{v}'$ に垂直な方向で，大きさは，

$$f_1{}' = 2m\omega v' \sin\frac{\pi}{2} = 2m\omega v'$$

$$\therefore \frac{f_1{}'}{f_2{}'} = \frac{2v'}{\omega r'}$$

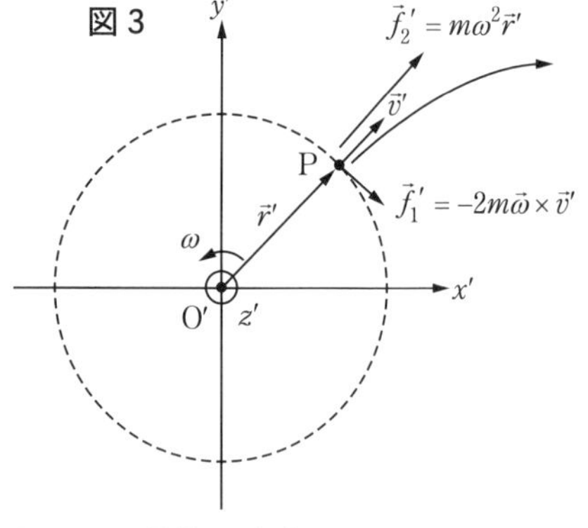

となる．これより，r' の位置で v' が大きいほど物体は右向きのコリオリの力を強く受けることがわかる．

> **例題 9.5**　北緯 θ の地点Pを質量 m の物体が速さ v' で真北に運動している．この物体にはたらくコリオリの力 $\vec{f}_1$ の大きさと向きを求めよ．自転の角速度の大きさは ω とする．

解

地球は西から東へ向かって回転しているから，角速度ベクトル $\vec{\omega}$ は南極から北極へ向かっている．

図１のように，地球の中心を原点 O′ とし，地球に固定された回転座標系を S′ 系 $(\mathrm{O}'-x'y'z')$ にとると $+z'$ 軸が $\vec{\omega}$ の向きになる．

$$\vec{f}_1 = -2m\vec{\omega}\times\vec{v}' = 2m(\vec{v}'\times\vec{\omega})$$

$\vec{v}'$ から $\vec{\omega}$ へ右ねじを回すとき，ねじの進む向きは $+y'$ 方向，すなわち真東を向いている．大きさは，

$$f_1 = 2mv'\omega\sin\theta$$

となる．

図 1

計算では，

$$\vec{v}' = (-v'\sin\theta, 0, v'\cos\theta)$$
$$\vec{\omega} = (0, 0, \omega)$$
$$2m\vec{v}'\times\vec{\omega} = 2m(0, +(v'\sin\theta)\omega, 0)$$

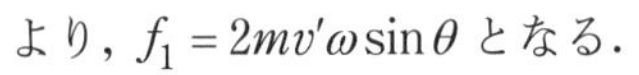
より，$f_1 = 2mv'\omega\sin\theta$ となる．

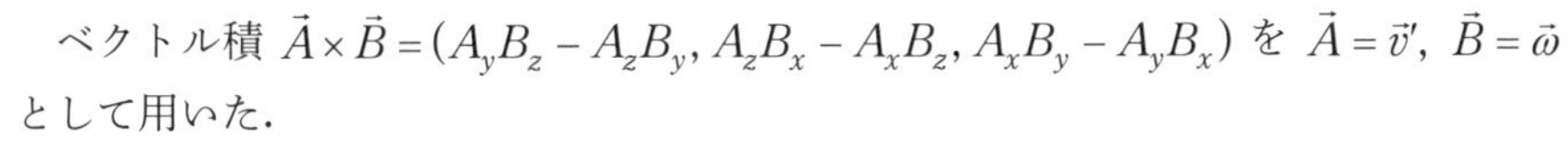
ベクトル積 $\vec{A}\times\vec{B} = (A_yB_z - A_zB_y, A_zB_x - A_xB_z, A_xB_y - A_yB_x)$ を $\vec{A}=\vec{v}'$，$\vec{B}=\vec{\omega}$ として用いた．

参考

点 P（地上）における遠心力 $\vec{f}_2$ の向きと大きさを求めてみよう（図 2）．

$\vec{f}_2$ はコリオリの力 $\vec{f}_1$ と異なり，静止 $(\vec{v}'=\vec{0})$ していてもはたらく．

点 P の位置ベクトルを $\vec{r}'(r'=R)$ とすると，

$$\vec{f}_2 = -m\vec{\omega}\times(\vec{\omega}\times\vec{r}') = m(\vec{\omega}\times\vec{r}')\times\vec{\omega}$$

$\vec{\omega}\times\vec{r}'$ の向きは $+y'$ 方向，$\vec{f}_2$ は，この方向と $\vec{\omega}$ とのベクトル積なので $+x'$ 方向を向く．

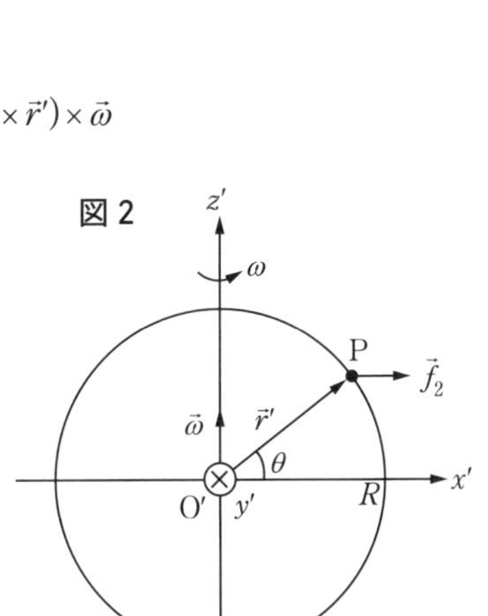

大きさは $|\vec{\omega}\times\vec{r}'| = \omega r'\sin\left(\dfrac{\pi}{2}-\theta\right) = \omega r'\cos\theta$

に注意すると，

$$f_2 = m\omega^2R\cos\theta$$

となる．ここで R は地球の半径を表す．

例題 9.6　地球の赤道上を西向きに速さ v' で水平に運動させると，質量 m の物体にはたらくコリオリの力 $\vec{f}_1$ と遠心力 $\vec{f}_2$ がちょうど打ち消しあったという．v' を求めよ．
ただし地球の半径を R，自転の角速度の大きさを ω とする．

解

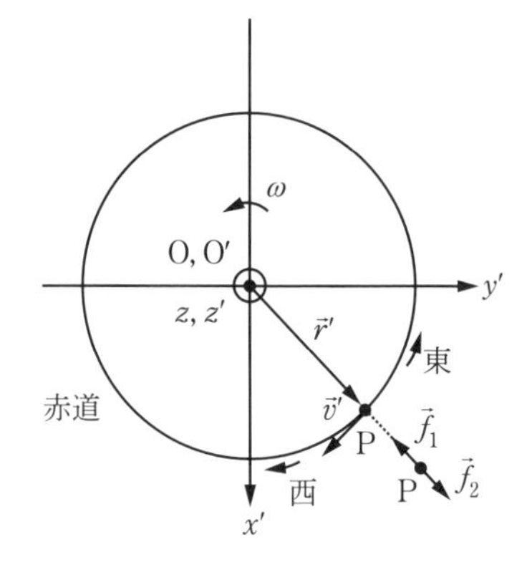

図のように，地球の中心を原点 O′，赤道面を $x'y'$ 面，地軸を z' 軸（北極側の正の向き）とする S′ 系 $(O' - x'y'z')$ を考える．自転の角速度を，

$$\vec{\omega} = (0, 0, \omega)$$

とし，赤道上の点 P の位置ベクトルを $\vec{r}'$ とする．

$$\vec{f}_1 = -2m\vec{\omega} \times \vec{v}' = 2m\vec{v}' \times \vec{\omega}$$

より，

向き　P → O′ の方向（∵ $\vec{v}'$ から $\vec{\omega}$ へ右ねじを回すとき，ねじが進む向き）

大きさ　$f_1 = 2mv'\omega$（∵ $\vec{v}' \perp \vec{\omega}$）

$$f_2 = -m\vec{\omega} \times (\vec{\omega} \times \vec{r}') = m(\vec{\omega} \times \vec{r}') \times \vec{\omega}$$

より，

向き　O′ → P の方向（∵ $\vec{\omega} \times \vec{r}'$ は東向き）

大きさ　$f_2 = m\omega R\omega$（∵ $r' = R$）

$f_1 = f_2$ より，

$$2mv'\omega = m\omega R\omega$$

$$v' = \frac{1}{2}R\omega$$

例題 9.7　長さ l の糸の一端を固定し，他端に質量 m のおもりをつるして，おもりが水平面内で角速度 ω で等速円運動している円すい振り子を考える．
糸が鉛直となす角を θ とするときのおもりの速さ v，糸の張力 $\vec{T}$ の大きさを回転座標系 S′ $(O' - x'y'z')$ の観点から求めよ．

解

図のように，円運動の中心 O′ とおもりを結ぶ直線を x' 軸に，O′ から鉛直に z' を

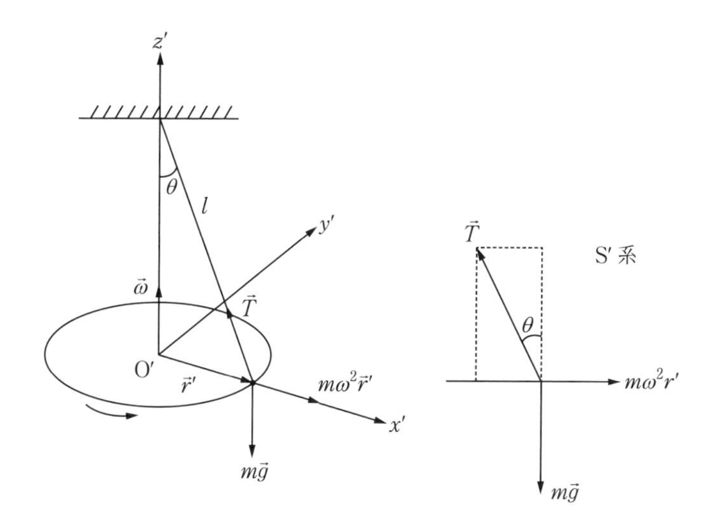

とる．角速度ベクトルは $\vec{\omega}=(0,0,\omega)$ となる．S' 系では，おもりにはたらいている力は張力 $\vec{T}$, 重力 $m\vec{g}$, 遠心力 $m\omega^2\vec{r}'$ である．

この 3 力でおもりは静止している．したがって

$$z' : T\cos\theta = mg \quad ①$$

$$x' : T\sin\theta = m\omega^2 r' \quad (r' = l\sin\theta) \quad ②$$

が成り立つ．

①, ②より $T=\dfrac{mg}{\cos\theta}$

$$\tan\theta = \frac{\omega^2 l\sin\theta}{g} \to \cos\theta\cdot\omega^2 l = g$$

$$\to \omega^2 = \frac{g}{l\cos\theta}$$

となる．

$v = l\sin\theta\cdot\omega$ より

$$v = l\sin\theta\cdot\sqrt{\frac{g}{l\cos\theta}} = \sqrt{gl\sin\theta\tan\theta}$$

復習　例題 5.15　円すい振り子

慣性系 S(O − xyz) では，おもりにかかる重力 $m\vec{g}$ と糸の張力 $\vec{S}(=\vec{T})$ の合力 $\vec{S}+m\vec{g}$ が水平な向心力になる．

$$x : ml(\sin\theta)\omega^2 = S\sin\theta$$
$$y : S\cos\theta - mg = 0$$

より，$\omega \to v$ がわかる．

周期 T は

$$T = \frac{2\pi}{\omega} = 2\pi\sqrt{\frac{l\cos\theta}{g}}$$

となる．

例題 9.8 図のように水平に置いた角速度 ω で回転している半径 R の円板がある．この円板の中心 O′ から距離 r' の点 P′ から円板のふちの点 P に向けて質量 m のボールを水平に速さ v' で投げる場合を考える．

(1) ボールにはたらくコリオリの力 $\vec{f}_1$ と遠心力 $\vec{f}_2$ の大きさの比 f_1/f_2 を求めよ．

(2) 円板の中心 O′ から円板のふちの点 P に向けてボールを水平に速さ v' で投げると，ボールは円板上でどのような軌跡を描くか．

解

(1) 図 1 のように，円板上に回転座標系 S′ (O′ − $x'y'z'$) をとる．y' 軸上の点 P′ から点 P に向けてボールを投げるとすると，点 P′ でボールにはたらく遠心力は $\vec{f}_2 = m\omega^2\vec{r}' = m\omega^2(0, r', 0)$

コリオリの力は $\vec{f}_1 = 2m(\vec{v}' \times \vec{\omega}) = (2mv'\omega, 0, 0)$

と表される．ここで，$\vec{r}' = (0, r', 0)$，$\vec{v}' = \dot{\vec{r}}' = (0, v', 0)$，$\vec{\omega} = (0, 0, \omega)$ である．

$\vec{f}_1 \cdot \vec{v}' = 0$，$\vec{f}_1 \cdot \vec{f}_2 = 0$，$\vec{f}_2(\vec{r}' = \vec{0}) = \vec{0}$

が成り立っている．

これから，回転座標系で現れる見かけの力（慣性力）の大きさの比は

$$\frac{f_1}{f_2} = \frac{2mv'\omega}{m\omega^2 r'} = \frac{2v'}{\omega r'}$$

となる．したがって，速いボールを投げれば投げるほど，ボールは右向きの力，すなわちコリオリの力の影響をより強く受ける．

(2) 小球を投げたときは，遠心力は $\vec{f}_2(\vec{r}' = \vec{0}) = \vec{0}$ であるが，コリオリの力は $\vec{f}_1 = 2m\vec{v}' \times \vec{\omega}$ が $\vec{v}'$ に垂直にはたらく．その後も，ボールには常に $\vec{v}'$ に垂直

な方向に大きさが一定の $\vec{f}_1$ がはたらくとすると，ボールの方向はたえず曲げられ，軌跡は円軌道になる．

円運動の方程式は，

$$m\frac{v'^2}{r} = 2m\omega v'$$

と書けるので，円運動の半径は

$$r = \frac{v'}{2\omega}$$

となる．よって，弧 $\overset{\frown}{\mathrm{OP'}}$ の軌道は O″ を中心とする円軌道

$$(x'-r)^2 + y'^2 = r^2$$

の一部となる（図 2）．

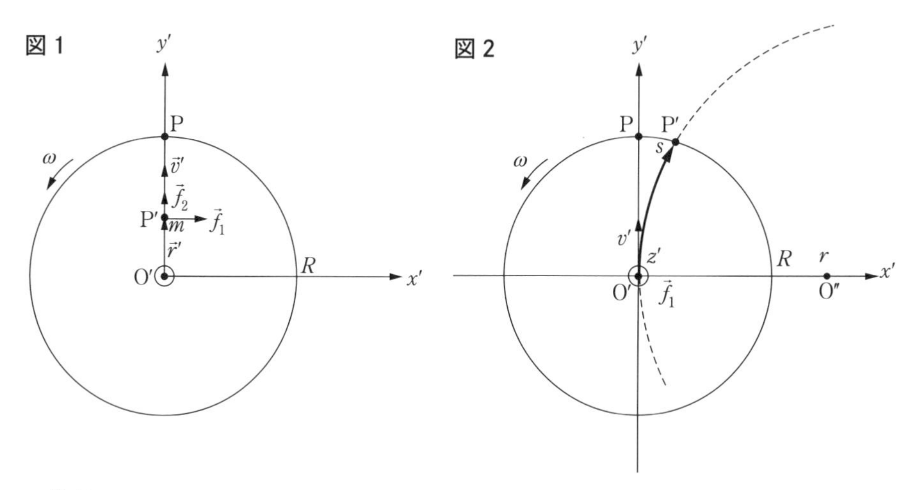

参考

ボールがふちに達するまでの時間 $t = \dfrac{R}{v'}$ の間に，ボールが P から P′ にずれる．ずれの距離 $\overset{\frown}{\mathrm{PP'}} = s$ を求める．ボールの運動方程式は

$$x' : m\ddot{x}' = 2m\omega v' = \text{一定}$$

$$\therefore\ \ddot{x}' = 2\omega v' = \text{一定}$$

$$s = \frac{1}{2}\ddot{x}'t^2 = \frac{1}{2}(2\omega v')\left(\frac{R}{v'}\right)^2 = \frac{\omega R^2}{v'}$$

となる．

例題 9.9　水平面上で一端 O のまわりに角速度 ω で回転しているなめらかな棒に輪を通し，点 O から a の位置に固定しておく．時刻 $t=0$ に輪を自由にしたら，輪は棒に沿って動き出した．ただし，重力の効果は考えなくてよい．

(1) 時刻 t における輪の位置 r' を求めよ．

(2) そのとき，輪にはたらく遠心力 $\vec{f_2}$ を求めよ．

(3) 輪が棒から受けている垂直抗力 $\vec{N}$ を求めよ．

解　(1)，(2)，(3)

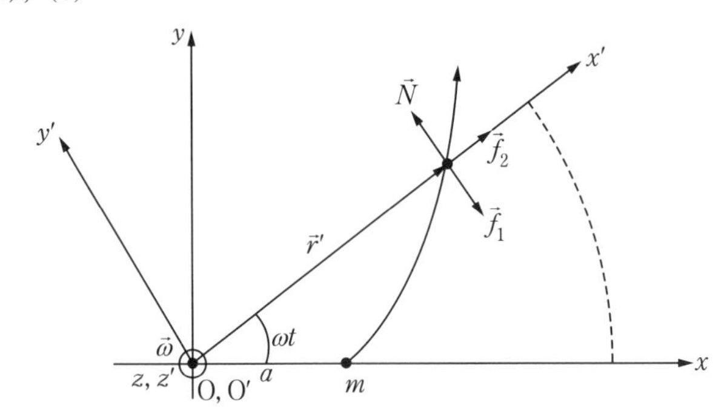

静止している座標系 (O − xyz) の z 軸のまわりを，角速度 ω で回転している回転座標系 (O′ − $x'y'z'$) を考える．

ただし，原点 O と O′ は一致し，棒に沿って x' 軸をとるものとする．

この座標系で輪の位置ベクトルと速度ベクトルは，それぞれ，

$$\vec{r}' = (x', 0, 0),\ \vec{v}' = (\dot{x}', 0, 0)$$

角速度ベクトルは，$\vec{\omega} = (0, 0, \omega)$ と表される．

よって，x' 方向，y' 方向の運動方程式は，

$$x' : m\ddot{x}' = mx'\omega^2 \qquad ①$$

$$y' : m\ddot{y}' = N - 2m\omega\dot{x}' = 0\ (\because y' = \dot{y}' = \ddot{y}' = 0) \qquad ②$$

①の一般解の求め方

$x = e^{pt}$ とおき，これが微分方程式①を満足するような p を求める．

$$\dot{x}' = pe^{pt},\ \ddot{x}' = p^2e^{pt}$$

これらを①に代入し，p を求める．

$$(p^2 - \omega^2)e^{pt} = 0$$

$$p^2 - \omega^2 = 0\ （特性方程式）\to p = \pm\omega$$

①の解は

$$x' = C_1 e^{\omega t} + C_2 e^{-\omega t}$$

と表される．速度は，

$$v' = \dot{x}' = C_1 \omega e^{\omega t} - C_2 \omega e^{-\omega t}$$

である．積分定数 C_1, C_2 は初期条件 $t = 0$ で $x' = a, v' = 0$ できまる．

$$C_1 + C_2 = a$$
$$C_1 \omega - C_2 \omega = 0$$

より

$$C_1 = C_2 = \frac{a}{2}$$

であることがわかる．

ここで，$\dfrac{de^{-\omega t}}{dt} = -\omega e^{-\omega t}$ を用いた．

これから，

$$\underline{r' = x' = \frac{a}{2}(e^{\omega t} + e^{-\omega t}) = a \cosh \omega t}$$ （1）の答

$$\underline{v' = \dot{x}' = \frac{1}{2} a\omega (e^{\omega t} - e^{-\omega t}) = a\omega \sinh \omega t}$$

がえられる．

また，遠心力 $\vec{f}_2$ とコリオリの力 $\vec{f}_1$ は，それぞれ

$$\vec{f}_2 = m\omega^2 \vec{r}' = m\omega^2 (x', 0, 0)$$

$$\underline{f_2 = m\omega^2 x' = \frac{1}{2} ma\omega^2 (e^{\omega t} + e^{-\omega t}) = ma\omega^2 \cosh \omega t}$$ （x' 成分のみ）（2）の答

$$\underline{\vec{f}_1 = 2m\vec{v}' \times \vec{\omega} (= -2m\vec{\omega} \times \vec{v}') = (0, -2m\omega \dot{x}', 0)}$$

$$f_1 = -ma\omega^2 (e^{\omega t} - e^{-\omega t})$$ （y' 成分のみ）

となる．コリオリの力とつりあう垂直抗力は $\vec{N} = (0, N, 0)$ となる．

$\vec{N} + \vec{f}_1 = \vec{0} \rightarrow N + f_1 = 0$ より

$$\underline{N = ma\omega^2 (e^{\omega t} - e^{-\omega t}) = 2ma\omega^2 \sinh \omega t}$$ （y' 成分のみ） （3）の答

自由にした瞬間は遠心力のみがはたらくが，その後は遠心力とコリオリの力がはたらく．

10　物体（質点）系から剛体へ

4.1 と 4.4 で学んだ 1 物体の運動方程式や回転運動の
運動方程式が，2 物体系ではどのように変るかを説明する.
新たに導入される重心の役割について理解を深める.
さらに多体系から剛体へ拡張すると，
剛体の重心が動かない，剛体が
回転しない（力のモーメントの和が$\vec{0}$）から
剛体のつりあいの条件がえられる.
新たに慣性モーメントを定義すると
剛体の回転運動の運動方程式がえられる.

10.1　2 物体（質点）系の運動方程式

2 物体系の物体間に内力のほかに，物体 1 に外力 $\vec{F}_1$，物体 2 に外力 $\vec{F}_2$ がはたらくとき，それぞれの運動方程式は，

$$\frac{d\vec{p}_1}{dt} = \vec{F}_{12} + \vec{F}_1,\ \frac{d\vec{p}_2}{dt} = \vec{F}_{21} + \vec{F}_2$$

となる（図 10.1）．この 2 物体系の全運動量は $\vec{P} = \vec{p}_1 + \vec{p}_2$，外力の和は $\vec{F} = \vec{F}_1 + \vec{F}_2$ である．内力の和 $\vec{F}_{12} + \vec{F}_{21} = \vec{0}$ とあわせると，

$$\frac{d\vec{P}}{dt} = \vec{F}$$

をえる．これは 2 物体（質点）系の運動方程式を表している．

右辺の力には内力は表には現れず，外力だけが表れることに注意する.

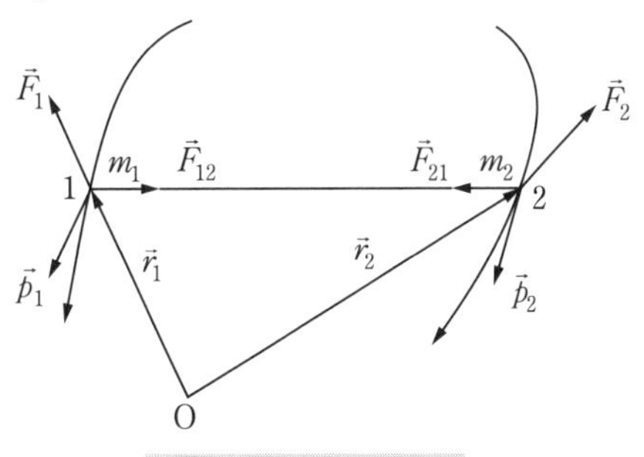

図 10.1

10.2　2物体（質点）系の重心（質量中心）

物体1, 2の質量を m_1, m_2，位置ベクトルを $\vec{r}_1, \vec{r}_2$，速度を $\vec{v}_1, \vec{v}_2$，全質量を $M = m_1 + m_2$ とする．

全運動量を $\vec{P} = M\vec{v}_c = m_1\vec{v}_1 + m_2\vec{v}_2$ の形で表すとき，

$$\vec{v}_c = \frac{m_1\vec{v}_1 + m_2\vec{v}_2}{m_1 + m_2}$$

となる．

$\vec{r}_c = \dfrac{m_1\vec{r}_1 + m_2\vec{r}_2}{m_1 + m_2}$ を定義すると，

$$v_c = \frac{d\vec{r}_c}{dt}$$

なので，2物体系の運動方程式は，

$$\frac{d\vec{P}}{dt} = M\frac{d\vec{v}_c}{dt} = M\frac{d^2\vec{r}_c}{dt^2} = \vec{F}$$

となる．

全質量 M が位置 $\vec{r}_c$ の点Gに集中し，そこに外力 $\vec{F}$ だけがはたらいて点Gという物体が速度 $\vec{v}_c$ で運動しているとみなしてよいことを示している．点Gを重心（質量中心）という（図10.2）

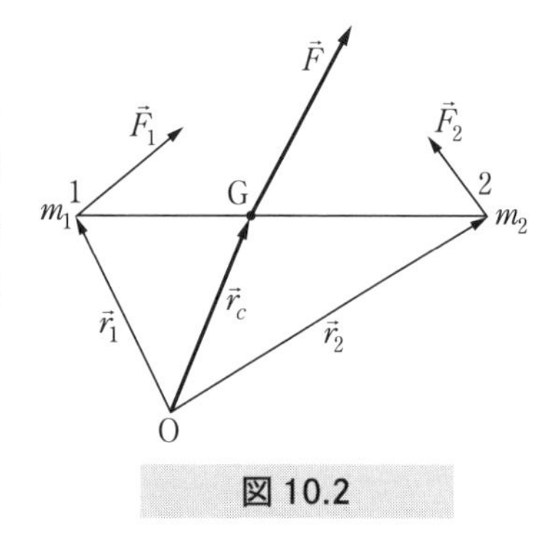

図10.2

■重心速度 $\vec{v}_c$

重心 $\vec{r}_c$ の両辺を t で微分すると，

$$\vec{r}_c = \frac{m_1\vec{r}_1 + m_2\vec{r}_2}{m_1 + m_2} \rightarrow \vec{v}_c = \frac{d\vec{r}_c}{dt} = \frac{m_1\dfrac{d\vec{r}_1}{dt} + m_2\dfrac{d\vec{r}_2}{dt}}{m_1 + m_2} = \frac{m_1\vec{v}_1 + m_2\vec{v}_2}{m_1 + m_2}$$

右辺の分子は2物体系の全運動量を表している．物体系に外力が加わらない（加わっても合力が $\vec{0}$ も含む）限り運動量は保存されるので，重心速度 $\vec{v}_c$ は一定に保たれる．

■相対位置ベクトル

質量 m_1, m_2 の 2 物体 1, 2（位置ベクトル $\vec{r}_1, \vec{r}_2$）の重心（質量中心）$\vec{r}_c$ を，位置ベクトル $\vec{r}_1, \vec{r}_2$ の重みつき平均として定義した．

$$\vec{r}_c = \frac{m_1\vec{r}_1 + m_2\vec{r}_2}{m_1 + m_2}$$

$\vec{r}_1$ に対する $\vec{r}_2$ の相対位置ベクトルを $\vec{r} = \vec{r}_2 - \vec{r}_1$ で導入する（図 10.3）．

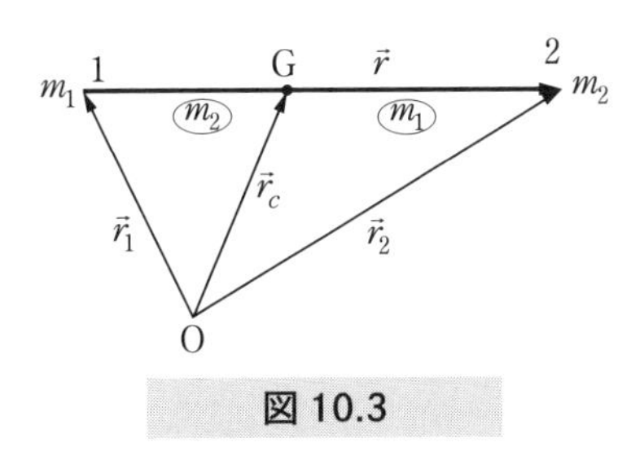

図 10.3

> **問**　$\vec{r}_c$ と $\vec{r}$ の式より重心 G は $\vec{r}$ の長さを $m_2 : m_1$ に内分する点であることを示せ．

解

両式を逆に解いて，

$$\vec{r}_1 = \vec{r}_c - \frac{m_2}{m_1 + m_2}\vec{r}$$

$$\vec{r}_2 = \vec{r}_c + \frac{m_1}{m_1 + m_2}\vec{r}$$

をえる．これから，

$$\vec{r}_1 - \vec{r}_c = -\frac{m_2}{m_1 + m_2}\vec{r}$$

$$\vec{r}_2 - \vec{r}_c = \frac{m_1}{m_1 + m_2}\vec{r}$$

$$\therefore\ \left|\vec{r}_1 - \vec{r}_c\right| : \left|\vec{r}_2 - \vec{r}_c\right| = m_2 : m_1$$

この関係式は 2 物体系の重心の位置を求めるときに効果的である．

たとえば，右図のように長さ物 l の軽い棒の両端に質量 m_1, m_2 の小物体を結んだとき，A, B の重心 G の位置を求めて

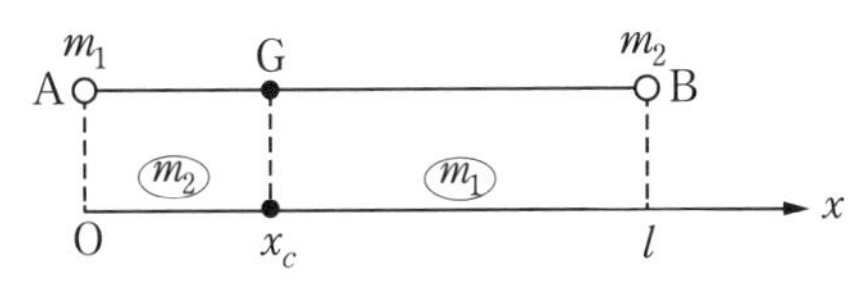

みよう.

$\vec{r}_c$ の式からは,

$$x_c = \frac{m_1 \cdot 0 + m_2 l}{m_1 + m_2} = \frac{m_2}{m_1 + m_2} l$$

l を $m_2 : m_1$（質量の逆比）に内分する点とする方法からは,

$$(x_c - 0) : (l - x_c) = m_2 : m_1$$

より $x_c = \dfrac{m_2}{m_1 + m_2} l$

と求められる.

> **例題 10.1**　一辺が a の正三角形の頂点 A, B, C の位置にそれぞれ質量 m, $2m$, $3m$ の小球がとりつけられている. 3 物体（質点）系（A, B, C 全体）の重心の位置を求めよ.

解

図のように, BC を x 軸に, BC の垂直 2 等分線を y 軸にとる. 重心 G の位置座標を (x_c, y_c) とする.

3 物体系の重心を求める式は, 2 物体系の式を 3 物体系に

$$r_c = \frac{\sum_{i=1}^{3} m_i \vec{r}_i}{\sum_{i=1}^{3} m_i}$$

と拡張して考えることができる.

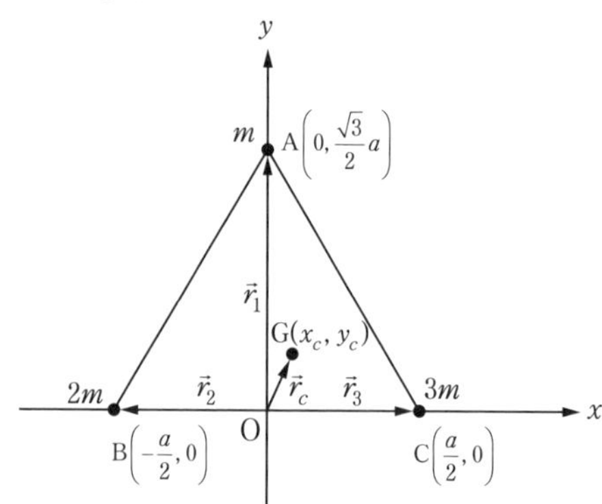

$$\vec{r}_c = (x_c, y_c)$$

$$\vec{r}_1 = \left(0, \frac{\sqrt{3}}{2}a\right),\ \vec{r}_2 = \left(-\frac{a}{2}, 0\right),\ \vec{r}_3 = \left(\frac{a}{2}, 0\right)$$

を代入し，重心 G の位置ベクトル $\vec{r}_c$ を求める．

$$x_c = \frac{m \times 0 + 2m \times \left(-\frac{a}{2}\right) + 3m \times \frac{a}{2}}{m + 2m + 3m} = \frac{1}{12}a$$

$$y_c = \frac{m \times \frac{\sqrt{3}}{2}a + 2m \times 0 + 3m \times 0}{m + 2m + 3m} = \frac{\sqrt{3}}{12}a$$

$$\therefore\ \mathrm{G}\left(\frac{1}{12}a, \frac{\sqrt{3}}{12}a\right)$$

3 つの小球が等質量 m のときは，

$$\mathrm{G}\left(0, \frac{\sqrt{3}}{6}a\right)$$

となる．このとき G は線分 AO を 2：1 に内分する点になっている．

例題 10.2　図のように，なめらかな水平な床の上に，質量 M，長さ l の板がおいてある．その板の左端に立っていた質量 M の人が，右端まで歩いていって止まった．

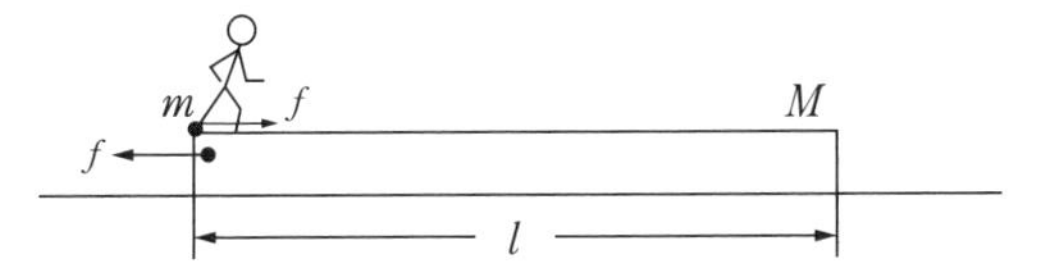

(1) 床に対する人の速度が v になったときの板の速度 V を求めよ．このとき，板に対する人の相対速度（板から見た人の速度）を求めよ．

(2) 人が板の上を歩いている間に，板が床に対して移動した距離はいくらになるか．

(3) 人と板を 2 物体系と考える．人が板の上を歩き始めてから止まるまで，人と板全体の重心（質量中心）の位置は変わらないことを示せ．

解

(1) 人が板の上を歩くとき，人が板を押す力の水平成分の大きさが f のとき，作用・反作用の法則により，人は板から右向きの力 f を受けている．そのため，人は右へ板は左へ動き出す．足が板に対してすべらない限り f は静止摩擦力である．

人と板の速度を，それぞれ v_1, v_2 とすると，運動方程式は

$$人：m\frac{dv_1}{dt} = +f \quad ①$$

$$板：M\frac{dv_2}{dt} = -f \quad ②$$

となる．

①+②

$$m\frac{dv_1}{dt} + M\frac{dv_2}{dt} = f - f = 0$$

これを時間積分して

$$mv_1 + Mv_2 = \mathrm{C}\ (定数)$$

初期条件は，歩き初めの時刻 $t = 0$ で人も板も静止しているので

$v_1 = v_2 = 0$，これから $\mathrm{C} = 0$ がきまる．

人と板をあわせて

運動量保存の法則

$$mv_1(t) + Mv_2(t) = 0 \quad ③$$

が成り立つ．これより

$$v_2 = -\frac{m}{M}v_1 \to V = -\frac{m}{M}v$$

相対速度は $v_{12} = v_1 - v_2 = \left(1 + \dfrac{m}{M}\right)v$

(2) ③を再度時間で積分する．

$$m\frac{dx_1}{dt} + M\frac{dx_2}{dt} = 0 \to mx_1 + Mx_2 = \mathrm{C}'\ (定数)$$

$$t = 0 で，x_1(0) = 0,\ x_2(0) = x_{20}\ (定数) \quad ④$$

より $\mathrm{C}' = Mx_{20}$ となり，

$$mx_1(t) + Mx_2(t) = Mx_{20} \quad ⑤$$

が導かれる．x_{20} は $t=0$ での板の重心の位置座標を表す．人が右端に達した時刻を T とすると⑤より

$$mx_1(0)+Mx_2(0)=mx_1(T)+Mx_2(T)$$
$$m(x_1(T)-x_1(0))+M(x_2(T)-x_2(0))=0$$

が成り立つ．人の変位を $\varDelta x_1$, 板の変位を $\varDelta x_2$ とすると上式は

$$m\varDelta x_1+M\varDelta x_2=0 \qquad ⑥$$

と表される．

一方，板から見た人の相対変位は $\varDelta x_1-\varDelta x_2$ で，人が板の右端にきたときはこれが l になるから，

$$\varDelta x_1-\varDelta x_2=l \qquad ⑦$$

が成り立つ．

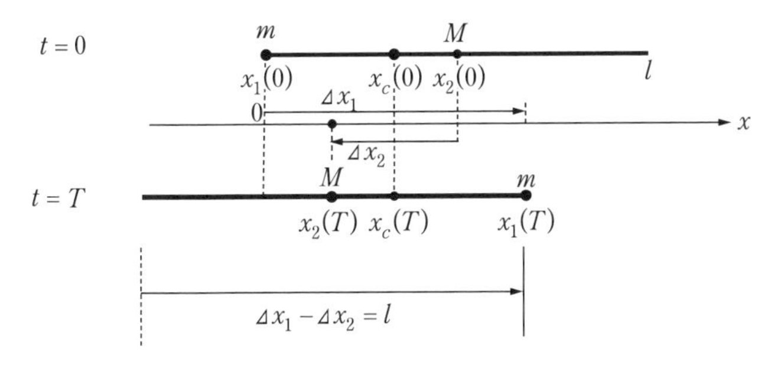

⑥, ⑦より

$$\vartriangle x_1=\frac{M}{m+M}l$$

$$\vartriangle x_2=-\frac{m}{m+M}l$$

をえる．板の移動した距離は左（$-x$ 方向）へ

$$\frac{m}{m+M}l$$

である．人がどのような速度で板の上を移動していくかには無関係に求められた．

(3) 人と板全体の重心は

$$x_c=\frac{mx_1+Mx_2}{m+M}$$

で与えられる．

これを時間で微分して③を考慮すると

$$\frac{dx_c}{dt}=\frac{mv_1+Mv_2}{m+M}=0$$

となる．これから $x_c=$ 一定となる．

人が歩いている時間中も，重心は歩き始めた重心の位置にとどまることを示している．

10.3　2物体（質点）系の回転運動の運動方程式

2物体系の回転運動の運動方程式は，1物体の場合の式

$$\frac{d\vec{L}}{dt}=\vec{N}$$

の $\vec{L},\vec{N}$ を，

$$\vec{L}=\vec{r}_1\times\vec{p}_1+\vec{r}_2\times\vec{p}_2$$
$$\vec{N}=\vec{r}_1\times\vec{F}_1+\vec{r}_2\times\vec{F}_2$$

に変えればよい．この場合も内力は相殺されるので考えなくてよい．

2物体系にかぎらず，3物体以上の物体系の重心は，

$$\vec{r}_c=\frac{\sum_i m_i\vec{r}_i}{\sum_i m_i}$$

として拡張して考えることができる．

このとき，重心の運動方程式は，

$$\frac{d\vec{P}}{dt}=M\frac{d\vec{v}_c}{dt^2}=M\frac{d^2\vec{r}_c}{dt^2}=\vec{F}$$

となる．ただし $M=\sum_i m_i$，$\vec{F}=\sum_i\vec{F}_i$ とする．

回転運動の運動方程式も，

$$\frac{d\vec{L}}{dt}=\vec{N}$$

と変更される．ただし $\vec{L}=\sum_i\vec{r}_i\times\vec{p}_i$，$\vec{N}=\sum_i\vec{r}_i\times\vec{F}_i$ とする．

この2つの方程式は剛体のつりあいの条件を導く際に用いられる．

例題 10.3 物体系の重心の並進運動方程式と回転運動の運動方程式はいずれも同じ基準点（点Oとする）としている．重心の運動は基準点の選び方に依存するが，回転運動の基準点は基準点の選び方に関係しない．
基準点を重心（質量中心）に選んだ場合の回転運動を記述する角運動量の時間変化の式を記せ．

解

図のように，基準点を点Oとする物体iの位置ベクトル$\vec{r}_i$を重心Gの位置ベクトル$\vec{r}_c$とそれに相対的な位置ベクトル$\vec{r}'_i$の和に分解する．

$$\vec{r}_i = \vec{r}_c + \vec{r}'_i \quad ①$$

$\vec{v}_i = \dot{\vec{r}}_i$, $\vec{v}_c = \dot{\vec{r}}_c$, $\vec{v}'_i = \dot{\vec{r}}'_i$ だから速度も同様に分解される：

$$\vec{v}_i = \vec{v}_c + \vec{v}'_i \quad ②$$

また，

$$\sum_i m_i \vec{r}_i = \left(\sum_i m_i\right)\vec{r}_c,\ \sum_i m_i \vec{v}_i = \left(\sum_i m_i\right)\vec{v}_c$$

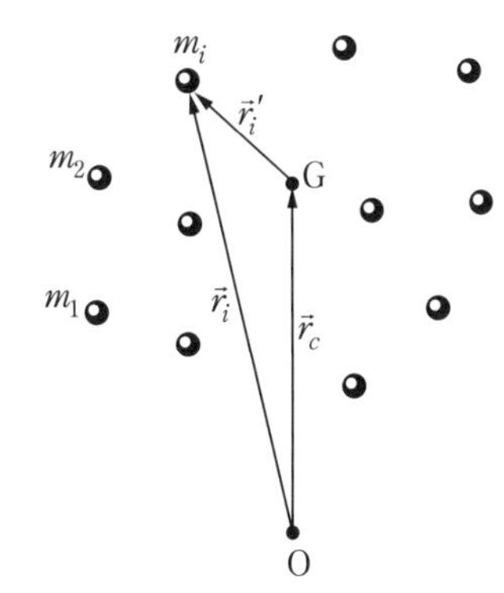

だから次式が成り立つ：

①より $\sum_i m_i \vec{r}'_i = 0$，②より $\sum_i m_i \vec{v}'_i = 0$

両式を使うと，

物体系の角運動量$\vec{L}$は原点Oに関する重心Gの角運動量$\vec{L}_c$とGのまわりの角運動量$\vec{L}'$の和で表される．

$$\vec{L} = \vec{L}_c + \vec{L}' \quad ③$$

$$\vec{L} = \sum_i \vec{r}_i \times m_i \frac{d\vec{r}_i}{dt} \quad ④$$

$$\vec{L}' = \sum_i \vec{r}_i{}' \times m_i \frac{d\vec{r}'_i}{dt} \quad ⑤$$

$$\vec{L}_c = \vec{r}_c \times M \frac{d\vec{r}_c}{dt},\ M = \sum_i m_i \quad ⑥$$

$\vec{L}, \vec{L}_c, \vec{L}'$ の時間変化はそれぞれ

$$\frac{d\vec{L}}{dt} = \sum_i \vec{r}_i \times \vec{F}_i \quad ⑦$$

$$\frac{d\vec{L}'}{dt} = \sum_i \vec{r}_i' \times \vec{F}_i \qquad ⑧$$

$$\frac{d\vec{L}_c}{dt} = \vec{r}_c \times \vec{F},\ \vec{F} = \sum_i \vec{F}_i \qquad ⑨$$

となる．

角運動量の時間変化は，⑦慣性系の原点Oのまわりに考えても，⑧物体系の重心Gのまわりに考えてもよいことがわかる．⑦は固定軸のまわりの物体系の回転のとき有効である．

⑧の関係式は，重心Gの運動に関係なく（静止していても，加速度運動していても）成り立つことに注意する．

⑧は斜面を転がる物体系（剛体）の回転運動の運動方程式として重要となる(→ 11.6)．

10.4　剛体の重心（質量中心）

これまでは，物体の大きさを無視できる物体（質点）のつりあいや運動を考えてきた．実際の物体は大きさをもっているため，質点の運動にはない回転運動も行う．この節では，大きさをもち変形しない（質点間の距離 $|\vec{r}_i - \vec{r}_j|$ が一定に保たれる）物体のつりあいや運動を考える．このような理想的な物体を剛体という．剛体を細かく分割すると物体（質点）系と見なされるので，これまで導いた物体系（質点系）に対する運動法則（重心の運動方程式や回転運動の運動方程式）が部分的修正を行えば剛体にも適用できる．

質量が連続的に分布している剛体の重心の位置 $\vec{r}_c$ は，質点系の場合の m_i を微小な質量要素 dm に $\vec{r}_i$ を $\vec{r}$ に，和 $\sum$ を積分 $\int$ に置き換えて次のようにえられる．

$$\vec{r}_c = \frac{\sum_i m_i \vec{r}_i}{\sum_i m_i} = \frac{\sum_i m_i \vec{r}_i}{M} \to \vec{r}_c = \frac{\int \vec{r}\,dm}{\int dm} = \frac{\int \vec{r}\,dm}{M}$$

連続体が3次元，2次元，1次元的に分布しているとき，dm をそれぞれ，

$$dm = \rho dV,\ dm = \sigma dS,\ dm = \lambda dx$$

とする．ここで，ρ, σ, λ はそれぞれ体積密度［kg/m^3］，面密度［kg/m^2］，線密度［kg/m］を，dV，dS，dx はそれぞれ体積要素，面積要素，線要素を表す．dV，dS

のデカルト座標(x, y, z)，極座標(r, θ, ϕ)による表示はそれぞれ，

$$dV = dxdydz = r^2 \sin\theta drd\theta d\phi,\ dS = dxdy = rdrd\phi$$

である．両座標の間には，

$$x = r\sin\theta\cos\phi,\ y = r\sin\theta\sin\phi,\ z = r\cos\theta$$

の関係がある．ρ, σ, λ は一般的には位置 $\vec{r} = (x, y, z)$ の関数であるが，物体が一様分布のとき定数となる．ρ, σ, λ が一定のとき，重心を求めるには対称性を利用するとよい．たとえば，一様な球の重心は球心に，一様な円板の重心は円板中心に，一様な棒の重心は棒の中点にある．

例題 10.4　長さが l で，線密度（単位長さあたりの質量）λ が一様に増加する細い棒がある．一端 A では λ は λ_1 で，他端 B では λ_2 である場合，棒の重心 G の位置は A よりどれだけの距離にあるか．

解

図のように，A を原点 O とし，AB に沿って x 軸をとる．A より x の距離にある線密度 $\lambda(x)$ は，

$$\lambda(x) = \frac{\lambda_2 - \lambda_1}{l} x + \lambda_1$$

である．重心 G の位置の座標 x_c は，微小質量要素は $dm = \lambda(x)dx$ だから，

$$x_c = \frac{\int xdm}{\int dm} = \frac{\int_0^l x\lambda(x)dx}{\int_0^l \lambda(x)dx} = \frac{1}{3}\frac{\lambda_1 + 2\lambda_2}{\lambda_1 + \lambda_2} l$$

$$\therefore\ \frac{1}{3}\frac{\lambda_1 + 2\lambda_2}{\lambda_1 + \lambda_2} l$$

とくに，$\lambda_1 = \lambda_2 = \lambda$（一定），つまり，一様な棒のとき，

$$x_c = \frac{1}{2} l$$

となる．

例題 10.5　底辺が a，高さ b の一様な密度のうすい直角三角形の板の重心 G の位置の座標を求めよ．

解

図のように，x, y 軸をとる．板の質量を M とすると，面密度は面積 $S = \frac{1}{2}ab$ なので，

$$\sigma = \frac{M}{S} = \frac{2M}{ab}$$

となる．

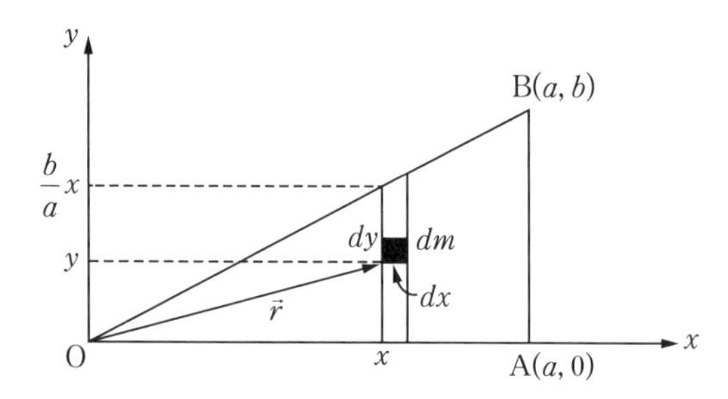

$$dm = \sigma dS = \sigma dxdy$$

であるから，G の位置ベクトル $\vec{r}_c = (x_c, y_c)$ は，

$$\vec{r}_c = \frac{1}{M}\int \vec{r}dm,\ \ M = \int dm,\ \ \vec{r} = (x, y)$$

より

$$x_c = \frac{\sigma}{M}\int xdxdy = \frac{\sigma}{M}\int_0^a xdx\int_0^{\frac{b}{a}x} dy = \frac{2}{3}a$$

$$y_c = \frac{\sigma}{M}\int ydxdy = \frac{\sigma}{M}\int_0^a dx\int_0^{\frac{b}{a}x} ydy = \frac{1}{3}b$$

ここで，OB の直線は $y = \frac{b}{a}x$ で表されることを用いた．上式より，

$$\vec{r}_c = \left(\frac{2}{3}a, \frac{1}{3}b\right)$$

と求まる．

参考

直線 $y=\dfrac{b}{2a}x$ と $y=\dfrac{2b}{a}x-b$ の交点として求めることもできる.

例題 10.6　半径 a の一様な半球体の重心 G を求めよ.

解

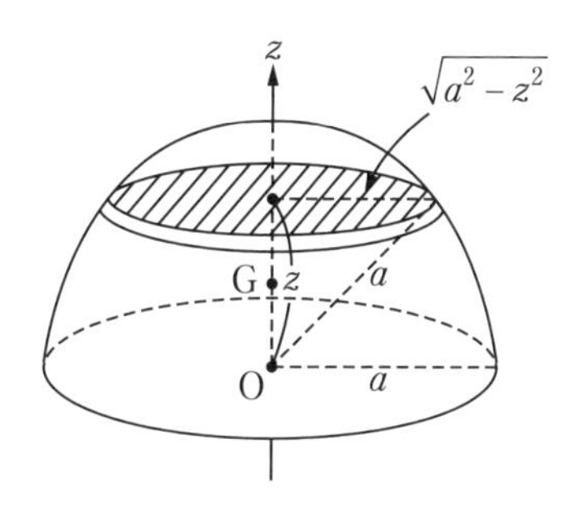

図のように,球の中心 O を原点として,底面に垂直に z 軸をとる.半球体は,z 軸に関して対称であるから,重心 G は z 軸上にある.O より z の距離にあり,底面に平行な平面で切った厚さ dz の微小円板の質量 dm は,密度 ρ とすると,体積要素 dV は,

$$dV=\pi(\sqrt{a^2-z^2})^2dz$$

であるから,

$$dm=\rho dV=\rho\pi(a^2-z^2)dz$$

と表される.重心 G の座標 z_c は $\vec{r}=(0,0,z)$ としてよいので,

$$z_c=\frac{\int zdm}{\int dm}=\frac{\int_0^a z\cdot\rho\pi(a^2-z^2)dz}{\int_0^a\rho\pi(a^2-z^2)dz}$$

$$=\frac{\left[a^2\dfrac{z^2}{2}-\dfrac{z^4}{4}\right]_0^a}{\left[a^2z-\dfrac{z^3}{3}\right]_0^a}=\frac{3}{8}a$$

$$\therefore\ \mathrm{OG}=\frac{3}{8}a$$

10.5　剛体のつりあい

剛体がつりあうためには,重心が動きださないように重心の加速度 $\dfrac{d^2\vec{r}_c}{dt^2}$ が $\vec{0}$ であること,かつ原点 O のまわりの回転が起こらないように角運動量 $\vec{L}$ が $\vec{0}$ のままで変化しないことが必要である.したがって,

つりあいの条件は,

(1) $\sum_i \vec{F}_i = \vec{0}$ (外力のベクトル和が $\vec{0}$)

(2) $\sum_i \vec{N}_i (= \vec{r}_i \times \vec{F}_i) = \vec{0}$ (原点 O のまわりの外力のモーメントの和が $\vec{0}$)

が同時に成り立つことである.

(1) を力のつりあい, (2) を力のモーメントのつりあいの式とよぶことが多い.

重心が動かないということは, どこを基準にしても動かないので, 基準点の選び方によらないことを意味する. つりあいの条件の適用の際に原点 O のまわりでなくても任意に選んだ 1 点のまわりの外力のモーメントの和を $\vec{0}$ としてもよい.

原点 O ではなく, 任意の点 $\vec{r}_0$ のまわりの力のモーメントを考えよう.

$$\sum_i (\vec{r}_i - \vec{r}_0) \times \vec{F}_i = \sum_i \vec{r}_i \times \vec{F}_i - \vec{r}_0 \times \sum_i \vec{F}_i$$

の右辺の第 1 項は (2) より $\vec{0}$, 第 2 項は (1) より $\vec{0}$ となる. したがって, 力のモーメントのつりあいの式は原点でなくても, 計算に都合のよい点のまわりで考えればよい.

例題 10.7 図 1 のように, 長さ l, 質量 m の一様な板 AB が鉛直線と角 θ_1, θ_2 2 つの軽いロープに結ばれてつり下げられている. この板に質量 $2m$ の箱をのせたところ, $\theta_1 = 30°$, $\theta_2 = 60°$ のとき板は水平に保たれた. 箱は板の端 A からいくらの距離にあるか.

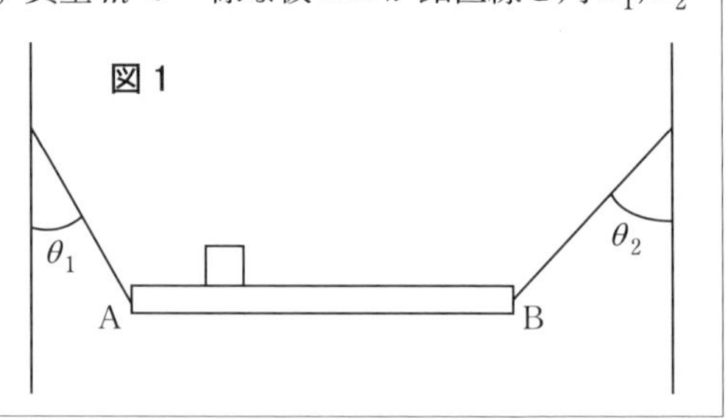

解

板と箱を 1 つの物体とみなし, 板の重心の位置を G とし, 箱の位置を P とする. (図 2).

物体にはたらくロープの張力をそれぞれ $\vec{T}_1, \vec{T}_2$ とすると, x, y 方向の力のつりあいの式はそれぞれ

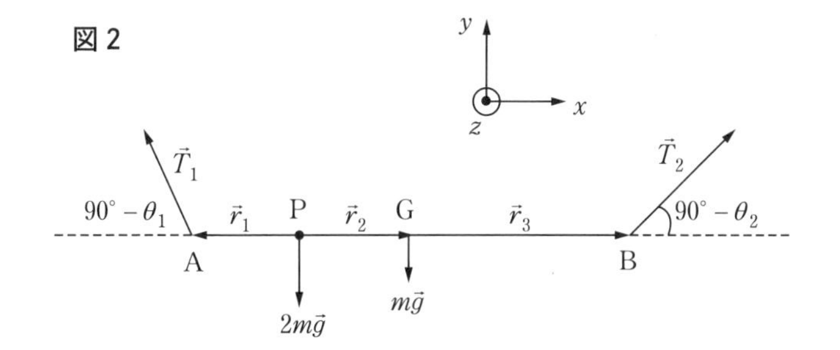

$$\sum_i F_{ix}=0 \to T_2\sin\theta_2 - T_1\sin\theta_1 = 0 \qquad ①$$

$$\sum_i F_{iy}=0 \to T_1\cos\theta_1 + T_2\cos\theta_2 - 3mg = 0 \qquad ②$$

P を基準とする A, G, B の位置ベクトルをそれぞれ $\vec{r}_1, \vec{r}_2, \vec{r}_3$ とすると，P のまわりの力のモーメントのつりあいの式は，

$$\vec{N}=\sum_i \vec{N}_i=\vec{0} \to \vec{N}_1+\vec{N}_2+\vec{N}_3=\vec{0}$$

$$\vec{N}_1=\vec{r}_1\times\vec{T}_1,\ \vec{N}_2=\vec{r}_2\times m\vec{g},\ \vec{N}_3=\vec{r}_3\times T_2$$

となる．z 方向の単位ベクトルを $\vec{e}_z$ とすると，

$$\vec{N}_1=-r_1T_1\sin(90^\circ-\theta_1)\vec{e}_z$$

$$\vec{N}_2=-r_2mg\sin 90^\circ\vec{e}_z$$

$$\vec{N}_3=+r_3T_2\sin(90^\circ-\theta_2)e_z$$

より，

$$\vec{N}=(0,0,N_z)=0$$

$$N_z=-r_1T_1\cos\theta_1-r_2mg\sin 90^\circ+r_3T_2\cos\theta_2=0 \qquad ③$$

$$r_2=\left(\frac{l}{2}-r_1\right),\ r_3=l-r_1,\ \theta_1=30^\circ,\ \theta_2=60^\circ$$

の関係式が成り立つ．

①, ②より

$$T_1=\frac{3\sqrt{3}}{2}mg,\ T_2=\frac{3}{2}mg$$

これらを③に代入して

$$r_1 = \frac{1}{8}l \qquad 答$$

をえる.

例題 10.8　図のように，長さ l，質量 M の一様な棒を糸でつるし，下端を力 $\vec{F}$ で水平に引いた．このとき糸および棒が鉛直線となす角 θ_1, θ_2 と糸の張力の大きさ T を求めよ．

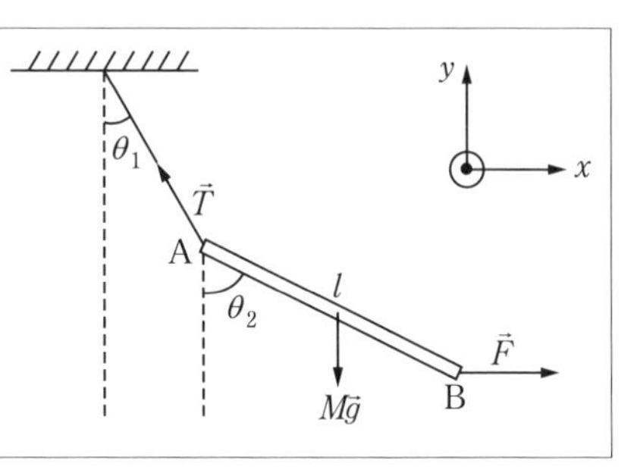

解

3 力のつりあいの式が成り立つ．

$$\vec{T} + M\vec{g} + \vec{F} = 0$$

成分表示すると，

$$x : F - T\sin\theta_1 = 0 \qquad ①$$

$$y : T\cos\theta_1 - Mg = 0 \qquad ②$$

点 A についての「力のモーメントのつりあい」の式，

$$\sum_i \vec{N}_i = \sum_i \vec{r}_i \times \vec{F}_i = \vec{0}$$

より，

$$\sum_i \vec{N}_{iz} = -\frac{l}{2}Mg\sin\theta_2 + lF\cos\theta_2 = 0 \qquad ③$$

①, ②より，$\tan\theta_1 = \dfrac{F}{Mg}$ を満足する θ_1　答

③より，

$\tan\theta_2 = \dfrac{2F}{Mg}$ を満足する θ_2　答

①, ②より，

$$\sin^2\theta_1 + \cos^2\theta_1 = \frac{1}{T^2}\left[F^2 + (Mg)^2\right] = 1$$

$$\therefore\ T = \sqrt{F^2 + (Mg)^2} \qquad 答$$

例題 10.9　長さ l，質量 m のはしごがなめらかで垂直な壁に立てかけてある．はしごと床との間の静止摩擦係数を μ とする．はしごがすべらずに静止しているためには，はしごと床のなす角 θ にどのような条件が必要か．

解

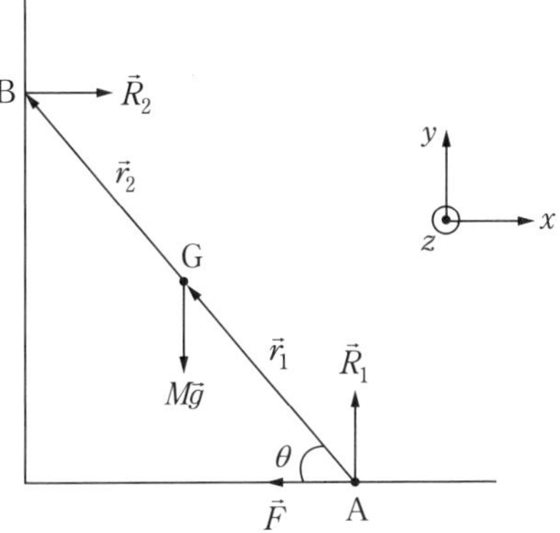

図のように，はしごの A 点にはたらく床からの垂直抗力を $\vec{R}_1$，静止摩擦力を $\vec{F}$，B 点にはたらく壁からの垂直抗力を $\vec{R}_2$ とする．はしごの重心 G にはたらく重力は $M\vec{g}$ である．

力のつりあいの式

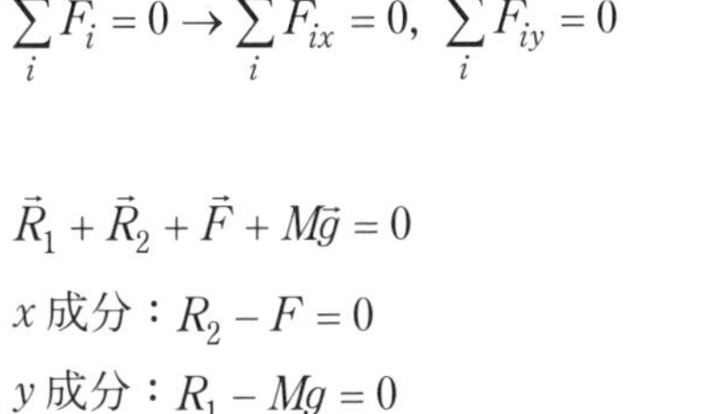

$$\sum_i \vec{F}_i = \vec{0} \rightarrow \sum_i F_{ix} = 0,\ \sum_i F_{iy} = 0$$

は，

$$\vec{R}_1 + \vec{R}_2 + \vec{F} + M\vec{g} = 0$$

$$x\text{成分}：R_2 - F = 0 \qquad ①$$

$$y\text{成分}：R_1 - Mg = 0 \qquad ②$$

となる．

力のモーメント（回転させようとする力のはたらき）のつりあいの式は，任意の点のまわりの力のモーメントの和が 0 で表される．

$$\vec{N} = \sum_i \vec{N}_i = \sum_i \vec{r}_i \times \vec{F}_i = \vec{0}$$

任意の点を A 点にとり，A 点からの G 点，B 点の位置ベクトルをそれぞれ，$\vec{r}_1, \vec{r}_2$ とすると，A 点のまわりの力のモーメントのつりあいの式は

$$\vec{N} = \sum_i \vec{N}_i = \vec{N}_1 + \vec{N}_2 = \vec{0}$$

$$\vec{N}_1 = \vec{r}_1 \times M\vec{g},\ \vec{N}_2 = \vec{r}_2 \times \vec{R}_2$$

$+z$ 方向の単位ベクトルを $\vec{e}_z$ とすると

$$\vec{N}_1 = r_1 Mg \sin\left(\frac{\pi}{2} + \theta\right) \cdot \vec{e}_z$$

$$\vec{N}_2 = -r_2 R_2 \sin(\pi - \theta)\vec{e}_z$$

より

$$\vec{N} = (0, 0, N_z) = 0$$

$$N_z = r_1 Mg \sin\left(\frac{\pi}{2} + \theta\right) - r_2 R_2 \sin\theta = 0 \qquad ③$$

となる．ここで，$r_1 = \frac{1}{2}l$，$r_2 = l$ である．

②より

$$R_1 = Mg$$

③，①より

$$F = \frac{Mg}{2\tan\theta}$$

すべらないためには

$F \leqq \mu R_1$（最大静止摩擦力の大きさ）

だから，条件は

$$\underline{\tan\theta \geqq \frac{1}{2\mu}} \qquad 答$$

となる．

例題 10.10　図のように，長さ l，質量 M の一様なはしご AB がなめらかな鉛直な壁とあらい水平な床との間に立てかけてあり，水平となす角を θ，はしごと床との静止摩擦係数を μ とする．質量 m の人（質点とみなす）が下端 A から登るとき，登ることのできる最大の距離 s を求めよ．

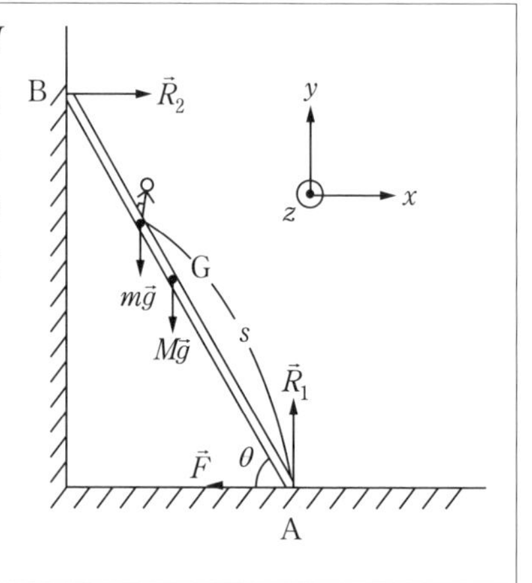

解

人とはしごを1つの剛体（質点系）と考えれば，これにはたらく外力は重力 $m\vec{g}$，$M\vec{g}$，床からの垂直抗力 $\vec{R}_1$，壁からの垂直抗力 $\vec{R}_2$，摩擦力 $\vec{F}$ である．剛体のつりあいの条件は並進運動しない（重心が静止）条件と回転運動しない条件が必要である．

式で書くと，

$$\sum_i \vec{F}_i = m\vec{g} + M\vec{g} + \vec{R}_1 + \vec{R}_2 + \vec{F} = \vec{0} \qquad ①$$

$$\sum_i \vec{N}_i = \vec{0} \qquad ②$$

①を成分で表すと，

$$x\text{成分}：R_2 - F = 0 \qquad ③$$

$$y\text{成分}：R_1 - mg - Mg = 0 \qquad ④$$

②は，任意の点のまわりの力のモーメントの和が0であることを表している．点Aのまわりの力のモーメントの和を考えると，

$$\sum_i \vec{N}_i = (0, 0, N_z) = \vec{0} \to N_z = lR_2 \sin\theta - smg\cos\theta - \frac{1}{2}lMg\cos\theta = 0 \qquad ⑤$$

④より，

$$R_1 = (M+m)g$$

③，⑤より，

$$R_2 = \frac{1}{l\tan\theta}\left(ms + \frac{1}{2}Ml\right)g = F$$

が求まる．これをすべらない条件 $F \leqq \mu R_1$ に代入すると，

$$s \leqq \frac{\mu l(M+m)\tan\theta}{m} - \frac{M}{2m}l \qquad ⑥$$

がえられる．

$$\therefore\ s = \frac{\mu l(M+m)\tan\theta}{m} - \frac{M}{2m}l \qquad \text{答} \qquad ⑦$$

10.6　固定軸をもつ剛体の回転運動

図10.4に示すように，剛体は小さな部分の集合体とみなし，質量が無視できる円板に質量 $m_1, m_2, \cdots, m_i, \cdots$ の小球を埋め込んだ物体系を考える．

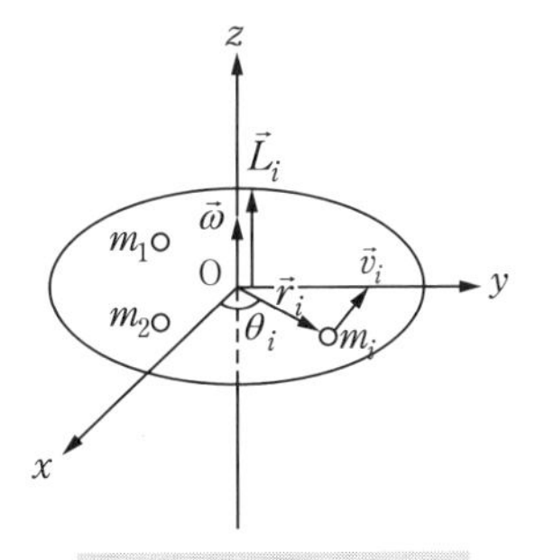

図 10.4

円板の中心を原点Oとする x, y, z 座標軸をとり，固定軸（z 軸）のまわりに角速度 ω で円板が xy 平面上を回転している場合，i 番目の小球の質量を m_i, z 軸からの位置を $\vec{r}_i$ とするとき，すべての m_i は共通の ω で回

転しているので，m_i の速度は $\vec{v}_i = \vec{\omega} \times \vec{r}_i$ となる．$\vec{\omega}$ は角速度ベクトルで向きは $+z$ 方向である．

このとき $\vec{v}_i$ は $\vec{r}_i$ に垂直（接線方向）で $\left|\vec{v}_i\right| = r_i \omega \sin\dfrac{\pi}{2} = r_i \omega$ である．i 番目の小球の角運動量は，

$$\vec{L}_i = \vec{r}_i \times \vec{p}_i = \vec{r}_i \times m_i \vec{v}_i = \vec{r}_i \times m_i (\vec{\omega} \times \vec{r}_i)$$

真中の式より，$\vec{L}_i$ の向きは $+z$ 方向で，$\left|\vec{L}_i\right| = m_i r_i v_i \sin 90^\circ = m_i r_i^2 \omega$ とするか，右の式をベクトル 3 重積の公式を用いて，$\vec{r}_i \times (\vec{\omega} \times \vec{r}_i) = \vec{\omega}(\vec{r}_i \cdot \vec{r}_i) - \vec{r}_i(\vec{r}_i \cdot \vec{\omega}) = r_i^2 \vec{\omega}$ として

$$\vec{L}_i = (0, 0, m_i r_i^2 \omega)$$

となる．

m_i にはたらく外力 $\vec{F}_i$ の原点 O のまわりの力のモーメントは，

$$\vec{N}_i = \vec{r}_i \times \vec{F}_i$$

である．$\vec{F}_i$ が $x-y$ 平面ではたらくとき，$\vec{N}_i$ の z 成分だけが 0 でない．このとき，

$$\vec{N}_i = (0, 0, \vec{N}_{iz})$$

となる．

回転運動の運動方程式に代入すると，

$$\frac{d\vec{L}_i}{dt} = \vec{N}_i \to \frac{m_i r_i^2 d\omega}{dt} = N_{iz}$$

すべての i について足すと，

$$\left(\sum_i m_i r_i^2\right)\frac{d\omega}{dt} = \sum_i N_{iz} = N_z$$

がえられる．

$I_z = \sum_i m_i r_i^2$ とおくと，

$$I_z \frac{d\omega}{dt} = N_z$$

これは物体系の回転運動の運動方程式を与える．I_z は円板内の小球が z 軸を回る間一定値をとり慣性モーメントとよばれる．

$\vec{r}_i$ が x 軸となす角を θ_i とすると，角速度は各小球で共通であるから，

$$\omega = \frac{d\theta_i}{dt} \ (i \text{ によらない})$$

と表され，回転運動の運動方程式は，θ_i はどこを基準にしてもよいので，

$$I_z \frac{d^2\theta}{dt^2} = N_z$$

と書くこともできる．

例題 10.11　1次元の運動方程式と比較し，対応関係を調べよ．

解

$$m\frac{dv}{dt} = F \quad m\frac{d^2x}{dt^2} = F$$

$$I_z\frac{d\omega}{dt} = N_z \quad I_z\frac{d^2\theta}{dt^2} = N_z$$

$$m \longleftrightarrow I_z$$

$$v \longleftrightarrow \omega$$

$$x \longleftrightarrow \theta$$

$$F \longleftrightarrow N_z$$

物体系から剛体の回転の運動方程式への拡張は，慣性モーメントを次のように置き換えるとよい．

$$\sum \ \to \int, \ r_i \to r, \ m_i \to dm$$

$$I = \int r^2 dm$$

ここで dm は微小な質量要素を表す．

$$I_z\frac{d\omega}{dt} = I_z\frac{d^2\theta}{dt^2} = N_z$$

$$I_z = \int r^2 dm$$

と表される．

問　力のモーメントは外力のみを考え，内力は考えなくてよい理由を示せ．

解

m_i と m_j との間にはたらく内力 $\vec{f}_{ij} = -\vec{f}_{ji}$ が m_i と m_j を結ぶ線上にあれば，m_j か

らの $\vec{f}_{ij}$ の原点Oのまわりのモーメント $\vec{n}_{ij}$ は m_i からの $\vec{n}_{ji}$ と $\vec{n}_{ij}=-\vec{n}_{ji}$ の関係になり，和をとると $\vec{0}$ になるので内力によるものは考慮しなくてもよい．

例題 10.12　棒の慣性モーメント

質量 M, 長さ l の一様な細い棒の端点Oを通り，棒に垂直な固定軸（z 軸）のまわりの慣性モーメントを求めよ．

解

図のように点Oから棒に沿って x 軸をとる．

位置 x の点に微小長さ dx をとると，その部分の微小質量 dm は，

$$dm=\lambda dx$$

である．ここで $\lambda\left(=\dfrac{M}{l}\right)$ は線密度である．

よって，

$$I_z=\int x^2dm=\lambda\int_0^l x^2dx=\frac{1}{3}Ml^2$$

と求まる．

問　棒の中点を通り棒に垂直な z 軸のまわりの慣性モーメントを求めよ．

解

例題 10.12 の I_z の式において，

x 軸の原点Oを棒の中点にとり，積分範囲を $-\dfrac{l}{2}$ から $\dfrac{l}{2}$ にすればよい．

$$I_z=\int x^2dm=\lambda\int_{-\frac{l}{2}}^{\frac{l}{2}} x^2dx=\frac{1}{12}Ml^2$$

となる．

例題 10.13　円板の慣性モーメント

質量 M，半径 a の一様な薄い円板の中心Oを通って，円板に垂直な z 軸のまわりの慣性モーメント I_z を求めよ．

解

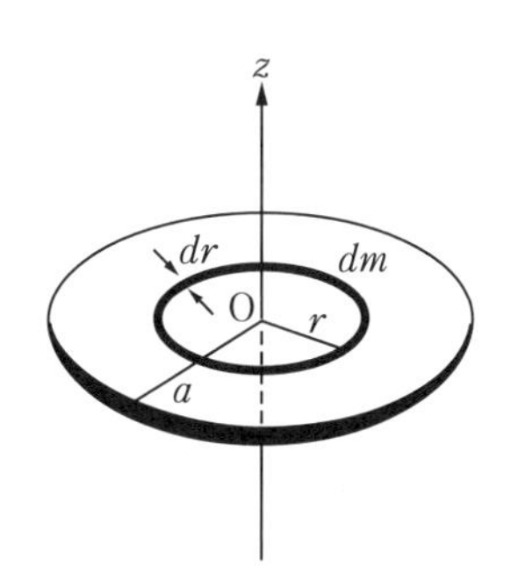

図のように，円板を半径 r と $r+dr$ に囲まれた同心の円輪を考える．円輪部分の質量 dm は，

$$dm = \sigma 2\pi r dr$$

である．ここで $\sigma\left(=\dfrac{M}{\pi a^2}\right)$ は面密度である．

$$I_z = \int r^2 dm = 2\pi\sigma\int_0^a r^3 dr = \frac{1}{2}\pi\sigma a^4 = \frac{1}{2}Ma^2$$

例題 10.14　物理振り子（剛体振り子）

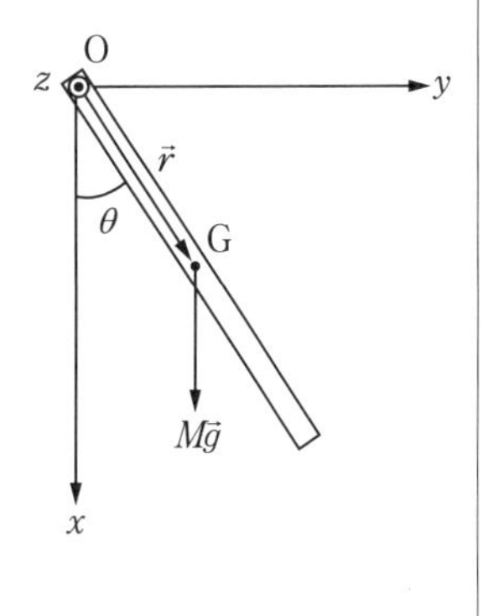

図のように，質量 M，長さ l の一様な棒が z 軸のまわりで回転する場合を考える．

ただし，x 軸は鉛直下向きに，y 軸は水平にとるものとする．棒が x 軸とのなす角を θ とし，重力の加速度の大きさを g とする．

(1) z 軸のまわりの力のモーメント $\vec{N}$ を求めよ．

(2) 棒の回転運動の運動方程式をかけ．

(3) 振れの角が小さいとき $(\sin\theta \fallingdotseq \theta)$，この運動は単振動であることを示し，その周期を求めよ．

解

(1) 重力 $M\vec{g}$ は原点Oより $\dfrac{l}{2}$ の位置にある重心Gにはたらいている．

$$\vec{r} = (x, y, z) = \left(\frac{l}{2}\cos\theta, \frac{l}{2}\sin\theta, 0\right),\ \ M\vec{g} = (Mg, 0, 0)$$

であるから，

$$\vec{N} = \vec{r}\times M\vec{g} = \left(0, 0, -\frac{1}{2}lMg\sin\theta\right)$$

となる．

(2) 回転運動の運動方程式は，

$$I_z \frac{d^2\theta}{dt^2} = N_z \to I_z \frac{d^2\theta}{dt^2} = -\frac{1}{2} lMg \sin\theta$$

となる．I_z は棒の z 軸のまわりの慣性モーメントで，$I_z = \frac{1}{3}Ml^2$ であることはすでに例題 10.12 で求めてある．

(3) (2) の結果より

$$\frac{d^2\theta}{dt^2} = -\frac{3g}{2l}\sin\theta \fallingdotseq -\frac{3g}{2l}\theta = -\omega^2\theta$$

となり，この解は単振動で，

$$\theta = \theta_0 \sin(\omega t + \phi) \quad \left(\omega = \sqrt{\frac{3g}{2l}}\right)$$

周期は，

$$T = \frac{2\pi}{\omega} = 2\pi\sqrt{\frac{2l}{3g}}$$

参考

ひもを重量の無視できる棒とし，質量 M が棒の先端にくっついていると考え，

$$I_z = Ml^2,\ N_z = -Mgl\sin\theta$$

とすると単振り子の運動方程式，

$$\frac{d^2\theta}{dt^2} = -\frac{g}{l}\theta$$

に一致し，周期は，

$$T = 2\pi\sqrt{\frac{l}{g}}$$

となる．

例題 10.15　アドウッドの器械（定滑車が質量をもつ場合）

質量 M, 半径 a の一様な定滑車に長さ一定の軽い糸をかけ，糸の端に質量 m_1, $m_2(m_1 > m_2)$ のおもり A, B をつけて静かにはなす．ただし，定滑車は円板で，軸のまわりを摩擦なしで回転し，糸はすべらないものとする．

(1) おもり A の加速度と糸の張力の大きさを求めよ．

(2) 定滑車の回転角加速度を求めよ．

解

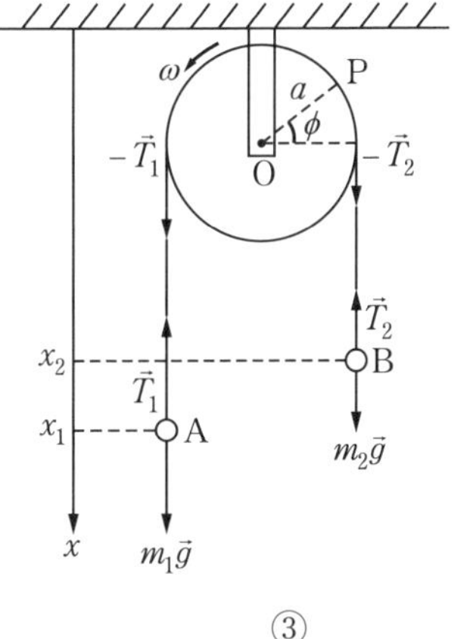

(1) 図 のように，鉛直下向きを $+x$ 軸に選び，A, B の x 座標を x_1, x_2，糸の張力の大きさを T_1, T_2 とする．おもりの運動方程式は，

$$\mathrm{A} : m_1\ddot{x}_1 = m_1 g - T_1 \qquad ①$$

$$\mathrm{B} : m_2\ddot{x}_2 = m_2 g - T_2 \qquad ②$$

となる．半径 OP の回転角を ϕ とすると，角速度は $\omega = \dfrac{d\phi}{dt}$, 角加速度は $\dot{\omega} = \dfrac{d\omega}{dt} = \dfrac{d^2\phi}{dt^2}$ と表される．定滑車の回転の運動方程式は，

$$I_z \frac{d^2\phi}{dt^2} = N \rightarrow I_z\dot{\omega} = aT_1 - aT_2 \qquad ③$$

となる．I_z は定滑車の中心 O を通り紙面に垂直な回転軸（z 軸）のまわりの慣性モーメントを表す．円板のとき $I_z = \dfrac{1}{2}Ma^2$ である（例題 10.13 参照）．

束縛条件（糸の長さは一定，糸は定滑車のまわりをすべらない）は，

$$x_1 + x_2 = \text{一定} \rightarrow \ddot{x}_1 = -\ddot{x}_2 \qquad ④$$

$$\dot{x}_1 = a\omega \rightarrow \ddot{x}_1 = a\dot{\omega} \qquad ⑤$$

となる．①, ②, ③より T_1, T_2 を消去し，④, ⑤を使うと，おもり A の加速度 α_1 は，

$$\alpha_1 = \ddot{x}_1 = \frac{(m_1 - m_2)a^2}{(m_1 + m_2)a^2 + I_z} g \qquad ⑥$$

となる．おもり B の加速度 α_2 は $\alpha_2 = \ddot{x}_2 = -\ddot{x}_1 = -\alpha_1$ なので，α_1 と大きさが等しく逆向きである．これらを①, ②に代入して，A, B の張力の大きさ T_1, T_2 は，

$$T_1 = \frac{2m_2 a^2 + I_z}{(m_1 + m_2)a^2 + I_z} m_1 g,\ T_2 = \frac{2m_1 a^2 + I_z}{(m_1 + m_2)a^2 + I_z} m_2 g \qquad ⑦$$

となる．$I_z = 0$ とすれば，

$$T_1 = T_2 = \frac{2m_1 m_2}{m_1 + m_2} g$$

となり，例題 5.10 の結果と一致する．

（2）回転角加速度 β は⑤，⑥より，

$$\beta = \dot{\omega} = \frac{\alpha_1}{a} = \frac{(m_1 - m_2)a}{(m_1 + m_2)a^2 + I_z} g$$

となる．おもり A, B は等加速度運動，定滑車は等角加速度運動を行う．

11　例題展開

これまでの例題を通して学んだ運動の法則のエッセンスを
縦横に駆使する例題展開（大学入試問題も含む）を通じて，
力学の CORE（芯）を真から理解する.
暗黒物質（ダークマター）の密度分布についても考察する.

例題展開 11.0　放物運動の飛行時間

質量 m の物体を，地上の点 O から仰角 θ_0，初速 v_0 で投げ上げた．この物体が再び地上の点 P に達するまでの時間 t を，運動量の変化 = 力積の関係から求めよ．

解

図のように，座標軸をとる．

物体が地上の点 P に速さ v，角 θ で衝突したとする．物体にはたらいている重力 $m\vec{g}$ は保存力なので力学的エネルギー保存の法則が成り立つ．

$$\frac{1}{2}m{v_0}^2 + 0 = \frac{1}{2}mv^2 + 0$$

$$\therefore v = v_0 \qquad ①$$

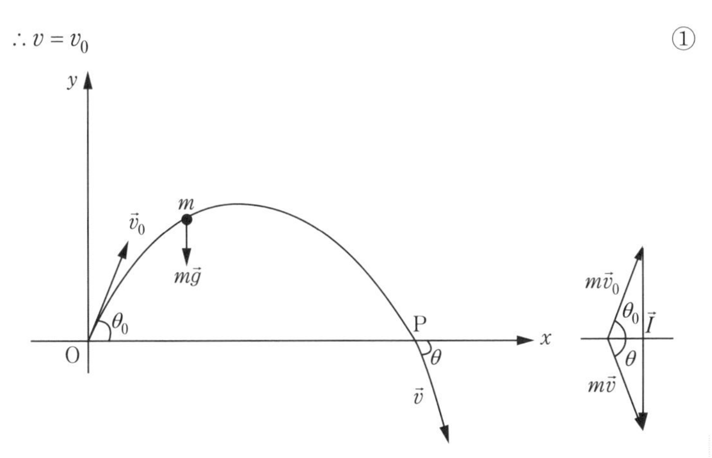

運動量の変化＝力積の関係

$$m\vec{v} - m\vec{v}_0 = \int_0^t \vec{F}dt = \vec{I}$$

を成分に分けて書くと

$$x : mv\cos\theta - mv_0\cos\theta_0 = 0 \qquad ②$$

$$y : -mv\sin\theta - mv_0\sin\theta_0 = -mgt \qquad ③$$

となる．ここで，

$$m\vec{v} = m(v\cos\theta, -v\sin\theta)$$

$$m\vec{v}_0 = m(v_0\cos\theta_0, v_0\sin\theta_0)$$

$$\vec{F} = m\vec{g} = m(0, -g)$$

を用いた．①，②より

$$\theta = \theta_0 \qquad ④$$

①，③，④より

$$-2mv_0\sin\theta_0 = -mgt$$

$$\therefore\ t = \frac{2v_0\sin\theta_0}{g}$$

が求まる．

運動方程式から求めた

$$ma_y = -mg \to a_y = -g$$

$$v_y = v_0\sin\theta_0 - gt$$

$$y = v_0\sin\theta_0 \cdot t - \frac{1}{2}gt^2$$

$$y = 0 \to t = \frac{2v_0\sin\theta_0}{g}$$

と一致していることを理解する．

例題展開 11.1　地球に掘ったトンネル内のボールの運動

図1は，AB は地球に掘った直線状の細いトンネルを示す．地球を質量 M，半径 R の一様な密度の球とし，地上における重力加速度の大きさを g とする．地球の中心 O を通りトンネルに平行に x 軸をとる．

トンネル内の任意の一点 P(OP = r) で質量 m のボールにはたらく重力は，点 O を中心とした半径 r の球内の質量 $M(r)$ が中心 O に集まったとして，それとボールとの間の万有引力に等しく，この球の外側の部分は，この点での重力には関係しないことがわかっているものとする．

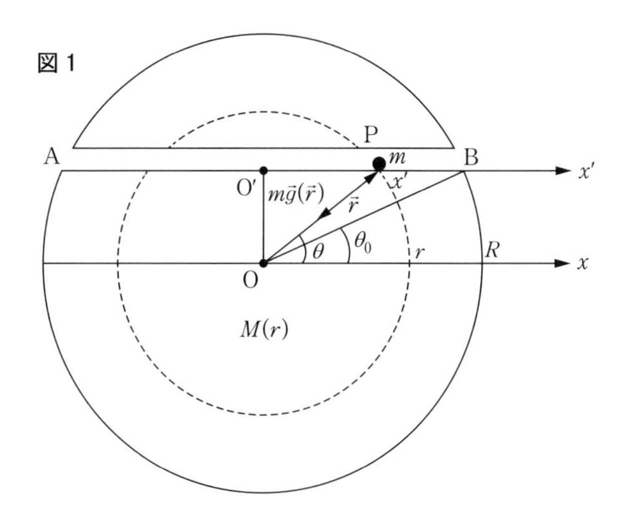

(1) 点 B と点 P における重力の加速度の大きさをそれぞれ $g(R) = g$，$g(r)$ とする．$g(r)$ と g の関係を求めよ．

(2) トンネルの中心 O′ を原点としてトンネルに沿って x' 軸をとる．座標 x' の点 P でボールにはたらく力の x' 成分 $F_{x'}$ を求めよ．

(3) 時刻 $t = 0$ でボールを点 B で静かに放した時刻 t でのボールの位置 x' と速度 v' を求めよ．

(4) ニューヨーク（B 点）にそっと置いたボールがケンブリッジ（A 点）に達するまでの時間 t_{AB} を求めよ．

(5) ボールがトンネルの中心 O′ を通過するときの速度 $v'_{O'}$ を求めよ．

解

(1) ボールが点 B と点 P にあるとき，ボールにはたらく重力の大きさは，万有引力定数を G とすると

$$mg(R) = G\frac{mM(R)}{R^2},\ M(R) = M,\ g(R) = g$$

$$mg(r) = G\frac{mM(r)}{r^2},\ g(r) = G\frac{M(r)}{r^2}$$

となる．ここで $M(R) = M$, $M(r)$ はそれぞれ半径 R, r の球内の質量を表す．地球の密度 ρ は

$$\rho = \frac{M}{\frac{4}{3}\pi R^3}$$

したがって，

$$M(r) = \frac{4}{3}\pi r^3 \rho = \left(\frac{r}{R}\right)^3 M$$

よって，

$$g(r) = G\frac{1}{r^2}\left(\frac{r}{R}\right)^3 M = G\frac{M}{R^2}\left(\frac{r}{R}\right) = g(R)\frac{r}{R}$$

$$\therefore g(r) = \left(\frac{r}{R}\right)g$$

(2) 点Pの位置ベクトル $\vec{r}$ が x 軸となす角を θ とすると

$$\vec{g}(\vec{r}) = -\frac{r}{R}g\vec{e}_r,\ \vec{e}_r = \frac{\vec{r}}{r} = (\cos\theta, \sin\theta)$$

より，ボールにはたらく力は

$$\vec{F}(\vec{r}) = m\vec{g}(\vec{r}) = \left(-mg\frac{r}{R}\cos\theta,\ -mg\frac{r}{R}\sin\theta\right)$$

よって

$$F_x = -\frac{mgr}{R}\cos\theta$$

となる．$x' = r\cos\theta$ の関係より

$$F_{x'} = -\frac{mg}{R}x'$$

がえられる．

(3) トンネル内のボールの運動方程式は

$$m\frac{d^2x'}{dt^2}=-\frac{mg}{R}x'$$

と表される．これから

$$\frac{d^2x'}{dt^2}=-\omega_0^2x',\ \omega_0=\sqrt{\frac{g}{R}}$$

が導かれる．これより，ボールは角運動数 ω_0 で単振動することがわかる．

一般解は

$$x'=C\sin(\omega_0t+\phi)$$

である．これより v' は

$$v'=\frac{dx'}{dt'}=C\omega_0\cos(\omega_0t+\phi)$$

となる．$t=0$ で $x'=R\cos\theta_0$，$v'=0$ を初期条件とする解は

$$R\cos\theta_0=C\sin\phi$$
$$0=C\omega_0\cos\phi$$

から

$$\phi=\frac{\pi}{2},\ C=R\cos\theta_0$$

がえられる．θ_0 は $\mathrm{OB}=R$ が x 軸となす角である．

$$x'=R\cos\theta_0\cos\omega_0t$$
$$v'=-\omega_0R\cos\theta_0\sin\omega_0t$$

がえられる．

(4) x' が $+R\cos\theta_0$ から $-R\cos\theta_0$ になる時間は

$$t_{\mathrm{AB}}=\frac{1}{2}T,\ T=\frac{2\pi}{\omega_0}$$

より，

$$t_{\mathrm{AB}}=\pi\sqrt{\frac{R}{g}}$$

となる．地球の半径 $R=6.4\times10^6\ \mathrm{m}$，$g=9.8\ \mathrm{m/s^2}$ を代入すると

$$t_{\mathrm{AB}}=2.5\times10^3\ \mathrm{s}\ （約 42 分）$$

になる．θ_0 に関係しないので，AB が x 軸に平行（x 軸も含む）なら，t_{AB} は等しいことに注目したい．

(5)

$$v'_{O'} = v'\left(t = \frac{1}{4}T\right) = -\omega_0 R\cos\theta_0 \cdot \sin\omega_0\left(\frac{1}{4}\frac{2\pi}{\omega_0}\right)$$

$$= -\omega_0 R\cos\theta_0$$

$$= -\sqrt{\frac{g}{R}}R\cos\theta_0 = -\sqrt{gR}\cos\theta_0$$

$$\left|v'_{O'}\right| = 7.9\cos\theta_0\ (\mathrm{km/s})$$

別解

P 点の O′ 点からの位置ベクトルを $\vec{r}' = (x', y' = 0)$ とする．ボールにはたらく力は

$$\vec{F}'(\vec{r}') = m\vec{g}'(\vec{r}') = -\frac{r}{R}g\cos\theta\vec{e}_{r'}$$

となる．運動方程式

$$m\frac{d^2\vec{r}'}{dt^2} = -\frac{r}{R}g\cos\theta\vec{e}_{r'} \to \frac{d^2x'}{dt^2} = -\frac{g}{R}x' = -\omega_0^2 x'$$

より，運動は単振動となり，力学的エネルギー保存の法則が成り立つ．

$$E = \frac{1}{2}mv'^2 + \frac{1}{2}m\omega_0^2 x'^2 = \text{一定}$$

B 点と O′ 点に適用すると，O′ 点での速さが求められる．

$$0 + \frac{1}{2}m\omega_0^2(R\cos\theta_0)^2 = \frac{1}{2}m(\vec{v}'_{O'})^2 + 0$$

$$\left|\vec{v}'_{O'}\right| = \omega_0 R\cos\theta_0 = \sqrt{\frac{g}{R}}R\cos\theta_0 = \sqrt{gR}\cos\theta_0$$

発展　ガウスの法則でつながる万有引力と静電気力（クーロン力）

両者はよく似ていて，その大きさはともに物体間の距離の 2 乗に反比例する．しかし，万有引力と静電気力とでは大きな違いがある．万有引力は常に引力であるが，クーロン力は引力になったり斥力になったりする．質量 $(m, M > 0)$（引力）に対応する電荷 $(q, Q > 0)$（斥力）の場合を考える．

電場に関するガウスの法則の適用例をのべる．えられた結果から，万有引力に関するガウスの法則からえられる結果を，両法則の対応関係から導き出す．

半径 R の球内に電荷 $Q(> 0)$ が一様な密度で分布している．半径 $r(r < R)$ の球面 S 上の電場 $\vec{E}$ はガウスの法則より求めることができる（図 2）．

万有引力（質量 m にはたらく力）	静電気力（電荷 q にはたらく力）
$\vec{F}(\vec{r})=-G\dfrac{mM(r)}{r^2}\vec{e}_r=m\vec{g}(\vec{r})$ $\vec{g}(\vec{r})=-G\dfrac{M(r)}{r^2}\vec{e}_r$ （半径 r の球内の質量 $M(r)$ がつくりだす重力場） $\vec{e}_r$: M の中心Oから m に向かう単位位置ベクトル	$\vec{F}_e(\vec{r})=\dfrac{1}{4\pi\varepsilon_0}\dfrac{qQ(r)}{r^2}\vec{e}_r=q\vec{E}(\vec{r})$ $\vec{E}(\vec{r})=\dfrac{1}{4\pi\varepsilon_0}\dfrac{Q(r)}{r^2}\vec{e}_r$ （半径 r の球内の電荷 $Q(r)$ がつくりだす電場） $\vec{e}_r$: Q の中心Oから q に向かう単位位置ベクトル

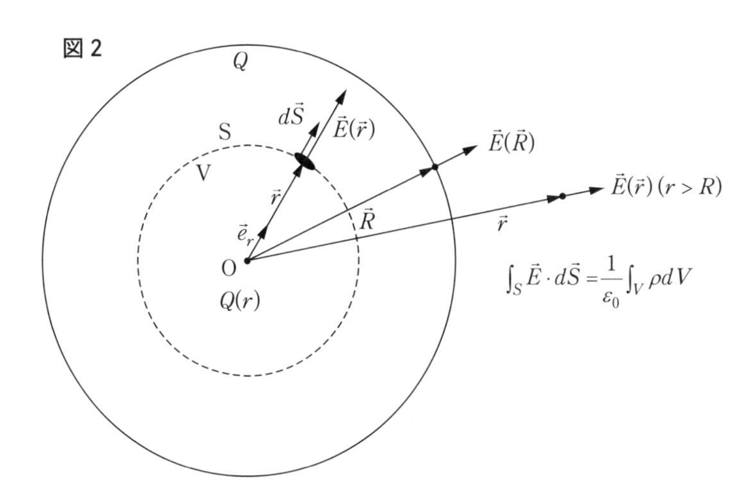

(1) $r<R$ のとき

ガウスの法則は次式で与えられる．

$$\int_S \vec{E}(\vec{r})\cdot d\vec{S}=\frac{1}{\varepsilon_0}\int_V \rho dV,\ \ \rho=Q\Big/\frac{4}{3}\pi R^3$$

VはSで囲まれた体積を表す．電荷分布は球対称だから $\vec{E}(\vec{r})$ は r 成分しかない．

$$\vec{E}(\vec{r})=E(r)\vec{e}_r$$

$d\vec{S}=\vec{n}d\vec{S}$ の $\vec{n}$ は球面に垂直で外向きの（単位）法線ベクトルである．

$\vec{e}_r=\vec{n}$ に注意すると

$$\int_S \vec{E}\cdot d\vec{S}=\int_S EdS=E(r)4\pi r^2$$

$$\frac{1}{\varepsilon_0}\int_V \rho dV=\frac{1}{\varepsilon_0}\rho\frac{4}{3}\pi r^3=\frac{1}{\varepsilon_0}\cdot\left(Q\Big/\frac{4}{3}\pi R^3\right)\cdot\frac{4}{3}\pi r^3=\frac{1}{\varepsilon_0}\left(\frac{r}{R}\right)^3 Q$$

より，

$$4\pi r^2 E(r) = \frac{1}{\varepsilon_0}\left(\frac{r}{R}\right)^3 Q$$

$$E(r) = \frac{1}{4\pi\varepsilon_0}\frac{Q}{R^3}r \qquad ①$$

となる．

$r < R$ のとき，S で囲まれた半径 r の球内の電荷は

$$Q(r) = \frac{4}{3}\pi r^3 \times \rho = \frac{4}{3}\pi r^3 \times \frac{Q}{\frac{4}{3}\pi R^3} = Q\left(\frac{r}{R}\right)^3$$

となるので，①は

$$E(r) = \frac{1}{4\pi\varepsilon_0}\frac{r}{R^3}\left(\frac{R}{r}\right)^3 Q(r)$$

$$= \frac{1}{4\pi\varepsilon_0}\frac{Q(r)}{r^2}$$

と書き直せる．これは電荷 $Q(r)$ が半径 r の球の中心 O に集まったときの球面上の電場を表している．

$$\frac{E(r)}{E(R)} = \frac{Q(r)}{r^2}\frac{R^2}{Q} = Q\left(\frac{r}{R}\right)^3 \frac{1}{Q}\left(\frac{R}{r}\right)^2$$

$$= \frac{r}{R}$$

$$E(r) = \frac{r}{R}E(R)$$

(2) $r = R$ のとき，

$$E(R) = \frac{1}{4\pi\varepsilon_0}\frac{Q}{R^2} \qquad ②$$

の関係が成り立つ．

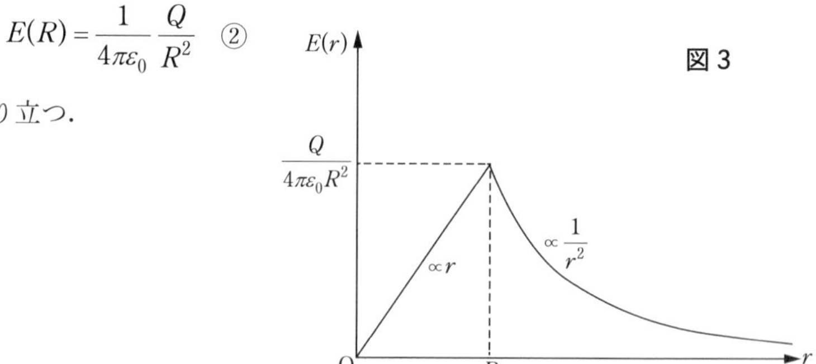

図 3

(3) $r > R$ のとき,

$$E(r) = \frac{1}{4\pi\varepsilon_0}\frac{Q}{r^2} \qquad ③$$

となる. ①, ②, ③の $E(r) - r$ グラフを図 3 に示す.

対応するガウスの法則は

電場 $\vec{E}$

$$\int_S \vec{E} \cdot d\vec{S} = \frac{1}{\varepsilon_0}\int_V \rho dV \quad (\rho: \text{電荷密度})$$

重力場 $\vec{g}$

$$\int_S \vec{g} \cdot d\vec{S} = -4\pi G\int_V \rho dV \quad (\rho: \text{質量密度})$$

である.

$$E(r) = \frac{1}{4\pi\varepsilon_0}\frac{Q(r)}{r^2}, \qquad g(r) = G\frac{M(r)}{r^2}$$

$$E(r) = \frac{r}{R}E(R), \qquad g(r) = \frac{r}{R}g(R), \qquad g(R) = g$$

の対応関係がえられる. これから

$$\vec{g}(\vec{r}) = -G\frac{M(r)}{r^2}\vec{e}_r$$

$$\vec{F}(\vec{r}) = m\vec{g}(\vec{r}) = -G\frac{mM(r)}{r^2}\vec{e}_r$$

が導かれる.

発展問題　暗黒物質

ある銀河の重力源として, 宇宙に存在する物質の約 8 割を占める正体不明の球対称の暗黒物質（ダークマター）を考える. 観測の結果, 球の中心 O から半径 r の距離にある質量 m の天体の回転速度 $v(r)$ が r によらず v_C = 一定であることがわかった. 光を全く出さない重力源として寄与している, 発光天体よりはるかな広がりをもつ暗黒物質の質量密度 $\rho(r)$ を求めよ.

解

通常の物質の場合，円運動の方程式は

$$m\frac{v^2}{r} = G\frac{mM(r)}{r^2}$$

$M(r)$ は半径 r の内部の物質を表わす．

これより，

$$v^2 = \frac{GM(r)}{r}$$

となる．r が大きくなれば $v(r)$ は小さくなる．

$v = v_C$ の場合，

$$M(r) = \frac{v_C^2}{G}r$$

が成り立つ．暗黒物質の分布が球対称とすると，

半径 r と $r+dr$ の球殻に含まれている暗黒物質の質量 dM は，

$$dM = 4\pi r^2 \rho dr$$

である．

$$M(r) = \int 4\pi r^2 \rho(r) dr$$

$$\frac{dM(r)}{dr} = 4\pi r^2 \rho(r)$$

から，

$$\rho(r) = \frac{v_C^2}{4\pi G r^2}$$

がえられる．暗黒物質の正体は，アクシオンや「WIMP」と呼ばれる素粒子よりもずっと大きな質量を持つ複合粒子や未知の天体であるかもしれない．

例題展開 11.2　板の上をすべる物体の運動

図 1 のように，なめらかで水平な床の上に，あらい水平な上面をもつ質量 M の板 B が置かれている．

板 B の左端に質量 m の物体 A を置き，時刻 $t=0$ で初速度 v_0 を与えたところ，A は板上を距離 l だけすべって板上で止まった．物体 A と板 B の間の動摩擦係数は μ' とする．床上に，時刻で $t=0$ の A の床上の位置を原点 O とする x 軸をとる．

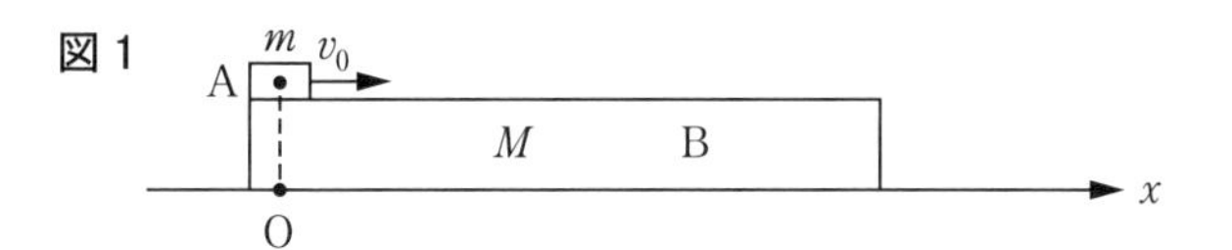

図 1

(1) 物体 A が板 B 上をすべっているとき，床に対する A と B の加速度をそれぞれ a_1, a_2 とし，運動方程式を求めよ．時刻 t におけるそれぞれの速度 v_1, v_2 と位置 x_1, x_2 を求めよ．

(2) A が B 上をすべって止まるまでの時間 t_l を求めよ．また，A が B 上に止まった後，A と B は一体となり等速度 v_l で運動を始めた．
v_l を求めよ．A が B 上をすべった距離 l を m, M, μ', g, v_0 を用いて表せ．

(3) 時刻 $t = 0$ から $t = t_l$ までの A と B の速度の時間変化（$v_1(t) - t, v_2(t) - t$, $v_{12} - t$ グラフ）を描け．このグラフから t_l，A の変位 $\Delta x_1 = x_1(t_l) - x_1(0)$, B の変位 $\Delta x_2 = x_2(t_l) - x_2(0), l$ を読みとる方法をのべよ．v_{12} は B に対する A の相対速度 $v_{12} = v_1 - v_2$ を表す．

(4) A と B 全体の重心はどのような運動をするか．

(5) この運動による A, B それぞれの力学的エネルギー変化 $\Delta E_1, \Delta E_2$ を求めよ．A, B 全体の力学的エネルギー変化 $\Delta E(= \Delta E_1 + \Delta E_2)$ は，A が B を l だけ滑っている間，動摩擦力が A にした仕事 W に等しいことを示せ．

解

(1) 小物体 A が板 B から受ける垂直抗力 $\vec{N}$ は重力 $m\vec{g}$ とつりあう．$\vec{N} + m\vec{g} = \vec{0}$
A が B から受ける動摩擦力は $\vec{f}_{AB} = -\mu' mg\vec{i}$ であり，その向きは運動を防げる $-x$ 方向である．作用・反作用の法則により，B は A から $+x$ 方向に $\vec{f}_{BA} = +\mu' mg\vec{i}$ の動摩擦力を受ける（図 2）．ここで，$\vec{i}$ は x 軸方向の単位ベクトルを表す．A, B の加速度，速度，位置を表のようにする．

	A	B
加速度	a_1	a_2
速度	v_1	v_2
位置	x_1	x_2

図 2

物体 A と台 B の運動方程式は

$$\mathrm{A}: ma_1 = -\mu' mg \quad ①$$

$$\mathrm{B}: Ma_2 = \mu' mg \quad ②$$

これから，A と B の速度と位置は，

$$\mathrm{A}: v_1 = v_0 - \mu' gt \quad ③$$

$$x_1 = v_0 t - \frac{1}{2}\mu' gt^2 \quad ④$$

$$\mathrm{B}: v_2 = \frac{m}{M}\mu' gt \quad ⑤$$

$$x_2 = \frac{1}{2}\frac{m}{M}\mu' gt^2 + x_{20} \quad ⑥$$

となる．x_{20} は $t=0$ での台の重心の位置を表す．

(2) $t = t_l$ で，台に対する物体の相対速度が 0 になる．

$$v_{12}(t_l) = v_1(t_l) - v_2(t_l) = 0$$

$$\to v_1(t_l) = v_2(t_l) = v_l \quad ⑦$$

$$v_0 - \mu' gt_l = \frac{m}{M}\mu' gt_l$$

⑦と③（⑤）より

$$t_l = \frac{Mv_0}{\mu' g(m+M)}$$

$$v_l = \frac{m}{m+M}v_0$$

物体 A が台 B に対してすべった距離 l は，B に対する A の相対変位に等しい（図 3）．

A の変位 $\Delta x_1 = x_1(t_l) - x_1(0)$

B の変位 $\Delta x_2 = x_2(t_l) - x_2(0)$

であるから，

図 3

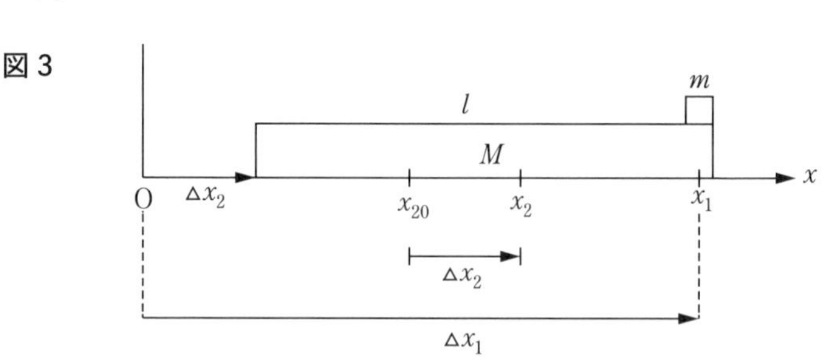

$$l = \Delta x_{12} = \Delta x_1 - \Delta x_2$$
$$= \left(v_0 t_l - \frac{1}{2}\mu' g {t_l}^2 \right) - \left(\frac{1}{2}\frac{m}{M}\mu' g {t_l}^2 + x_{20} - x_{20} \right)$$
$$= \frac{M{v_0}^2}{2\mu' g(m+M)}$$

(2) の別解

B から A を見た運動による方法

B に対する A の相対（加速度, 速度, 位置）をそれぞれ(a_{12}, v_{12}, x_{12})とする.

$a_{12} = a_1 - a_2 =$ 一定 なので, A は B 上を等加速度直線運動する. したがって,

$$v_{12} = v_0 + a_{12}t,\ \ x_{12} = v_0 t + \frac{1}{2}a_{12}t^2$$

が成り立つ. $0 = v_0 + a_{12}t_l$ より t_l がわかり, これを x_{12} に代入すると l が求まる.

(3) 台 B に対する物体 A の相対速度は

$$v_{12} = v_1(t) - v_2(t) = (v_0 - \mu' g t) - \left(\frac{m}{M}\mu' g t \right)$$
$$= v_0 - \mu' g \left(\frac{m+M}{M} \right) t$$

である. $v_1(t)$-t, $v_2(t)$-t, $v_{12}(t)$-t グラフは図 4 のようになる.

t_l は, v_{12}-t グラフから, v_{12} と t 軸との交点として求まる.

$\Delta x_1, \Delta x_2$ は, それぞれ

図 4

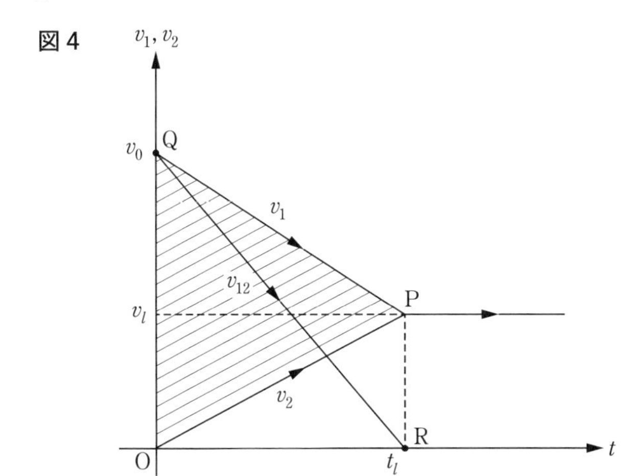

Δx_1 = 台形 OQPR の面積

Δx_2 =△OPR の面積

として求められる．l は，

$l = \Delta x_1 - \Delta x_2$ =△QPO の面積（図の斜線部分の面積）

として求められる．

または，v_{12}-t のグラフから，l =△QRO の面積として求めることもできる．

(4) x 方向には内力のみで，外力ははたらいていないので，物体と台の系では，運動量の和が保存される．

①＋②

$$m\frac{dv_1}{dt} + M\frac{dv_2}{dt} = -\mu' mg + \mu mg = 0$$

$$mv_1 + Mv_2 = \mathrm{C} = \text{定数}$$

$t = 0$ で，$v_1 = v_0, v_2 = 0$ より $\mathrm{C} = mv_0$ となる．

よって，重心の速度は，

$$v_\mathrm{C} = \frac{mv_1 + Mv_2}{m + M} = \frac{mv_0}{m + M} = \text{一定}$$

となる．これから，重心は始めからずっと等速直線運動を続けていることがわかる．

(5)
$$\Delta E_1 = \frac{1}{2}m{v_l}^2 - \frac{1}{2}m{v_0}^2$$

$$= \frac{1}{2}m\left(\frac{m}{m+M}v_0\right)^2 - \frac{1}{2}m{v_0}^2$$

$$= \frac{1}{2}m{v_0}^2\left[\left(\frac{m}{m+M}\right)^2 - 1\right] < 0$$

A の運動エネルギーは減少する．

$$\Delta E_2 = \frac{1}{2}M{v_l}^2 = \frac{1}{2}M\left(\frac{m}{m+M}v_0\right)^2 = \frac{1}{2}M{v_0}^2\left(\frac{m}{m+M}\right)^2 > 0$$

B のエネルギーは増加する．

$$\begin{aligned}
\Delta E &= \Delta E_1 + \Delta E_2 \\
&= \frac{1}{2}\left(\frac{m}{m+M}\right)^2 {v_0}^2(m+M) - \frac{1}{2}m{v_0}^2 \\
&= \frac{1}{2}m{v_0}^2\left(\frac{m}{m+M} - 1\right) = \frac{1}{2}m{v_0}^2\frac{-M}{m+M} = -\frac{mM}{2(m+M)}{v_0}^2 \\
&= -\mu' mgl
\end{aligned}$$

よって，A, B 合わせたエネルギー ΔE は減少する．

他方，動摩擦力が A にした仕事は，

$$W_1 = \int dW_1 = \int \vec{f}_{AB}\cdot d\vec{s} = \int(-\mu' mg)dx_1 = -\mu' mg\Delta x_1 \ (<0)$$

B にした仕事は，

$$W_2 = \int dW_2 = \int \vec{f}_{BA}\cdot d\vec{s} = \int \mu' mg\,dx_2 = \mu' mg\Delta x_2 \ (>0)$$

となる．合わせた仕事は

$$W = W_1 + W_2 = -\mu' mg(\Delta x_1 - \Delta x_2) = -\mu' mgl \ (<0)$$

となる．

以上より，A, B 全体の力学的エネルギーの変化（減少）は，A が B 上を $\vec{l}$ だけ変位する間，動摩擦力 $\vec{f}_{AB}$ が A にした仕事 $W(\vec{f}_{AB}\cdot\vec{l} = -f_{AB}l = -\mu' mgl)$ に等しい．よって，

$$\Delta E = W$$

が成り立つ．

参考　高校物理で v_l，t_l を求める方法

図 2 のように，A が B に対して滑っている間は，

動摩擦力

$$\vec{f}_{AB} = -\mu' mg\vec{i},\ \vec{f}_{BA} = \mu' mg\vec{i}$$

がそれぞれ A, B にはたらく．$\vec{i}$ は x 軸方向の単位ベクトル，これらの力は作用・反作用の関係にあり，A, B の系で考えると内力である．したがって，水平方向には外力がはたらいていないので，系に対しては運動量保存の法則が成り立つ．

物体と台を一体と考えると，水平方向の運動量の和が保存されることを用いると，

$$mv_0 = (m+M)v_l$$

から，v_l が求まる．

運動量の変化 ＝ 力積　を物体と台に対しそれぞれ適用すると

$$物体：mv_l - mv_0 = \int_0^{t_l} f_{AB}dt = -\mu' mgt_l$$

$$台：Mv_l - 0 = \int_0^{t_l} f_{BA}dt = \mu' mgt_l$$

どちらからでも，

$$t_l = \frac{Mv_0}{\mu' g(m+M)}$$

が求まる．

例題展開 11.3　床上の台にばねでつながれた物体の運動

図 1 のように，水平でなめらかな床の上に質量 M の台が置かれている．水平でなめらかな台の上面の右端にばね定数 k のばねを取りつけ，ばねの左端には質量 m の物体がつながれている．このとき，ばねは自然長であった．時刻 $t = 0$ に水平右向きに物体に速度 v_0 を与えたところ，ばねは縮み始め，台は床上を物体と同じ向きに運動を始めた．

床上に x 軸をとり，時刻 $t = 0$ のとき，台上の点 O′ の上にある物体の位置を x 軸の原点 O とする．台上に O′ を原点とする x' 軸をとる．

図 1

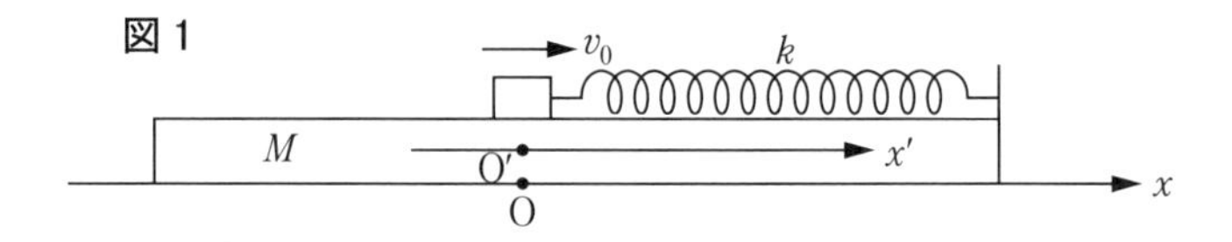

(1) 床から見た物体 1 と台 2 の運動方程式を記せ．

(2) 物体の台上の運動方程式を解いて時刻 t における台から見た物体の速度 v' と位置を x' を求めよ．

(3) 物体と台の床から見たそれぞれの速度 v_1, v_2 を求めよ．

(4) ばねが最も縮んだとき，物体の x 軸上の位置 x'_M と物体の床から見た速度 v_M はいくらか．

　2 物体系の運動量保存の法則と力学的エネルギー保存の法則を合わせて v_1, x_1 が求められることを示せ．　　（信州大改）

解

(1), (2)

台にはたらく力を $\vec{F}=kx'\vec{i}$ すると，物体にはその反作用 $-\vec{F}=-kx'\vec{i}$ がはたらく（図２）.

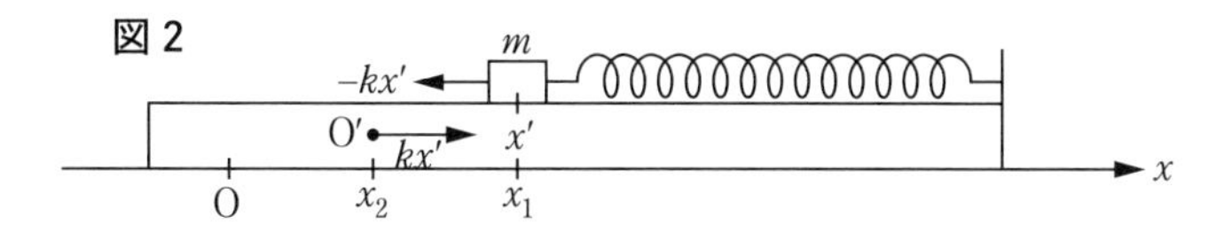

物体と台の床に対する運動方程式は

物体１：$m\dfrac{d^2x_1}{dt^2}=-kx' \rightarrow ma_1=-kx'$　①

台２：$M\dfrac{d^2x_2}{dt^2}=+kx' \rightarrow Ma_2=+kx'$　②

となる．x' は台に対する物体の相対位置を表す.

$$x'=x_1-x_2$$

対応する相対速度，相対加速度は

$$v'=v_1-v_2,\ a'=a_1-a_2$$

と表される.

台から見た物体の運動方程式は

$$ma'=m(a_1-a_2)\rightarrow$$

$$m\frac{d^2x'}{dt^2}=-m\left(\frac{k}{m}+\frac{k}{M}\right)x' \quad ③$$

となる．これから

$$\frac{d^2x'}{dt^2}=-\omega^2x' \quad ④$$

$$\omega=\sqrt{\frac{(m+M)k}{mM}} \quad ⑤$$

がえられる.

これは，単振動の微分方程式を表す.

一般解は

$$x'=C\sin(\omega t+\phi)$$

$t=0$ で $x'=0$ より

$$0 = C\sin\phi \to \phi = 0$$
$$x' = C\sin\omega t \quad ⑥$$

さらに，$v' = \omega C\cos\omega t$ ⑦

$t = 0 \quad v' = v_0$ より

$$v_0 = \omega C \quad ⑧$$

台から見た物体の位置と速度は⑤式の ω を用いると

$$x' = \frac{v_0}{\omega}\sin\omega t \quad ⑨$$

$$v' = v_0\cos\omega t \quad ⑩$$

となる．

(3) 床から見た物体の運動方程式は，⑨式を用いると

$$ma_1 = -kx' \to ma_1 = -k\frac{v_0}{\omega}\sin\omega t$$

となる．これより

$$v_1 = +\frac{kv_0}{m\omega^2}\cos\omega t + C_1$$

$t = 0, v_1 = v_0$ より

$$C_1 = \left(1 - \frac{k}{m\omega^2}\right)v_0 = \frac{m}{m+M}v_0$$

$$\therefore v_1 = \frac{m}{m+M}v_0 + \frac{M}{m+M}v_0\cos\omega t \quad ⑪$$
$$= \frac{1}{m+M}(m + M\cos\omega t)v_0$$

床から見た台の運動方程式は，

$$Ma_2 = +kx' \to Ma_2 = +k\frac{v_0}{\omega}\sin\omega t$$

となる．これより

$$v_2 = -\frac{kv_0}{M\omega^2}\cos\omega t + C_2$$

$t = 0, v_2 = 0$ より

$$C_2 = \frac{kv_0}{M\omega^2} = \frac{m}{m+M} v_0$$

$$\therefore v_2 = \frac{m}{m+M} v_0 (1 - \cos \omega t) \qquad ⑫$$

(4) 最も縮んだとき，$v' = 0, x'$ が最大となる．⑩，⑨式より

$$v' = 0 \rightarrow \omega t = \frac{\pi}{2} \rightarrow x'_M = \frac{v_0}{\omega} = v_0 \sqrt{\frac{mM}{(m+M)k}}$$

v' は v_2 に対する v_1 の相対速度 v_{12} であるから，

$$v' = v_{12} = v_1 - v_2 = 0$$

⑪，⑫式より

$$v_M = v_1 = v_2 = \frac{m}{m+M} v_0$$

2 物体系では，$\vec{F}, -\vec{F}$ は作用・反作用の関係にあり内力となるので，運動量保存の法則が成り立つ．

$$mv_0 + M \times 0 = (m+M) v_M$$

ばねの弾性力は保存力なので，力学的エネルギー保存の法則が成り立つ．

$$\frac{1}{2} m{v_0}^2 = \frac{1}{2} (m+M) v_M^2 + \frac{1}{2} k x'^2_M$$

この 2 式より，v_M と x'_M が求められる．

例題展開 11.4　あらい面上で振動する物体の運動

図 1 のように，左端を壁に固定したばね定数 k のばねの右端に質量の物体 P を取り付け，摩擦のある水平な床の上に置いた．

ばねが自然長のときの小物体の位置を原点 O として，右向きを正の x 軸をとる．物体 P を時刻 $t = 0$，位置 $x = x_0$ で静かに手を放した．P は x 軸負の向きに動き出し，時刻 $t = t_1$ に位置 $= x_1$ まで達したところで運動の向きが反転し，x 軸の正の向きに運動を始め，時刻 $t = t_2$ に位置 $x = x_2$ まで達したところで静止した．

床と物体 P の間の静止摩擦係数を μ，動摩擦係数を μ' として，以下の問いに答えよ．

図 1

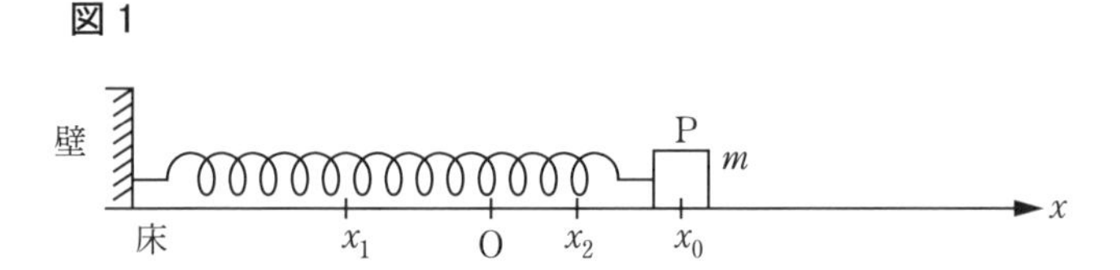

(1) 手を放したときに物体 P が動き始める x_0 はいくら以上であるか.

(2) 位置 x_1 および時刻 t_1 を求めよ.

(3) 時刻 $t=0$ から $t=t_1$ の間で, 物体 P の速さの最大値 v_m が起こる時刻 t_m と位置 x_m を求めよ.

(4) 位置 x_2 および時刻 t_2 を求めよ.

(5) 物体 P が位置 x_0 で動き出し, 位置 x_1 で反転し, 位置 x_2 で静止するときの, x_0 の範囲を求めよ.

(6) x_1, x_2, v_m をエネルギー保存の法則を用いて求める方法を述べよ.

(7) $x_0=5l$, $\dfrac{\mu' mg}{k}=l$ として $x-t$ グラフと $v-t$ グラフを描け.

(関西大改)

解

(1) ばねの弾性力の大きさが最大（静止）摩擦力を越えればよい.

$$kx_0 > \mu mg$$

よって, $x_0 > \dfrac{\mu mg}{k}$

(2) 物体 P の往路の運動方程式

ばねの弾性力は, 自然長からの変位 x のとき $-kx$ である.

$$\begin{aligned} ma &= \mu' mg - kx \\ &= -k\left(x - \frac{\mu' mg}{k}\right) \end{aligned}$$

$X = x - \dfrac{\mu' mg}{k}$ とおくと, $dX = dx$ より

$$a = \frac{d^2x}{dt^2} = \frac{d^2X}{dt^2} = A$$

となり,

$$mA = -kX$$

$$A = -\frac{k}{m}X = -\omega^2 X \quad \left(\omega = \sqrt{\frac{k}{m}}\right)$$

が成り立つ．これから，物体は中心 O′，$X = 0 \to x = \dfrac{\mu' mg}{k}$，角振動数 ω の単振動（の一部）を行う．

一般解は

$$X = \mathrm{C}\sin(\omega t + \phi)$$

$$x = \frac{\mu' mg}{k} + \mathrm{C}\sin(\omega t + \phi)$$

$$v = \omega \mathrm{C}\cos(\omega t + \phi)$$

初期条件 $t = 0$ で $v = 0,\ x = x_0$

$$x_0 = \frac{\mu' mg}{k} + \mathrm{C}\sin\phi$$

$$0 = \omega \mathrm{C}\cos\phi$$

両式より，$\phi = \dfrac{\pi}{2}$，$\mathrm{C} = x_0 - \dfrac{\mu' mg}{k}$

したがって，

$$x = \frac{\mu' mg}{k} + \left(x_0 - \frac{\mu' mg}{k}\right)\cos\omega t$$

$$(x_1 \leqq x \leqq x_0)$$

$$v = -\omega\left(x_0 - \frac{\mu' mg}{k}\right)\sin\omega t$$

$$(0 \leqq t \leqq t_1)$$

であることがわかる．

周期 T_1 は $\dfrac{2\pi}{\omega}$ なので

$$t_1 = \frac{1}{2}T_1 = \frac{\pi}{\omega} = \pi\sqrt{\frac{m}{k}},\ \ x_1 = \frac{2\mu' mg}{k} - x_0$$

となる．振幅 A_1 は $x_0 - \dfrac{\mu' mg}{k}$ である．

(3) $0 \leqq t \leqq t_1$ の範囲で $v(t)$ の極値を調べる．

$$\frac{dv}{dt} = 0 \to a = 0 \to x = \frac{\mu' mg}{k} \to \cos\omega t = 0 \to t = \frac{\pi}{2\omega}$$

$$\to v = -\sqrt{\frac{k}{m}}\left(x_0 - \frac{\mu' mg}{k}\right) \quad （極小値＝最小値）$$

よって，

$$t_m = \frac{\pi}{2}\sqrt{\frac{m}{k}}$$

$$v_m = |v| = \sqrt{\frac{k}{m}}\left(x_0 - \frac{\mu' mg}{k}\right)(> 0)$$

$\mu > \mu'$ なので，$x_0 > \dfrac{\mu mg}{k} > \dfrac{\mu' mg}{k}$ が成り立つ．

$$x_m = \frac{\mu' mg}{k} \quad \text{(単振動の中心 O}'\text{)}$$

(4) 物体 P の復路の運動方程式

$$ma = -kx - \mu' mg$$
$$= -k\left(x + \frac{\mu' mg}{k}\right)$$

$X' = x + \dfrac{\mu' mg}{k}$ 　とおくと，

$$A' = -\frac{k}{m}X' = -\omega^2 X'$$

となる．P は中心 O′ の往路と同じ角振動数 ω の単振動（の一部）を行う．

ただし，単振動の中心 O″ は，x 座標上では $X = 0 \to x = -\dfrac{\mu' mg}{k}$ であり，これが x_1, x_2 の中点になる．

$$\frac{x_1 + x_2}{2} = -\frac{\mu' mg}{k}$$

よって，$x_2 = -x_1 - \dfrac{2\mu' mg}{k} = x_0 - \dfrac{4\mu' mg}{k}$ （図 2 ）

周期 T_2 は往路と同じ $\dfrac{2\pi}{\omega}$ である．したがって $x_0 \to x_2$ の時間は $x_0 \to x_1 \to x_2$ の時間に等しく $t_2 = \dfrac{\pi}{\omega} \times 2 = 2\pi\sqrt{\dfrac{m}{k}}$ となる．

図 2

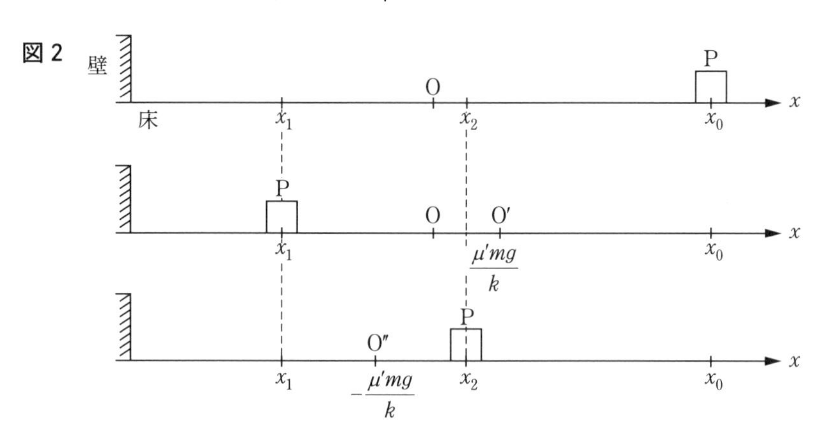

振幅 A_2 は $\dfrac{x_2 - x_1}{2} = x_0 - \dfrac{3\mu' mg}{k}$ となる.

以上より，復路の位置 x' と速度 v' が

$$x' = -\frac{\mu' mg}{k} - \left(x_0 - \frac{3\mu' mg}{k}\right)\cos\omega(t - t_1)$$

$$v' = \omega\left(x_0 - \frac{3\mu' mg}{k}\right)\sin\omega(t - t_1)$$

と求まる.

(5) 反転する条件

$$-kx_1 + (-\mu mg) > 0 \qquad ①$$

静止する条件

$$-kx_2 + \mu mg \geqq 0 \qquad ②$$

①，②と

$$x_1 = \frac{2\mu' mg}{k} - x_0 \quad (2)\text{ の結果}$$

$$x_2 = x_0 - \frac{4\mu' mg}{k} \quad (4)\text{ の結果}$$

を合わせて

$$\frac{\mu mg}{k} + \frac{2\mu' mg}{k} < x_0 \leqq \frac{\mu mg}{k} + \frac{4\mu' mg}{k}$$

をえる.

すべり出す条件

$$x_0 > \frac{\mu mg}{k}$$

は満たしている.

位置 x_1 で反転し，位置 x_2 で静止するときの位置 x_0 の範囲は上のようになる.

(6) 位置 x_0 と x_m で力学的エネルギーの変化＝非保存力（動摩擦力）のする仕事の関係を適用する.

$$\left(\frac{1}{2}mv_m^2 + \frac{1}{2}kx_m^2\right) - \left(0 + \frac{1}{2}kx_0^2\right) = \int_{x_0}^{x_m} F_x dx = \mu' mg(x_m - x_0)$$

ここで，$F_x = \mu' mg$ を用いた.

これから，

$$v_m = \sqrt{\frac{k}{m}}\left(x_0 - \frac{\mu' mg}{k}\right)$$

をえる.

(7) 往路 $(0 \leqq t \leqq t_1)$

$x = l + 4l\cos\omega t$ （図３）

$v = -4\omega l \sin\omega t$ （図４）

復路 $(t_1 \leqq t \leqq t_2)$

$x' = -l - 2l\cos\omega(t - t_1)$ （図３）

$v' = 2\omega l \sin\omega(t - t_1)$ （図４）

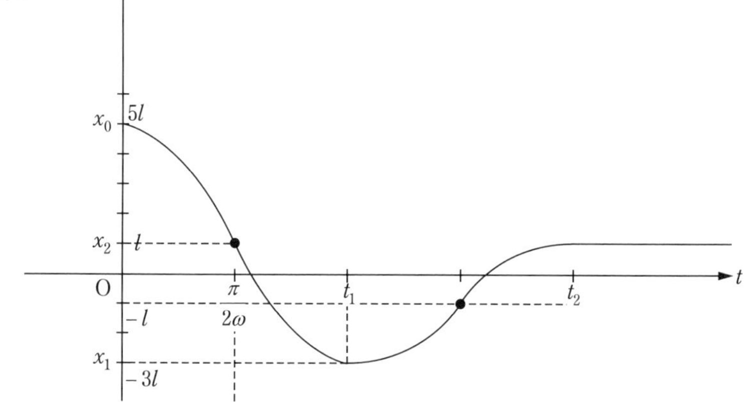

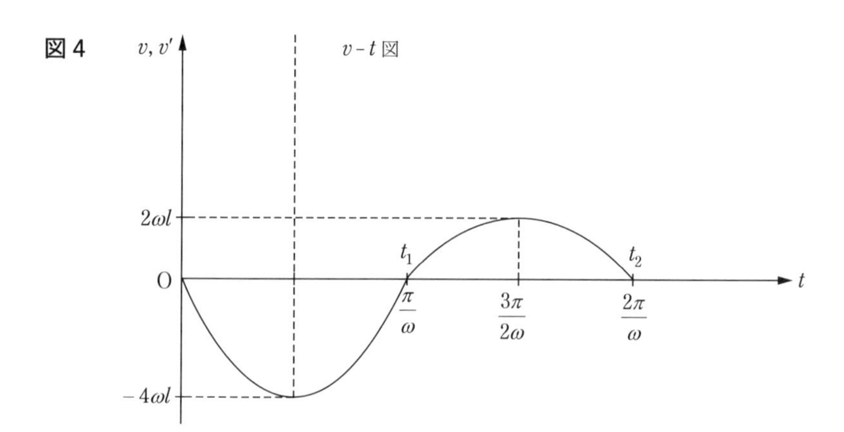

例題展開 11.5　斜面上をすべり降りる物体の運動

図1のように，水平でなめらかな床面上に，斜面の長さ l，斜面が床面となす角 θ なめらかな斜面をもつ質量 M の台Bがある．Bの上端に質量 m の小物体Aを置くと，Aは斜面上をすべり降り，Bは床面上を左向きに動き出す．

水平な床面に沿って右向きに x 軸，鉛直上方に y 軸をとる．図中の $\vec{r}(0), \vec{r}'(0), \vec{r}_C(0)$ は，それぞれ時刻 $t=0$ のときのAとB（重心）の位置ベクトル

$$\vec{r}(0) = (x(0) = 0,\ y(0) = l\sin\theta)$$
$$\vec{r}'(0) = (x'(0) = x'_0,\ y'(0) = y'_0)$$

と，2物体（AB）系の重心 G の位置ベクトル

$$\vec{r}_C(0) = (x_C(0),\ y_C(0))$$

を表わす．

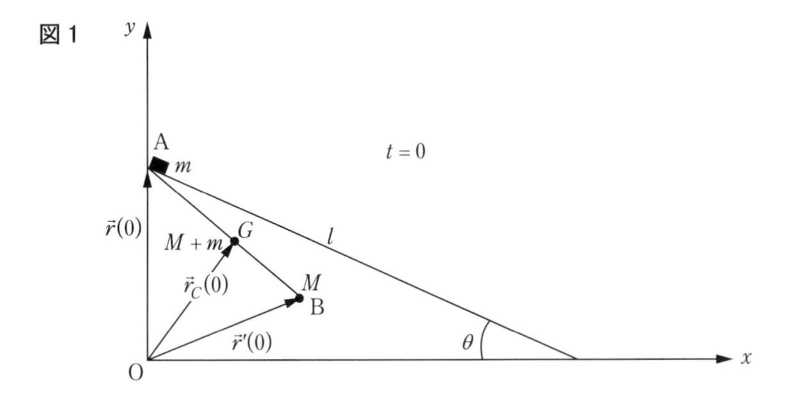

(1) AがBをすべり降りている時，それぞれにはたらいている力を図示せよ．ただし，AにBからはたらく垂直抗力を $\vec{N}$，その反作用を $-\vec{N}$，Bに床面からはたらく垂直抗力を $\vec{N}'$，A，Bにはたらく重力をそれぞれ $m\vec{g}, M\vec{g}$ とする．

　これらの力を保存力，非保有力，内力，外力に分類し表でまとめよ．

(2) AとBの運動方程式を記せ．

　これからA，Bの加速度 $\vec{a} = (a_x, a_y)$，$\vec{a}' = (a'_x, a'_y)$，を求めよ．

(3) 初期条件を与えて，時刻 t におけるA，Bの速度と位置を求めよ．

A がすべり降りている間，2 物体（AB）系の x 方向の全運動量は保存されていることを示せ．

これから，AB 系の重心 G の x 座標は不変であることを示せ．

(4) A が B の斜面の下端にすべり降りる時間 t_l を求めよ．

(5) A の下端に達したとき，A と B が床に対して動いた距離はそれぞれいくらか．

(6) A が B の下端に達するまでに，$-\vec{N}$ が B にした仕事 W' は B の力学的エネルギーの変化に等しいことを示せ．

(7) $\vec{N}$ が A にした仕事 W は $-W'$ に等しい理由を述べよ．

(8) A の力学的エネルギーの変化は W に等しいことを示せ．

(9) (6)，(8) より，A，B 全体では力学的エネルギー保存の法則が成り立つことを示せ．

(10) A にはたらいている保存力である重力 $m\vec{g}$ のする仕事（重力による位置エネルギー）だけが，A，B の運動エネルギーを生み出している理由を述べよ．

(11) 重心 $G(x_C, y_C)$ の x_C は不動であるが，y_C は変化する．A が B の下端に達した時，y_C の変化

$$\Delta y_C = y_C(0) - y_C(t_l)$$

を求めよ．

(12) 質量 $m + M$ が集中している重心 G の位置エネルギーの変化 ΔU を求めよ．

$$\Delta U = (m + M)g\Delta y_C$$

(13) 台 B があらい斜面をもつとき，力学的エネルギー保存の法則はどのように変更されるか．ただし，動摩擦係数は μ' とする．

（関西大改）

解

(1) A, B それぞれにはたらいている力は，図 2 のとおりである．

A が B の斜面上をすべり降りているとき，A，B それぞれに注目した場合と，AB 系（AB 全体）に注目した場合にはたらく力をまとめると表のようになる．

	外力	
	保存力	非保存力
A	$m\vec{g}$	$\vec{N}$
B	$M\vec{g}$	$-\vec{N}, \vec{N}'$

	内力	外力
AB 系	$\vec{N}, -\vec{N}'$	$m\vec{g}, M\vec{g}, \vec{N}'$

(2) A の加速度，速度，位置をそれぞれ，$\vec{a}, \vec{v}, \vec{r}$ とし，B についてはそれぞれ，$\vec{a}', \vec{v}', \vec{r}'$ とする．運動方程式は

$$ma_x = N\sin\theta \quad ①$$

$$ma_y = N\cos\theta - mg \quad ②$$

$$Ma'_x = -N\sin\theta \quad ③$$

$$Ma'_y = N' - N\cos\theta - Mg = 0 \quad ④$$

となる．

未知数は a_x, a_y, a'_x, N, N' の 5 個で，方程式は 4 個だから，束縛条件が 1 個必要になる．

A が B の斜面上をすべるには，B に対する A の相対加速度（B から見た A の加速度）$\vec{a}_{AB}$ の向きが A が B をすべり降りる向きになればよい．

$$\vec{a}_{AB} = \vec{a}_A - \vec{a}_B = (a_x - a'_x, a_y - a'_y)$$

より，束縛条件

$$\frac{a_y - 0}{a_x - a'_x} = -\tan\theta \quad ⑤$$

がえられる（図 2）．

①〜⑤を整理すると

$$N = \frac{mM\cos\theta}{M + m\sin^2\theta}g \quad ⑥$$

図 2

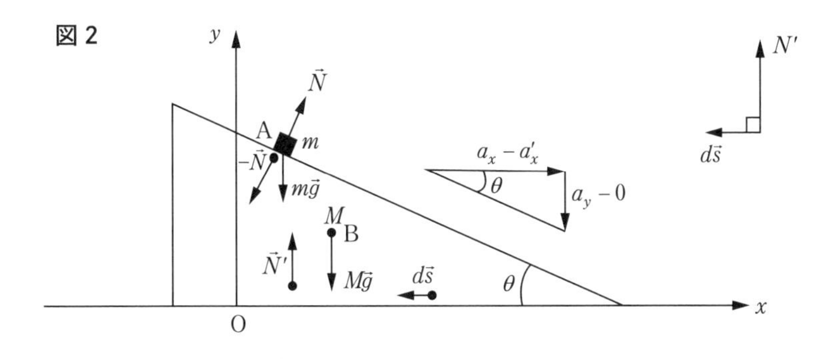

$$N' = \frac{M(m+M)}{M+m\sin^2\theta}g \quad ⑦$$

が求まる.

加速度は⑥, ⑦と①〜④をあわせて

$$a_x = \frac{M\sin\theta\cos\theta}{M+m\sin^2\theta}g \quad ⑧$$

$$a_y = -\frac{(m+M)\sin^2\theta}{M+m\sin^2\theta}g \quad ⑨$$

$$a'_x = -\frac{m\sin\theta\cos\theta}{M+m\sin^2\theta}g \quad ⑩$$

$$a'_y = 0 \quad ⑪$$

となる.

さらに, ⑧〜⑩より

$$a'_x = -\frac{m}{M}a_x \quad ⑫$$

$$\frac{a_y}{a_x} = -\frac{m+M}{M}\tan\theta \quad ⑬$$

の関係式もえられる.

(3) 速度と位置

加速度の式⑧〜⑪を t で積分すると速度が, もう1回 t で積分すると位置が求まる.

A: $v_x = a_x t$ ⑭　　$v_y = a_y t$ ⑯

$x = \frac{1}{2}a_x t^2$ ⑮　　$y = l\sin\theta + \frac{1}{2}a_y t^2$ ⑰

$t=0$ での B の重心の位置を (x'_0, y'_0) とすると次のようになる.

B: $v'_x = a'_x t$ ⑱　　$v'_y = 0$ ⑳

$x' = x'_0 + \frac{1}{2}a'_x t^2$ ⑲　　$y' = y'_0 =$ 一定 ㉑

⑭, ⑱と①, ③より

$$\begin{aligned} mv_x(t) + Mv'_x(t) &= (ma_x + Ma'_x)t \\ &= (N\sin\theta - N\sin\theta)t = 0 \quad ㉒ \end{aligned}$$

$$\therefore mv_x + Mv'_x = 0$$

t に関係なく A がすべり降りている間 AB 系全体では，水平方向の外力を受けないので，x 方向の全運動量は保存されることを示す．

①，③より

$$m\frac{dv_x}{dt} = N\sin\theta \qquad ㉓$$

$$M\frac{dv'_x}{dt} = -N\sin\theta \qquad ㉔$$

㉓＋㉔

$$\frac{d(mv_x + Mv'_x)}{dt} = N\sin\theta - N\sin\theta = 0 \qquad ㉕$$

$$mv_x + Mv'_x = \mathrm{C} = \text{一定}$$

$t=0$ で $v_x = 0, v'_x = 0$ より $C = 0$

$$\therefore mv_x + Mv'_x = 0 \qquad ㉒$$

としてもよい．

㉒を時間 t で積分して

$$mx(t) + Mx'(t) = \mathrm{C}' = \text{一定} \qquad ㉖$$

をえる．この式も t に無関係に成り立つ．

初期条件 $t=0$ で，$x(0) = 0, x'(0) = x'_0$

より $\mathrm{C}' = Mx'_0$ となる．

これから，AB 系の重心の x 座標は

$$x_{\mathrm{C}}(t) = \frac{mx(t) + Mx'(t)}{m+M} = \frac{Mx'_0}{m+M} = \text{一定} \qquad ㉗$$

となり，t にかかわらず不変であることがわかる．

A，B の速度からえられる関係式

(a) $$\frac{v_y}{v_x} = \frac{a_y}{a_x} \qquad ㉘$$

(b) A が B の斜面上をすべり降りる束縛条件⑤は

$$\frac{v_y - 0}{v_x - v'_x} = -\tan\theta \qquad ㉙$$

からも求められる．B から見た A の速度ベクトルの向きは θ であることを示している．

(c) A が B の下端に達したとき，床から A を見ると

$$-\tan\theta' = \frac{v_y}{v_x} = -\frac{m+M}{M}\tan\theta = -\left(1+\frac{m}{M}\right)\tan\theta \qquad ㉚$$

より，$\theta' > \theta$ となり，A は θ より大きな θ' で床と衝突することがわかる（図3）．

図3

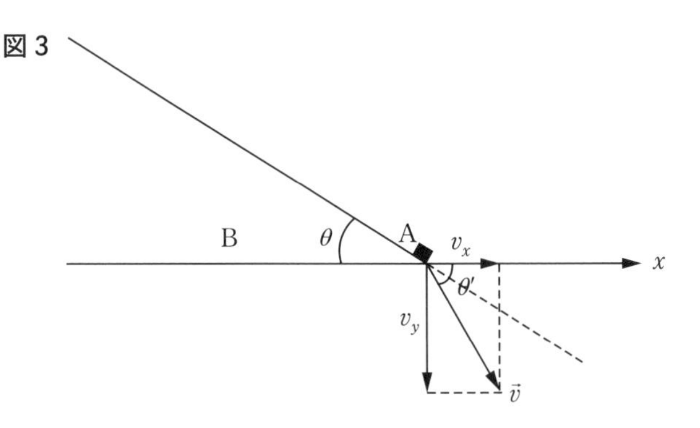

(4) ⑰に⑨の a_y を代入し $y=0$ として求められる．

$$t_l = \sqrt{\frac{2(M+m\sin^2\theta)l}{(m+M)g\sin\theta}} \qquad ㉛$$

(5) A の変位は

$$\Delta x = x(t_l) - x(0) = \frac{1}{2}a_x t_l^2$$

$$= \frac{Ml\cos\theta}{m+M} \qquad ㉜$$

B の変位は

$$\Delta x' = x'(t_l) - x'(0) = \frac{1}{2}a'_x t_l^2$$

$$= -\frac{ml\cos\theta}{m+M} \qquad ㉝$$

となる．

A が動いた距離は $+x$ 方向に $\dfrac{Ml\cos\theta}{m+M}$

B が動いた距離は $-x$ 方向に $\dfrac{ml\cos\theta}{m+M}$

別解

束縛条件

$$(x'(0)-x(0))+(x(t_l)-x'(t_l))=l\cos\theta \quad ㉞$$

$$(x(t_l)-x(0))-(x'(t_l)-x'(0))=l\cos\theta$$
$$\Delta x-\Delta x'=l\cos\theta \quad ㉟$$

㉟は，B に対する A の相対変位が $l\cos\theta$ に等しいことを表している．

重心 G の x 座標が不変であることを示す㉗式を

$$x_{\mathrm{C}}=\frac{mx+Mx'}{m+M}=\text{一定}$$
$$\to m\Delta x+M\Delta x'=0 \quad ㊱$$

と変形する．

㉟と㊱から Δx と $\Delta x'$ が求まる．

(6) B に A からはたらく垂直抗力 $-\vec{N}$（非保存力）がする仕事 W' は，

$$dW'=-\vec{N}\cdot d\vec{r}',\ -\vec{N}=(-N\sin\theta,-N\cos\theta),\ d\vec{r}'=(dx',0)$$

より

$$W'=-\int\vec{N}\cdot d\vec{r}'=\int_{x'(0)}^{x'(t_l)}(-N)dx'\sin\theta=-N\Delta x'\sin\theta \quad ㊲$$

に⑥式の N，㉝式の $\Delta x'$ を代入すると

$$W'=\frac{m^2M\cos^2\theta\sin\theta}{(m+M)(M+m\sin^2\theta)}gl \quad ㊳$$

となる．B の運動エネルギーは

$$\frac{1}{2}Mv'^2(t_l)=\frac{1}{2}M(a'_xt_l)^2$$

に⑩式の a'_x ㉛式の t_l を代入すると

$$=\frac{m^2M\cos^2\theta\sin\theta}{(m+M)(M+m\sin^2\theta)}gl \quad ㊴$$

となり，

$$W'=\frac{1}{2}mv'^2(t_l) \quad ㊵$$

が成り立つ．

㉑より B の y 方向の位置 y' は y'_0（一定）なので，位置エネルギーは $U'(0)=U'(t_l)(=Mgy'_0)$ に注意すると，

$$\Delta E_B = \left[\frac{1}{2}Mv^2(t_l) + U'(t_l)\right] - \left[\frac{1}{2}Mv'^2(0) + U'(0)\right] = W' \qquad ㊶$$

が成り立つ.

これは台 B の力学的エネルギーの変化 ΔE_B は，非保存力 $(-\vec{N})$ のした仕事 W' に等しいことを表している

(7) A が床から見て微小変位 $d\vec{r}$ するときに $\vec{N}$ する仕事 dW は

$$dW = \vec{N} \cdot d\vec{r} \qquad ㊷$$

である．B が床上を微小変位 $d\vec{r}'$ するときに $-\vec{N}$ がする仕事は

$$dW' = -\vec{N} \cdot d\vec{r}' \qquad ㊸$$

である．dW と dW' の合計は

$$dW + dW' = \vec{N} \cdot (d\vec{r} - d\vec{r}') \qquad ㊹$$

になる．$d\vec{r} - d\vec{r}'$ は B から見た A の微小変位 $d\vec{s}$ である（図 4）.

$$d\vec{s} = d\vec{r} - d\vec{r}' \qquad ㊺$$

$d\vec{s}$ は斜面に平行な向きである．この向きは $\vec{N}$ の向きに垂直であるから，

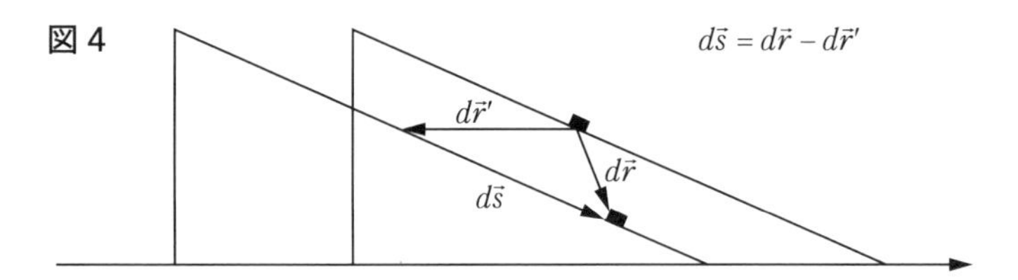

$$\vec{N} \cdot d\vec{s} = 0 \qquad ㊻$$

となる.

したがって，

$$dW + dW' = \vec{N} \cdot (d\vec{r} - d\vec{r}') = \vec{N} \cdot d\vec{s} = 0$$
$$W + W' = \int \vec{N} \cdot d\vec{s} = 0 \qquad ㊼$$

が成り立つ.

$$\therefore\ W = -W' \qquad ㊽$$

これから，静止した床から見ると，$\vec{N}$ が A のみにする仕事 W は 0 ではないが，$\vec{N}$ とその反作用 $-\vec{N}$ が B にする仕事 W' と合わせると，全体として A, B に対する仕事は 0 であることがわかる.

(8) A が B の下端に達したときの運動エネルギーは，

$$\frac{1}{2}mv^2(t_l)=\frac{1}{2}m(v_x^2+v_y^2)=\frac{1}{2}m(a_x^2+a_y^2)t_l^2$$

に⑧式の a_x, ⑨式の a_y , ㉛ 式の t_l を代入すると

$$\frac{1}{2}mv^2(t_l)=mgl\sin\theta\frac{M^2+2mM\sin^2\theta+m^2\sin^2\theta}{(m+M)(M+m\sin^2\theta)} \quad ㊾$$

となる.

A の力学的エネルギーの変化は

$$\begin{aligned}\Delta E_A&=\left(\frac{1}{2}mv^2(t_l)+mg\times 0\right)-(0+mgl\sin\theta)\\&=-mgl\sin\theta\frac{mM\cos^2\theta}{(m+M)(M+m\sin^2\theta)}=-W'=W\end{aligned} \quad ㊿$$

$$\therefore\ \Delta E_A=W \quad (51)$$

小物体 A の力学的エネルギーの変化は非保存力 $\vec{N}$ のした仕事 W に等しいことを表している.

(9) B, A それぞれの力学的エネルギーの変化の和は

$$\begin{aligned}\Delta E&=\Delta E_B+\Delta E_A\\&=\frac{1}{2}Mv'^2+\left(\frac{1}{2}mv^2-mgl\sin\theta\right)=W'+W=0\end{aligned} \quad (52)$$

$$\frac{1}{2}mv^2+\frac{1}{2}Mv'^2=mgl\sin\theta \quad (53)$$

が成り立つ.

これは「A が B の下端に達したときの A と B の運動エネルギーの和は，床面を基準面から高さ $l\sin\theta$ にある A が始めに持っていた重力による位置エネルギーに等しい」

A, B 全体で力学的エネルギー保存の法則が成り立つことを示している.

(10) (53) 式を

$$\Delta E=\left(\frac{1}{2}mv^2+\frac{1}{2}Mv'^2\right)-(mgl\sin\theta)=0 \quad (54)$$

と書き直す. これは A, B 全体で見ると力学的エネルギーの変化＝非保存力のした仕事＝ 0 より，力学的エネルギー保存の法則が成り立つことがわかる. $\vec{N}$ が A のみに，その反作用 $-\vec{N}$ が B のみに個別に外力としてはたらく仕事は，それぞれ W, W' であるが，A, B 全体でみると $\vec{N}, -\vec{N}$ は作用・反作用

の関係にあり，内力となる．したがって，$\vec{N}, -\vec{N}$ が全体として AB にする仕事は $W + W' = 0$ より 0 となる．

非保存力の外力 N' は，運動方向の微小変位 $d\vec{s}$ に対してつねに垂直なので $\vec{N}'$ のする仕事は 0 になる．保存力の外力 $M\vec{g}$ も $M\vec{g} \cdot d\vec{s} = 0$ となるので仕事は 0 である．

A にはたらく保存力である外力 $m\vec{g}$ のみが A, B 全体の仕事に寄与することになり，力学的エネルギー保存の法則が成り立つ．

㊾ は，保存力 $m\vec{g}$ のする仕事だけが A, B の運動エネルギーに変化することを表わしている．

(11) A と B を一体化した物体系の重心 G にはたらく外力は，床からの垂直抗力 $\vec{N}' = (0, N')$ と重力 $(m + M)\vec{g} = (0, -(m + M)g)$ である． 2 物体は個々の運動をしていても，G の運動は運動方程式

$$x : (m + M)a_{x_C} = 0 \quad ㊺$$

$$y : (m + M)a_{y_C} = N' - (m + M)g \quad ㊻$$

できる．

x 方向は，外力の x 成分が 0 なので

$$a_{x_C} = 0,\ v_{x_C} = 0,\ x_C(t) = x_C(0) = \text{一定} \quad ㊼$$

となる．

A, B の運動中，$G(x_C, y_C)$ の x_C は不変であるが，y_C は変化する．

㊻ に⑦の N' を代入すると

$$a_{y_C} = -\frac{m \sin^2\theta}{M + m\sin^2\theta} g \quad ㊽$$

これから

$$v_{y_C} = a_{y_C} t + 0 \quad ㊾$$

$$y_C(t) = \frac{1}{2} a_{y_C} t^2 + y_C(0) \quad ㊿$$

が求まる．

$$\begin{aligned} \Delta y_C &= y_C(0) - y_C(t_l) \\ &= -\frac{1}{2} a_{y_C} t_l^2 = \frac{m}{m + M} l \sin\theta \end{aligned} \quad (61)$$

(12) $\Delta U = (m + M)g\Delta y_C$ に (61) の結果を代入すると

$$\Delta U = mgl\sin\theta \quad (62)$$

になる.

時刻 $t=0, t=t_l$ に対し，重心 $G(x_C, y_C)$ の x_C は不動であるが，y_C は変化する．$y_C(t_l)$ を基準点とした $y_C(0)$ の重力 $(M+m)g$ による位置エネルギーは，小物体 A が $y=0$ を基準点とした $y(0)=l\sin\theta$ の重力による位置エネルギーに等しい．このエネルギーが $t=t_l$ における A, B の運動エネルギーに変わったと考えることもできる.

(13) あらい斜面のとき，A にはたらく B からの垂直抗力を $\vec{N}_f$, 動摩擦力を $\vec{f}$ とすると，B にはその反作用 $-\vec{N}_f, -\vec{f}$ がはたらく．A, B の運動方程式はそれぞれ次のように変更される．ただし，B に床面からはたらく垂直抗力を N'_f とする.

$$ma_x = N_f\sin\theta - f\cos\theta \quad ⑥③$$

$$ma_y = N_f\cos\theta + f\sin\theta - mg \quad ⑥④$$

$$Ma'_x = -N_f\sin\theta + f\cos\theta \quad ⑥⑤$$

$$Ma'_y = N'_f - N_f\cos\theta - f\sin\theta - Mg \quad ⑥⑥$$

$$N_f = \frac{mM\cos\theta}{M + m\sin\theta(\sin\theta - \mu'\cos\theta)} \quad ⑥⑦$$

$$f = \mu' N_f \quad ⑥⑧$$

$dW + dW'$ については,

$$dW + dW' = (\vec{N}_f + \vec{f})\cdot d\vec{s} = 0 + \vec{f}\cdot d\vec{s} \quad ⑥⑨$$

$$W + W' = \int \vec{f}\cdot d\vec{s} = \int_0^l f ds\cos\pi = -\mu' N_f l \quad ⑦⓪$$

と変更される.

力学的エネルギーの変化＝非保存力のした仕事は

$$\left(\frac{1}{2}mv^2(t_l) + \frac{1}{2}Mv'^2(t_l)\right) - mgl\sin\theta = -\mu' N_f l \neq 0 \quad ⑦①$$

のように変更される.

⑦① より，なめらかな斜面のとき成り立つ力学的エネルギー保存の法則は，すべてのタイプのエネルギーを含めた.

エネルギー保存の法則

$$\frac{1}{2}mv^2(t_l) + \frac{1}{2}Mv'^2(t_l) = mgl\sin\theta - \mu' N_f l \quad ⑦②$$

に変更される．

$\vec{N}_f$ と $-\vec{N}_f$, $\vec{f}$ と $-\vec{f}$ はそれぞれ内力で，外力の x 成分は 0 なので，A，B 全体で方向については運動量保存の法則

$$mv_x + Mv'_x = 0$$

は成り立っている．

例題展開 11.6　斜面上をころがり落ちる物体の運動

半径 a，質量 m の一様な円板が，水平面と θ の角をなす斜面上をすべらずにころがり落ちる場合を考える．

時刻 $t=0$ で静止していた円板上に固定された点 P と斜面との接触点を原点 O とし，斜面に平行に x 軸，斜面に垂直に y 軸を図 1 のようにとる．

時刻 t での円板の重心 G の座標を (x, a)，G をとおり平面に垂直な z' 軸のまわりの半径 GP の回転角を ϕ として，次の問いに答えよ．

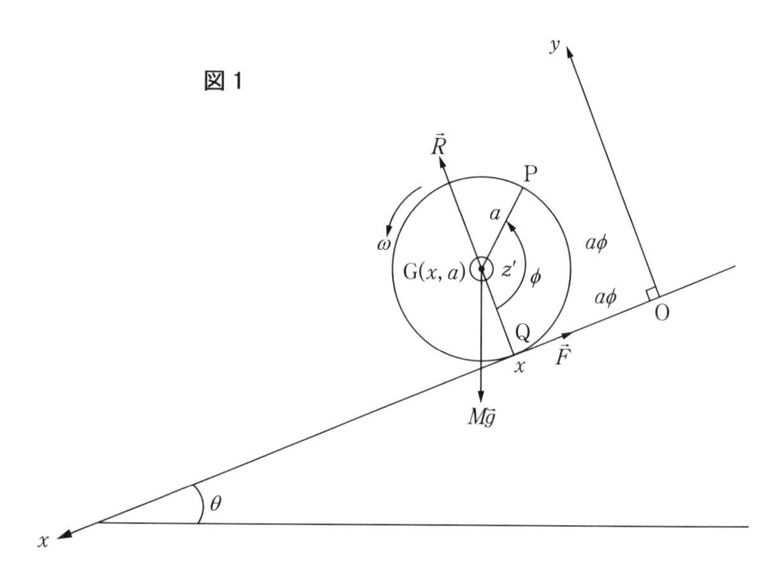

(1) 円板の運動は，円板の重心 G の並進運動と G のまわりの回転運動に分解できる．それぞれの運動方程式を示せ．ただし，円板にはたらく斜面から受けている垂直抗力を $\vec{R}$，摩擦力を $\vec{F}$ とする．また，G を通る z' 軸のまわりの円板の慣性モーメントを $I_{z'}$ とする．

(2) G の加速度 α_C，摩擦力の大きさ $\vec{F}$，垂直抗力の大きさ R を求めよ．ただ

し，$I_{z'} = \dfrac{1}{2}Ma^2$ とする．

(3) 円板がすべらずにころがる条件を求めよ．ただし，円板と斜面との間の静止摩擦係数を μ とする．

(4) 円板が斜面上を x だけころがり落ちた時間 $t(x)$ とそのときの速度 $v(x)$ を求めよ．

(5) 重心の並進運動による運動エネルギー K_{G} と重心のまわりの回転運動による運動エネルギー K_ω は

$$K_{\mathrm{G}} = \frac{1}{2}Mv^2, \quad K_\omega = \frac{1}{2}I_{z'}\omega^2$$

で求められる．$\omega\left(=\dfrac{d\phi}{dt}\right)$ は回転の角速度を表す．

K_{G} と K_ω をそれぞれ x の関数で表せ．$\dfrac{K_\omega}{K_{\mathrm{G}}}$ の値を求めよ．

(6) K_ω が円板の回転運動の運動エネルギーになっていることを直接計算で求めよ．

(7) (5) の結果から回転運動の運動エネルギーも含めた拡張された力学的エネルギー保存の法則を導け．

(8) 円板に非保存力である摩擦力 $\vec{F}$ や垂直抗力 $\vec{R}$ がはたらくにもかかわらず，力学的エネルギー保存の法則が成り立つのはなぜか．

(9) 力学的エネルギー保存の法則から，円板がころがり落ちていく加速度 α_C を求めよ．

解

(1), (2) 円板の運動方程式

重心の並進運動の運動方程式

円板にはたらく力は重心 G に重力 $M\vec{g}$，斜面との接触点での垂直抗力 $\vec{R}$ と摩擦力 $\vec{F}$ の 3 力である重心 $\mathrm{G}(x, y = a)$ の運動方程式は

$$x\ 方向：M\frac{d^2x}{dt^2} = Mg\sin\theta - F \qquad ①$$

$$y\ 方向：M\frac{d^2y}{dt^2} = R - Mg\cos\theta = 0 \qquad ②$$

と表される．ただし，$x(0)=0$，$y(0)=a$ とする．

②より直ちに

$$R = Mg\cos\theta,\ \ y(t)=a,\ \ v_y(t)=0 \qquad ③$$

がわかる．

重心のまわりの回転運動の運動方程式

物体系の角運動量を剛体に拡張する．

$$\vec{L} = \left(0, 0, \left(\sum_i m_i r_i^{\,2}\right)\omega\right)$$

$$\to \vec{L} = \left(0, 0, \left(\int r^2 dm\right)\omega\right) = (0, 0, I_{z'}\omega)$$

$+z'$ 方向の単位ベクトルを $\vec{e}_{z'}$ とすると角速度ベクトルが定義できる．

$$\vec{\omega} = \omega\vec{e}_{z'}$$

$\vec{L}$ はこれを用いると

$$\vec{L} = I_{z'}\omega\vec{e}_z = I_{z'}\vec{\omega}$$

と表される．

$$\frac{d\vec{L}}{dt} = \vec{N} \to I_{z'}\frac{d\vec{\omega}}{dt} = \vec{N}' \to I_{z'}\frac{d\omega}{dt}\vec{e}_{z'} = \vec{N}'$$

円板の G のまわりの回転運動の運動方程式は

$$\frac{d\vec{L}}{dt} = \vec{N} \to I_{z'}\frac{d\vec{\omega}}{dt} = \vec{N}' \qquad ④$$

となる．

$\vec{N}'$（回転させようとする力の効果を表す）は G を通る z' のまわりの力のモーメントである．

$\vec{R}$ および $M\vec{g}$ は G を通るので $\vec{N}'$ に寄与しない．並進運動（G の運動）のときは運動を防げるはたらきをした静止摩擦力 $\vec{F}$ だけが回転の駆動力としてはたらく．

$\overrightarrow{\mathrm{GQ}} = \vec{a}$ とすると，

$$\vec{N}' = \vec{a}\times\vec{F} \to \vec{N}' = aF\sin 90^\circ\vec{e}_{z'} \qquad ⑤$$

となる．

したがって，①，②と連立させる回転の方程式がえられる．

$$I_{z'}\frac{d\omega}{dt}=aF\rightarrow I_{z'}\frac{d^2\phi}{dt^2}=aF \qquad ⑥$$

未知数は x,ϕ,F の3個で，解くためにはもう1つ式がいる．すべらずに回転していることを表現する式（束縛条件）で与えられる．

重心Gが斜面に沿って進んだ距離 $x(t)$ は，円板上の点Pが z' 軸のまわりを移動した距離（= 円弧の長さ $\overset{\frown}{\mathrm{PQ}}$）に等しい．点Qは円板と斜面との接触点を表す．

よって，

$$x(t)=a\phi(t) \qquad ⑦$$

が成り立つ．

速度 v と角速度 ω は

$$v=\frac{dx}{dt}=a\frac{d\phi}{dt}=a\omega \qquad ⑧$$

の関係で x,ϕ と相互につながる．

①，⑧より

$$M\frac{dv}{dt}=Mg\sin\theta-F \qquad ⑨$$

⑥，⑧より

$$I_{z'}\frac{1}{a}\frac{dv}{dt}=aF \qquad ⑩$$

⑨，⑩より F を消去すると

$$\alpha_C=\frac{dv}{dt}=\frac{Ma^2\sin\theta}{Ma^2+I_{z'}}g \qquad ⑪$$

（$I_{z'}$ が小さいほど α_C は大きく，落ちる速さも大きい）

円板の $I_{z'}=\frac{1}{2}Ma^2$ を代入すると

$$\alpha_C=\frac{2}{3}g\sin\theta\ \ (<g\sin\theta) \qquad ⑫$$

この α_C を⑨に代入して

$$F=\frac{1}{3}Mg\sin\theta \qquad ⑬$$

が求まる．

(3) すべらない条件

$$F \leqq \mu R \quad ⑭$$

に②の R を代入する．

$$\frac{1}{3}Mg\sin\theta \leqq \mu Mg\cos\theta \quad ⑮$$

$$\therefore\ \tan\theta \leqq 3\mu$$

(4) ⑫より重心は等加速度運動をするので

$$v(t) = \alpha_C t = \frac{2}{3}g\sin\theta \cdot t \quad ⑯$$

$$x(t) = \frac{1}{2}\alpha_C t^2 = \frac{1}{3}g\sin\theta \cdot t^2 \quad ⑰$$

となる．⑰より $t(x)$ が，⑯とあわせて $v(x)$ が求まる．

$$t(x) = \sqrt{\frac{3x}{g\sin\theta}} \quad ⑱ \qquad v(x) = 2\sqrt{\frac{g\sin\theta \cdot x}{3}} \quad ⑲$$

(5) $v(x)$ に⑲を用いると

$$K_{\mathrm{G}} = \frac{1}{2}Mv^2(x) = \frac{2}{3}Mg\sin\theta \cdot x \quad ⑳$$

$$K_\omega = \frac{1}{2}I_{z'}\omega^2 = \frac{1}{2}I_{z'}\left(\frac{v(x)}{a}\right)^2 = \frac{1}{3}Mg\sin\theta \cdot x \quad ㉑$$

がえられる．

$$\therefore\ \frac{K_\omega}{K_{\mathrm{G}}} = \frac{1}{2} \quad ㉒$$

一般の I_{G} の場合

$$\frac{K_\omega}{K_{\mathrm{G}}} = \frac{I_{z'}}{Ma^2} \quad ㉓$$

となる．

(6) 図 2 のような円板の重心 G から半径が r と $r+dr$ で角が ϕ と $d\phi$ に囲まれた微小部分 dS 質量 dm は，面密度を $\sigma\left(= M/\pi a^2\right)$ とすると

$$dm = \sigma dS = \sigma r dr d\phi \quad ㉔$$

と書ける．

dm が G をとおり図面に対し垂直な z' 軸のまわりに角速度 ω で回転してい

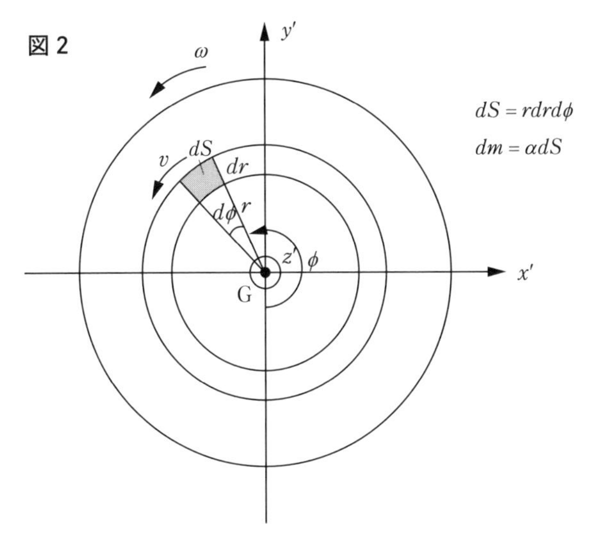

る運動エネルギーは，

$$dK_{\omega} = \frac{1}{2}(dm)v^2 = \frac{1}{2}dm(r\omega)^2 \qquad ㉕$$

である．

$$K_{\omega} = \frac{1}{2}\omega^2\int r^2 dm = \frac{1}{2}I_{z'}\omega^2 \qquad ㉖$$

と求められる．

$I_{z'}$ は円板の回転のしにくさの程度を表す慣性モーメントで

$$I_{z'} = \int r^2 dm = \sigma\int_0^{2\pi} d\phi\int_0^a r^3 dr = \frac{1}{2}Ma^2 \qquad ㉗$$

になる．

(7) ⑨$\times v$，⑩$\times\omega$ の操作で

$$\frac{1}{2}\frac{d}{dt}(Mv^2) + \frac{1}{2}\frac{d}{dt}(I_{z'}\omega^2) = Mg\sin\theta\cdot\frac{dx}{dt} \qquad ㉘$$

$$\frac{d}{dt}\left(\frac{1}{2}Mv^2 + \frac{1}{2}I_{z'}\omega^2 - Mg\sin\theta\cdot x\right) = 0 \qquad ㉙$$

$$\frac{1}{2}Mv^2 + \frac{1}{2}I_{z'}\omega^2 - Mg\sin\theta\cdot x = \mathrm{C} = 一定 \qquad ㉚$$

が成り立つ．$x = 0$ のとき $v = 0, \omega = 0$ だから $\mathrm{C} = 0$ となる．これから

$$\frac{1}{2}Mv^2+\frac{1}{2}I_{z'}\omega^2=Mg\sin\theta\cdot x \tag{31}$$

が導かれる．これは，並進運動と回転運動を合わせた全運動エネルギー $K=K_G+K_\omega$ は，はじめの位置エネルギーの減少分に等しいことを表している．

㉒と合わせると，減小分の K は K_G と K_ω に，$K_G=\frac{2}{3}K$，$K_\omega=\frac{1}{3}K$ と分配される．

㉛を

$$\frac{1}{2}Mv^2+\frac{1}{2}I_{z'}\omega^2+Mg(l-x)\sin\theta=Mgl\sin\theta=\text{一定} \tag{32}$$

と変形する．ここで，l は円板が斜面上をころがり落ちた距離を表す．

$$K(x)=\frac{1}{2}Mv^2+\frac{1}{2}I_{z'}\omega^2 \tag{33}$$

$$U(x)=Mg(l-x)\sin\theta \tag{34}$$

とおくと，

$$K(x)+U(x)=Mgl\sin\theta \tag{35}$$

が導かれる．$U(x)$ は $x=l$ を位置エネルギーの基準点とする x での位置エネ

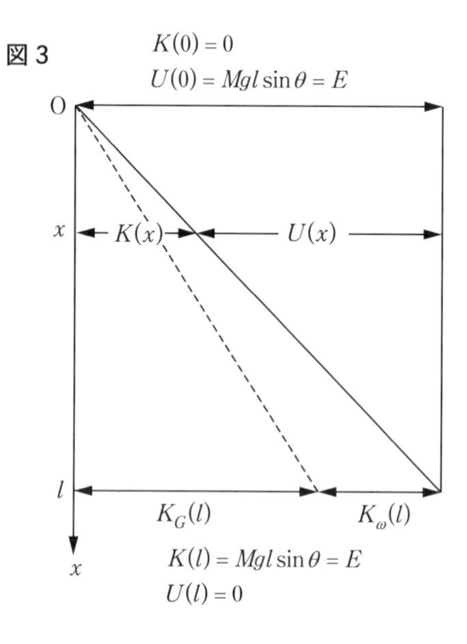

ルギーを表す.

$$E = K(= K_G + K_\omega) + U = \text{一定} \quad ㊱$$

したがって，回転運動の運動エネルギーも含めた拡張された力学的エネルギー保存の法則が成り立っていることがわかる（図3).

(8) 保存力 $M\vec{g}$ のほかに非保存力（$\vec{F}$ と $\vec{N}$）がはたらくときは，力学的エネルギー $(K+U)$ の差は非保存力のした仕事 W に等しい.

$$[K(x) + U(x)] - [K(0) + U(0)] = W \quad ㊲$$

⑦の束縛条件（円板がすべらない）から円板と斜面との接触面（点）にずれがなく，静止摩擦力 $\vec{F}$ による仕事はない．垂直抗力 $\vec{N}$ は運動方向の変位 $d\vec{s}$ に垂直にはたらくので $\vec{N} \cdot d\vec{s} = 0$ となり，仕事をしない．よって $W = 0$ となる．したがって，運動にかかわった力は保存力 $M\vec{g}$ のみの場合と同等になり，力学的エネルギー保存の法則

$$E = K + U = \text{一定} \quad ㊳$$

が成り立つ.

(9) ㉜ を時間で t 微分する.

$$Mv\frac{dv}{dt} + \frac{I_{z'}}{a^2}v\frac{dv}{dt} - Mgv\sin\theta = 0 \quad ㊴$$

ここで，$v = a\omega$ を用いた.

$$\frac{dv}{dt}\left(M + \frac{I_{z'}}{a^2}\right) - Mg\sin\theta = 0 \quad ㊵$$

$$\alpha_C = \frac{dv}{dt} = \frac{Ma^2\sin\theta}{Ma^2 + I_{z'}}g \quad ⑪$$

円板の $I_{z'}$ を代入すると

$$\alpha_C = \frac{2}{3}g\sin\theta \quad ⑫$$

が導かれる.

■著者略歴

御法川　幸雄（みのりかわ　ゆきお）

1967年　神戸大学理学研究科（物理学専攻）修了
元近畿大学教授　理学博士
研究分野　宇宙線（ミューオン・ニュートリノ）物理学

現　在　基礎物理インストラクター，サイエンスライター

主な著書　『New Introduction to Physics(3rd Edition)』（学術図書出版社）
『ベクトルで考え微積で解く基礎物理学』（現代図書）
『医学部受験物理』（ミヤオビパブリッシング）
『演習で理解する 基礎物理学―力学―』（共立出版）
『演習で理解する 基礎物理学―電磁気学―』（共立出版）
『例解　新基礎力学』（誠文堂新光社）

趣　味　ピアノ演奏（唱歌からショパンまで）

例題で究める基礎力学コア

2022年8月30日　第1刷発行

著　者　御法川 幸雄
発行者　池田 廣子
発行所　株式会社現代図書
〒252-0333　神奈川県相模原市南区東大沼2-21-4
TEL　042-765-6462（代）　FAX　042-765-6465
振替　00200-4-5262
https://www.gendaitosho.co.jp/
発売元　株式会社星雲社（共同出版社・流通責任出版社）
〒112-0005　東京都文京区水道1-3-30
TEL　03-3868-3275　FAX　03-3868-6588
印刷・製本　株式会社アルキャスト

ISBN978-4-434-30797-3 C3042
Printed in Japan